高等学校建筑环境与能源应用工程专业规划教材

暖通空调设计基础分析（第二版）

Basic Analysis of HVAC Design（Second Edition）

葛凤华　　王春青　编著

马最良　　主审

中国建筑工业出版社

图书在版编目（CIP）数据

暖通空调设计基础分析/葛凤华,王春青编著. —2
版. —北京:中国建筑工业出版社,2017.7
高等学校建筑环境与能源应用工程专业规划教材
ISBN 978-7-112-20627-8

Ⅰ.①暖… Ⅱ.①葛… ②王… Ⅲ.①采暖设备-
建筑设计-高等学校-教材②通风设备-建筑设计-高等
学校-教材③空气调节设备-建筑设计-高等学校-教材
Ⅳ.①TU83

中国版本图书馆 CIP 数据核字(2017)第 071041 号

责任编辑:张文胜　姚荣华
责任校对:焦　乐　张　颖

高等学校建筑环境与能源应用工程专业规划教材

暖通空调设计基础分析

（第二版）

葛凤华　王春青　编著

马最良　主审

*

中国建筑工业出版社出版、发行(北京海淀三里河路 9 号)

各地新华书店、建筑书店经销

霸州市顺浩图文科技发展有限公司制版

北京中科印刷有限公司印刷

*

开本:787×1092 毫米　1/16　印张:14　字数:335 千字
2017 年 8 月第二版　　2017 年 8 月第三次印刷
定价:35.00 元
ISBN 978-7-112-20627-8
(30297)

第二版前言

建筑环境与能源应用工程专业的课程体系中有一些重要的实践教学环节，如供暖、通风、空调、冷热源等课程设计及毕业设计，还有专业课程"暖通空调典型工程设计与分析"，2009 年出版的《暖通空调设计基础分析》可作为这些课程的主要参考教材，利用本专业基础理论，结合实际工程应用进行分析，提高学生实际应用能力。本次修订在原有教材的基础上进行了调整与增删，并改正了已发现的讹误。

《暖通空调设计基础分析》（第二版）的主要特点：（1）保留并完善了第一版教材的课程体系。（2）2009 年后出版了一些新的设计规范与技术措施，如《民用建筑供暖通风与空气调节设计规范》GB 50736—2012、《公共建筑节能设计标准》GB 50189—2015、《严寒和寒冷地区居住建筑节能设计标准》JGJ 26—2010、《建筑设计防火规范》GB 50016—2014、《全国民用建筑工程设计技术措施-暖通空调·动力-2009》等，根据规范的变化对相关内容进行了修改。（3）第 1 章增加了"通风余热回收"、第 2 章增加了"消除再热的方法实例"、"蒸发冷却的应用实例"、"三种除湿方法分析"；第 3 章增加了"混水连接的水力工况分析"、"冷热源位置与重力循环压力分析"；第 4 章增加了"管网形式与变流量工况分析"、"循环水泵管网压差控制"；第 5 章增加了"年负荷与复合冷热源"，删去了第 6 章，并把原第 6 章部分内容并入第 5 章；在第 6 章中，除根据新防火规范进行修改外，另结合了尚未正式实施的《建筑防排烟系统技术规范》，对相关内容进行了分析；第 7 章增加了部分设备的设计选择方法。

本书由马最良教授主审，对本书的完善提出了许多宝贵意见，谨致谢意。

由于作者的水平所限，对于书中的错误和不妥之处，恳请读者给予批评指正。

第一版前言

暖通空调系统设计是实现所需的室内环境的重要过程,这一过程需要设计人员熟练掌握专业理论知识并具备一定的实践经验,需要将基本理论与实际应用相结合。设计过程不仅要考虑技术的合理性,还要考虑经济性与节能性。本书编写的主要目的是使建筑环境与设备工程专业学生在完成专业课程学习后,进一步理解和巩固专业知识,并能灵活应用于工程设计及工程实践活动中,从而进一步提高专业水平和应用能力。

本书针对建筑环境与设备工程专业的部分重要知识点进行了系统的理论归纳,以工程设计为主线,突出专业重点、难点,结合工程应用中的典型实例进行分析,具有很强的实用性。本书共分8章,第1章介绍了影响人体热舒适与室内空气品质的因素及室内设计参数的取值;第2章针对空气的热湿处理过程进行分析,并对机器露点送风的空气处理过程进行了能耗分析;第3章通过工程实例分析了水压图的应用,解决水力工况分析在实际工程中出现的疑难问题;第4章介绍了泵与风机的调节及其与管路系统匹配,结合能耗分析了暖通空调动力设备的典型应用;第5章介绍了暖通空调的冷热源,从技术、经济、节能和环保方面对冷热源特性进行了分析;第6章从经济与节能角度分析了冷、热媒温度对采暖、空调系统的影响;第7章分析了建筑防排烟理论,并通过实例重点分析了相关规范的具体应用问题;第8章介绍了暖通空调设计过程、分析方法和关键问题。

本书第1、2、3、6、7、8章由葛凤华编写,第4、5章由王春青编写,全书由葛凤华统稿。哈尔滨工业大学马最良教授担任本书主审,并为本书的编写提出了许多宝贵的意见和建议,在此表示衷心的感谢。本书的出版得到了中国建筑工业出版社张文胜编辑的大力帮助和热情支持,在此表示衷心的感谢。硕士研究生刘春菊、于秋生为本书作了部分文字、图片的录入工作,在此表示感谢。本书各章后列出了相关参考文献,对这些文献的作者表示诚挚的谢意。

由于作者水平有限,书中肯定还存在许多偏颇和不足之处,望读者能不吝赐教,以便在以后的教学和实践中不断改进。

目　　录

第1章 室内环境品质与室内设计参数

室内环境品质（Indoor Environment Quality，IEQ）是指声环境、光环境、热湿环境及室内空气品质等因素，它对人的身心健康、舒适感、工作效率及生产工艺过程都会产生直接的影响。在上述诸多影响因素中，热湿环境及室内空气品质（Indoor Air Quality，IAQ）对人与工艺过程的影响尤为明显。空气的温度、相对湿度、流速以及环境的平均辐射温度构成了影响人体的热湿环境，室内空气污染物浓度指标及对空气质量的主观感受构成了空气品质的定义，比较有代表性的参数是新风量的指标。这些参数构成了室内设计参数。

室内设计参数取值在影响室内环境品质的同时，对建筑能耗影响巨大。供热、供燃气、通风及空调工程学科的主要任务就是以最低的能耗，创造一个健康、舒适的热湿环境及良好的室内空气品质，满足人们生产、生活的需求。

1.1 热舒适指标与室内设计参数

1.1.1 人体热平衡方程

人体靠摄取食物获得能量，食物通过人体新陈代谢被分解氧化，同时释放出能量以维持生命，最终都转化成热能散发到体外，并与周围环境发生热量交换，在热量交换过程中维持体温基本不变。从热力学的角度，人体与周围环境的热交换应服从能量转换与守恒的热力学第一定律，由此可以列出人体热平衡方程式为：

$$S=M-W-R-C-E \tag{1-1}$$

式中　S——人体蓄热率，W/m^2；

　　　M——人体新陈代谢率，W/m^2；

　　　W——人体所做的机械功，W/m^2；

　　　R——着装人体与环境的辐射热交换，W/m^2；

　　　C——着装人体与环境的对流热交换，W/m^2；

　　　E——人体与环境之间由水分蒸发而产生的热交换，W/m^2。

在稳定的环境条件下，式（1-1）中的人体蓄热率 $S=0$ 时，人体能够保持能量平衡，人的热感觉为不冷、不热。对于式（1-1）中的各项都有详细的研究成果，现分别叙述如下：

（1）人体新陈代谢率

人体的新陈代谢率（Metabolic Rate）是指人体在新陈代谢活动中将化学能转变成热能和机械能的速率。人体新陈代谢率受多种因素影响，如肌肉活动强度、环境温度、性别、年龄、神经紧张程度、进食后时间的长短等。肌肉活动对新陈代谢率影响最为显著，所以根据人体活动强度来确定人体代谢率，成年男子在静坐时的代谢率为 1met，1met＝58.2W/m^2。

（2）人体的机械功

人体对外所做的功也取决于活动强度，是代谢率的函数。人体对外做功的机械效率定义为：

$$\eta = W/M \tag{1-2}$$

人体在不同活动强度下机械效率值比较低，一般为 $5\%\sim10\%$，很少能超过 20%。对于大多数的活动来说，人体的机械效率几乎为 0。在计算空调负荷时，忽略人体对外所做的功，人体新陈代谢率全部形成室内得热量，这对空调系统设计来说是安全的。

（3）人体与环境的辐射换热量

穿衣人体的外表面与周围环境的壁面会发生辐射热交换，这部分辐射热交换遵循斯蒂芬-博尔茨曼定律，经推导后可由下式计算：

$$R = 3.96 \times 10^{-8} f_{cl} [(t_{cl} + 273.15)^4 - (\bar{t}_r + 273.15)^4] \tag{1-3}$$

式中　t_{cl}——服装外表面的平均温度，℃；

　　　f_{cl}——服装面积系数，即穿着服装的外表面面积与人体裸表面积之比，%；

　　　$\bar{t}_r$——环境平均辐射温度，℃。

环境的平均辐射温度的意义是一个假想的等围合面的表面温度，如果有一个封闭空间，其内表面为温度一致的黑体表面，由此所造成的与人体之间的辐射换热量和所研究的人体所处真实环境中的辐射换热量相等，那么，黑体表面的温度就是真实环境的平均辐射温度。在实际应用中可以近似用室内各表面温度的面积加权平均值来表示，即：

$$\bar{t}_r = \frac{\sum t_i A_i}{\sum A_i} \tag{1-4}$$

式中　t_i——室内第 i 表面的温度，℃；

　　　A_i——室内第 i 表面的面积，m²。

（4）人体与环境的对流热交换

穿衣人体的表面与周围空气存在温差就有对流换热，可以用牛顿对流换热公式计算。对于对流换热系数，一般认为它是掠过人体的风速 v 的函数，对流换热量可以表示为：

$$C = f_{cl} h_c (t_{cl} - t_a) \tag{1-5}$$

$$h_c = 1.16(M - 50)^{0.39} \tag{1-6}^{[1]}$$

$$t_{cl} = t_{sk} - I_{cl}(R + C) \tag{1-7}$$

$$t_{sk} = 35.7 - 0.0275(M - W) \tag{1-8}^{[2]}$$

式中　h_c——对流换热系数，W/(m²·K)；

　　　t_{sk}——人体在接近舒适条件下的平均皮肤温度，℃；

　　　t_a——人体周围的空气温度，℃；

　　　I_{cl}——服装热阻，m²·K/W。

这里服装热阻 I_{cl} 指的是显热热阻，常用单位为 m²·K/W 和 clo，两者的关系是：1clo＝0.155m²·K/W。表 1-1 为部分服装的热阻与面积系数。

部分服装的热阻 I_{cl} 与面积系数 f_{cl}　　　　　　　　　　　　　表 1-1

服装种类及组合形式	I_{cl}(clo)	f_{cl}
裸体	0	1.0
短裤	0.1	1.0

服装种类及组合形式	I_{cl}(clo)	f_{cl}
一般热带服装： 短裤,短袖衬衫,薄短袜及凉鞋	0.3～0.4	1.05
轻型夏装： 开领短袖衬衫,薄长西裤	0.5	1.1
轻型工作服： 短裤,袜,工作衣裤(上衣下摆不束入裤内)	0.6	1.1
普通职员套装	1.0	1.15
普通职员套装再加外套大衣	1.5	1.23
轻型户外活动服： T恤,短裤,衬衫,长裤,单夹克,袜,鞋	0.9	1.14
厚型传统西服套装： 长内衣裤,衬衫,毛袜,皮鞋,带马夹的西装	1.5	1.2～1.3
极地羽绒服	3～4	1.4～1.45

（5）人体的蒸发散热量

人体的蒸发散热量包括皮肤蒸发散热量和人体呼吸散热量。皮肤蒸发散热包括汗液蒸发散热与皮肤湿扩散散热，呼吸散热又分为蒸发潜热与蒸发显热两部分。根据 Rohlesh Nevins 等人的实验[2]，它们可表示如下：

$$E=E_{sw}+E_{dif}+E_{res}+C_{res} \tag{1-9}$$
$$E_{sw}=0.42(M-W-58.2) \tag{1-10}$$
$$E_{dif}=3.05(0.254t_{sk}-3.335-P_a) \tag{1-11}$$
$$E_{res}=0.0173M(5.867-P_a) \tag{1-12}$$
$$C_{res}=0.0014M(34-t_a) \tag{1-13}$$

式中　E_{sw}——汗液蒸发散热量，W/m^2；

$\qquad E_{dif}$——皮肤湿扩散散热量，W/m^2；

$\qquad E_{res}$——呼吸潜热蒸发散热量，W/m^2；

$\qquad C_{res}$——呼吸显热蒸发散热量，W/m^2；

$\qquad P_a$——人体周围水蒸气分压力，kPa。

1.1.2　热舒适方程与 PMV-PPD 指标[3,4]

P. O. Fanger 于 1982 年提出了描述人体在稳态条件下能量平衡的热舒适方程，在人体热平衡方程式（1-1）中，当人体蓄热率 $S=0$ 时，处于不冷、不热状态，将上述人体代谢率与散热量值代入式（1-1），就可得人体热舒适方程式：

$$(M-W)=f_{cl}h_c(t_{cl}-t_a)+3.96\times10^{-8}f_{cl}[(t_{cl}+273)^4-(\bar{t}_r+273)^4]$$
$$+0.42(M-W-58.2)+3.05[5.733-0.007(M-W)-P_a] \tag{1-14}$$
$$+0.0173M(5.867-P_a)+0.0014M(34-t_a)$$

式（1-14）中有 8 个变量：M、W、t_a、P_a、$\bar{t}_r$、f_{cl}、t_{cl}、h_c。实际上，f_{cl} 与 t_{cl} 可由 I_{cl} 决定，h_c 是风速 v 的函数，W 按 0 考虑，空气水蒸气分压力 P_a 又是空气温度 t_a 与相对湿度 φ 的函数。因此，影响人体热舒适的有 6 个变量：M、I_{cl}、t_a、$\bar{t}_r$、φ、v，其中有两个主

观变量：M、I_{cl}；有 4 个环境变量：t_a、$\bar{t}_r$、φ、v。

P. O. Fanger 收集了 1396 名美国和丹麦受试者的冷热感觉资料，得出人的热感觉与人体热负荷之间的回归公式[3]：

$$PMV=[0.303\exp(-0.036M)+0.0275]TL \tag{1-15}$$

式中　PMV——预测平均评价（Predicted Mean Vote），稳态热环境下的热感觉评价指标；

TL——人体热负荷，为人体产热量与人体向外界散出的热量差值。

上式中有一个假定条件，即人体的平均皮肤温度 t_{sk} 和出汗造成的潜热散热 E_{sw} 是人体保持舒适条件下的数值。在此，人体热负荷为式（1-1）中的人体蓄热率 S，即把蓄热率看作是造成人体不舒适的热负荷，S 值相当于式（1-14）中两端的差值，将其代入式（1-15），可得：

$$
\begin{aligned}
PMV=&[0.303\exp(-0.036M)+0.0275]\times\{M-W-f_{cl}h_c(t_{cl}-t_a)-0.0014M(34-t_a)\\
&-3.96\times10^{-8}f_{cl}[(t_{cl}+273)^4-(\bar{t}_r+273)^4]-0.42(M-W-58.2)\\
&-3.05[5.733-0.007(M-W)-P_a]-0.0173M(5.867-P_a)\}
\end{aligned}
$$

$$(1-16)$$

PMV 指标采用了 7 级分度，见表 1-2。

PMV 热感觉标尺 表 1-2

热感觉	热	暖	微暖	适中	微凉	凉	冷
PMV 值	+3	+2	+1	0	-1	-2	-3

PMV 指标代表了同一环境下绝大多数人的感觉，但是人与人之间存在生理差别，因此 PMV 指标并不一定能够代表所有人的感觉。为此，Fanger 又提出了预测不满意百分比 PPD（Predicted Percent Dissatisfied）[4] 指标来表示人群对热环境不满意的百分数，并利用概率分析方法，给出了 PMV 与 PPD 之间的定量关系：

$$PPD=100-95\exp[-(0.03353PMV^4+0.2179PMV^2)] \tag{1-17}$$

1984 年，国际标准化组织提出了室内热环境评价与测量的新标准化方法 ISO 7730。在 ISO 7730 标准中就采用 $PMV-PPD$ 指标来描述和评价热环境。当 $PMV=0$ 时，PPD 为 5%，即意味着在室内热环境处于最佳的热舒适状态时，仍然有 5% 的人感到不满意。因此，ISO 7730 对 $PMV-PPD$ 指标的推荐值在 $-0.5\sim+0.5$ 之间，相当于人群中允许有 10% 的人感觉不满意。

在我国《民用建筑供暖通风与空气调节设计规范》GB 50736—2012 以下简称《民规》[5] 中，规定了热舒适等级，其中 I 级舒适性较高，II 级舒适性一般，见表 1-3。

不同热舒适等级 PMV-PPD 值 表 1-3

热舒适度等级	PMV	PPD
I 级	$-0.5\leqslant PMV\leqslant 0.5$	≤10%
II 级	$-1\leqslant PMV<-0.5, 0.5<PMV\leqslant 1$	≤27%

1.1.3　根据 PMV-PPD 指标确定室内设计参数

如果针对普通的办公建筑，人员工作状态为打字，人体代谢率 M 取值为 65W/m²；机械效率取值为 0；室内平均辐射温度 $\bar{t}_r$ 可以近似取空气温度 t_a；夏季服装热阻 $I_{cl}=$

$0.5clo = 0.08m^2 \cdot K/W$；冬季服装热阻 $I_{cl} = 1.3clo = 0.2015m^2 \cdot K/W$。分别取不同的室内空气温度 t_a、相对湿度 φ 值及上述参数代入式 (1-5)～式 (1-8) 及式 (1-16)，计算 PMV 数值。

式 (1-16) 中的水蒸气分压力 P_a 可由下式计算[6]：

$$\ln(P_a/\varphi) = \frac{k_1}{t+273.15} + k_2 + k_3(t+273.15) + k_4(t+273.15)^2 \tag{1-18}$$
$$+ k_5(t+273.15)^3 + k_6\ln(t+273.15)$$

式中 $k_1 = -5800.2206$；$k_2 = 1.3914993$；$k_3 = -0.04860239$；$k_4 = 0.41764768 \times 10^{-4}$；$k_5 = -0.14452093 \times 10^{-7}$，$k_6 = 6.5459673$。

表 1-4 和表 1-5 为给定参数的室内冬、夏季 PMV 计算结果。从表中可以看出，夏季空调条件下，当室内温度大于 27℃时，$PMV > +0.5$，超出《民规》中Ⅰ类舒适标准规定值；当室内温度为 26℃时，相对湿度若小于 55%，则满足Ⅰ类舒适标准。若按Ⅱ类舒适标准值 $-1 \leqslant PMV \leqslant +1$，当空气温度取 27℃时，相对湿度在 30%～70% 范围内均满足要求。在冬季供暖条件下，室内设计温度 18℃能满足 $PMV > -0.5$ 的标准规定值，而 15℃仍可满足《民规》中Ⅱ类舒适标准规定的 $-1 \leqslant PMV \leqslant +1$。

夏季不同温度、相对湿度情况下的 PMV 值 表 1-4

温度(℃) \ 相对湿度(%)	30	35	40	45	50	55	60	65	70
22	−0.7772	−0.7456	−0.7139	−0.6823	−0.6506	−0.619	−0.5874	−0.5557	−0.5241
23	−0.4962	−0.4626	−0.4289	−0.3953	−0.3617	−0.328	−0.2944	−0.2608	−0.2272
24	−0.2245	−0.1888	−0.153	−0.1173	−0.0816	−0.0459	−0.0102	0.0255	0.0613
25	0.0533	0.0912	0.1292	0.1671	0.205	0.2429	0.2908	0.3188	0.3567
26	0.333	0.3732	0.4134	0.4537	0.4939	0.5342	0.5744	0.6147	0.6549
27	0.6145	0.6572	0.6999	0.7426	0.7853	0.828	0.8706	0.9133	0.956
28	0.8977	0.943	0.9882	1.0335	1.0788	1.124	1.1693	1.2146	1.2598

冬季不同温度、相对湿度情况下的 PMV 值 表 1-5

温度(℃) \ 相对湿度(%)	30	35	40	45	50	55	60	65	70
15	−0.9755	−0.953	−0.9305	−0.908	−0.8855	−0.863	−0.8405	−0.8180	−0.7955
16	−0.8005	−0.778	−0.7554	−0.7329	−0.7103	−0.6878	−0.6652	−0.6427	−0.6201
17	−0.6195	−0.5963	−0.5731	−0.5499	−0.5267	−0.5036	−0.4804	−0.4572	−0.434
18	−0.438	−0.4133	−0.3886	−0.3639	−0.3392	−0.3146	−0.2899	−0.2652	−0.2405
19	−0.2555	−0.2292	−0.2029	−0.1766	−0.1503	−0.124	−0.0977	−0.0714	−0.0451
20	−0.0719	−0.0439	−0.0159	0.0121	0.0401	0.0681	0.096	0.124	0.152
21	0.113	0.1428	0.1726	0.2023	0.2321	0.2619	0.2916	0.3214	0.3512
22	0.299	0.3306	0.3622	0.3939	0.4255	0.4572	0.4888	0.5204	0.5521
23	0.4862	0.5198	0.5534	0.5871	0.6207	0.6543	0.6879	0.7216	0.7552

人体舒适性除 4 个环境参数外，还受人体代谢率与服装热阻影响，因此新《民规》还有如下规定：对于供暖系统，供暖室内设计温度应符合下列要求：严寒和寒冷地区的主要房间应采用 18～24℃；夏热冬冷区的主要房间宜采用 16～22℃。对于舒适性空调系统，

空调室内设计参数应符合下列规定：

（1）人员长期逗留区域的空调室内设计参数符合表 1-6 的规定。

人员长期逗留区域空调室内设计参数 表 1-6

类别	热舒适度等级	温度（℃）	相对湿度（%）	风速（m/s）
供热工况	Ⅰ级	22～24	≥30	≤0.2
	Ⅱ级	18～22	—	≤0.2
供冷工况	Ⅰ级	24～26	40～60	≤0.25
	Ⅱ级	26～28	≤70	≤0.3

注：Ⅰ级热舒适度较高，Ⅱ级热舒适度一般。

（2）人员短期逗留区域空调供冷工况室内设计参数宜比长期逗留区域提高 1～2℃；供热工况宜降低 1～2℃；短期逗留区域供冷工况风速不宜大于 0.5m/s；供热工况风速不宜大于 0.3m/s。

上述计算与新《民规》的内容有一定的出入，其主要影响因素是服装热阻的选取不同，表 1-6 的数据计算所选择的冬季服装热阻偏低。

从表 1-4、表 1-5 中还可看出，室内温度、湿度对热感觉影响的程度不同，室内温度对热感觉的影响要比湿度影响程度大。因此在一定的温度范围内，相对湿度可以在较大的范围内变化。

1.1.4 有效温度 ET^*（Effective Temperature）与 ASHRAE 舒适区

有效温度 ET 的定义是："干球温度、湿度、空气流速对人体温暖感或冷感影响的综合数值，该数值等效于产生相同感觉的静止饱和空气的温度"，有效温度过高地估计了湿度在低温下对凉爽和舒适状态的影响。

新有效温度 ET^* 出现在 ASHRAE 舒适标准 54-74 和 ASHRAE 的 1977 年版手册基础篇中，其数值是通过对身着 0.6clo 服装、静坐在流速为 0.15m/s 的空气中的人进行热舒适实验，并采用相对湿度为 50% 的空气温度作为与其冷热感相同环境的等效温度而得出的，即同样着装和活动的人，在某环境中的冷热感与在相对湿度为 50% 空气环境中的冷热感相同，则后者所处环境的空气干球温度就是前者的 ET^*。该指标只适用于着装轻薄、活动量小、风速低的环境。

在图 1-1 中，虚线部分为有效温度线，在该线上，虽然温湿度值不同，但热感觉相同，相对湿度 50% 对应的空气温度为该线不同位置的有效温度。图中阴影部分为 ASHRAE 舒适标准 54-74 的舒适区，适用于服装热阻为 0.8～1.0clo、坐着但活动量稍大的人。图中另一块菱形面积是美国堪萨斯州立大学通过实验得到的舒适区，其适用条件是服装热阻为 0.6～0.8clo 坐着的人。两块舒适区的重叠范围是推荐的室内设计条件。

从图 1-1 可以得出以下分析结果：

（1）在其他条件相同时，适当增大温度、降低相对湿度可获得相同的热感觉。

（2）在焓湿图中，虽然有效温度线上的热感觉相同，但在该线上的焓值不同，为了实现室内状态点所需消耗的能量就会不同。

（3）在每个舒适区内，温、湿度变化范围较大，尤其是湿度的变化较为显著。在阴影区内，温度约为 22.5～26.5℃，湿度约为 20%～70%；在菱形区内，温度约为 24～

27℃，湿度约为 20%～80%。

1.1.5 湿度的作用

湿度影响皮肤和黏膜的水分蒸发，反过来，水分蒸发又影响人体热平衡、人体温度和热感觉。当皮肤的水分蒸发受到影响时，皮肤温度会改变，人体能直接感受到这种热感觉的变化。人体水分蒸发由人体和空气中水蒸气的压力差决定。一个标准成年人穿着长裤、长衫在 24℃，50%相对湿度的环境中休息时会向环境中失去 32g/h 的水分。在这些水分中，其中 12g/h 是从呼吸系统失去的，而其余 20g/h 是经干燥皮肤扩散出去的。

如果从能量的角度来看，这些蒸发散热（21W）占到静止状态人体散热（105W）的 20%[7,8]。由于人体此时不做有用功，所有新陈代谢产生的热都需要排放到环境中去，所以其余 84W/h 的热量要通过热传导、对流与辐射的方式传递到环境中去。如果环境在 24℃

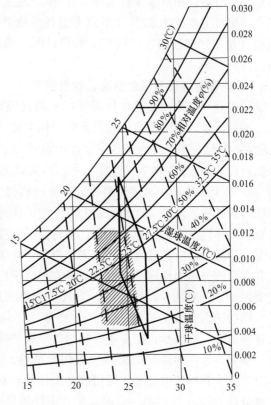

图 1-1 新有效温度和 ASHRAE 舒适区

下将湿度由 50%降到 20%，人体水分蒸发速率将增加到 38g/h，通过蒸发散热的热量增加到 26W，相当于总散热量（105W）的 25%。由于通过蒸发散热的热量增加，以干传热的方式散发的热量减少到 79W，此时皮肤温度降低了 0.3℃。结果人体在相对湿度为 20%的环境中比在相对湿度为 50%的环境中要感觉到稍微凉快点。相应地，如果要体会到从相对湿度为 50%的环境变到相对湿度为 20%的环境时的舒适感，环境温度需减小 1℃。

在干燥环境下，尤其是露点温度低于 0℃时，人们常常会抱怨鼻子、喉咙、眼睛和皮肤干燥。低湿会导致皮肤和黏膜表面干燥，而呼吸系统表面干燥后，导致鼻孔出血，纤毛自洁和噬菌活动减少，使人们更易患呼吸系统疾病。

在高湿环境中，在偏热的环境中人体需要出汗来维持热平衡，由于人体单位表面积的蒸发换热量下降会导致蒸发换热的表面积增大，从而增加人体的湿表面积，使皮肤"黏着性"增加从而增加不舒适感。

湿度对人体热舒适有一定的影响，但从 1.1.3 节的内容可以看出，在一定范围内湿度对热舒适的影响有限。所以在一些规范中对相对湿度规定的范围较大，在图 1-1 中舒适区内相对湿度的变化范围也很大。

室内相对湿度受室外气候影响很大，而我国幅员辽阔，气候差异悬殊。在夏季，国内一些地区的空调计算参数差别就很大。例如哈尔滨地区室外空调干、湿球计算温度为 30.3℃、23.4℃，相对湿度约为 55%；广州地区室外空调干、湿球计算温度为

33.5℃、27.7℃，相对湿度约为68%；拉萨地区室外空调干、湿球计算温度为22.8℃、13.5℃，相对湿度约为32%。所以考虑新风负荷，室内设计相对湿度不应取相同的值，应根据气候差异来选取，这样在空调设计时，所消耗的能量会有很大差别，这在第2章中将会详细计算。

1.1.6 平均辐射温度与辐射供暖、辐射供冷

辐射供暖（供冷）是通过供暖（冷）部件或围护结构表面的辐射换热向房间内供暖（冷）。辐射供暖时，围护结构内表面的平均温度（包括供暖辐射板），可以用平均辐射温度$\bar{t}_r$表示，此时其高于室内空气温度t_a；辐射供冷时，围护结构内表面的平均温度（包括供冷辐射板）$\bar{t}_r$低于室内空气温度t_a[9]。一般认为，辐射供暖及供冷系统的辐射能量传递占到50%以上，其余为对流传热。近年来地板辐射供暖及顶棚辐射供冷技术得到迅速发展，原因是其在人体舒适性和节能上有一定的优势。

影响人体热舒适的指标有6个：室内空气温度、室内平均辐射温度、空气流速、空气中水蒸气分压力、衣着和人体代谢率。当冬、夏季衣着确定且劳动强度相同时，假设气流速度和水蒸气分压力相同，根据热舒适方程，平均辐射温度和空气温度是影响人体热舒适的主要因素。一般认为，舒适条件下人体产生的热量，大致按以下比例散发：对流热占30%，辐射热占45%，蒸发占25%。在冬季，辐射供暖系统提高了室内平均辐射温度，使人体辐射散热量减少；在夏季，辐射供冷系统降低了室内平均辐射温度，加强人体辐射散热的份额，这两种情况均提高了人体舒适性。从前述人体热舒适性指标PMV可以看出，改变室内平均辐射温度，可以改变人体的热感觉，使人体直接迅速地实现热平衡，即满足热舒适方程，当$PMV=0$时，实现中性的热感觉。

1.1.6.1 室内平均辐射温度与空气温度变化关系

若设定M、P_a、I_{cl}、v不变，则t_{cl}和h_c是由I_{cl}和v决定的，也不变。

当t_a、$\bar{t}_r$变为t_a'、$\bar{t}_r'$时，若保证人体热感觉相同：$PMV=PMV'$，可推导出：

$$\frac{(\bar{t}_r'+273)^4-(\bar{t}_r+273)^4}{t_a-t_a'}=\frac{0.0014M+f_{cl}h_c}{3.96\times10^{-8}f_{cl}} \tag{1-19}$$

取人体活动为静坐时代谢率$M=58.2\mathrm{W/m^2}$，夏季服装热阻取$I_{cl}=0.5$clo（1clo=0.155m² · K/W），冬季服装热阻$I_{cl}=1.3$clo。人体表面的对流换热系数可按下式计算：

$$h_c=2.38(t_{cl}-t_a)^{0.25} \tag{1-20}[1]$$

服装面积系数可由下式计算：

$$f_{cl}=\begin{cases}1.00+1.290I_{cl} & I_{cl}\leqslant0.078\\1.05+0.645I_{cl} & I_{cl}>0.078\end{cases} \tag{1-21}[10]$$

如取冬季、夏季的室内空气温度分别为20℃、25℃，分别计算冬夏季的人体表面的对流换热系数和服装面积系数，代入式（1-19），得出冬、夏季相近的计算公式：

$$(\bar{t}_r'+273)^4-(\bar{t}_r+273)^4=1.0718\times10^8(t_a-t_a') \tag{1-22}$$

$$(\bar{t}_r'+273)^4-(\bar{t}_r+273)^4=1.0407\times10^8(t_a-t_a') \tag{1-23}$$

对式（1-22）、式（1-23）进行试算可以得下式：

$$\Delta\bar{t}_r\approx-\Delta t_a \tag{1-24}$$

式中 $\Delta\bar{t}_r$、Δt_a——分别为室内平均辐射温度与室内空气温度的变化值，℃。

上两式说明，若其他条件不变，热感觉相同时，平均辐射温度的增加值等于空气温度的减小值，反之亦然。实际上，影响平均辐射温度的因素有围护结构特性、室外气候、供暖与空调方式，而平均辐射温度与空气温度又存在耦合关系，所以在稳定状态下，两者的差值不会很大。

1.1.6.2 节能分析

根据式（1-24），要获得同等的热感觉，冬季采用辐射供暖时，可适当降低室内空气设计温度；夏季采用辐射供冷时，可适当提高空气设计温度。在《民规》中[5]，也有相应规定："辐射供暖室内设计温度宜降低 $1 \sim 2 \text{℃}$；辐射供冷室内设计温度宜提高 $0.5 \sim 1.5 \text{℃}$"。

利用平均辐射温度与室内空气温度的变化可以实现节能，其节能途径包括以下方面：

（1）我国室内设计参数的温度取值是以室内空气温度为准的，夏季提高室内空气设计温度，冬季降低了室内空气设计温度，使室内冷负荷及热负荷降低，新风冷负荷、热负荷也降低。对于冬季热负荷及新风冷、热负荷来说，其降低比率可近似表示为：

$$\eta = \left| \frac{\Delta t_{\text{a}}}{t_{\text{o}} - t_{\text{a}}} \right| \tag{1-25}$$

式中 t_{o}——室外设计参数，℃。

文献［11-12］中提出：夏季室内设计干球温度每升高 1℃，空调能耗降低 8% 左右；文献［13］中提出：供暖工况下，室内设计温度每降低 1℃，能耗减少 $5\% \sim 10\%$。文献［14～16］提出辐射供暖、供冷与对流换热系统比较可节能 30% 以上。

表 1-7

冷水机组在不同温度下的性能系数

冷冻水温度/℃ 供水/回水	制冷量(kW)	输入功率(kW)	性能系数 COP	相对性能系数
5/10	198	42.5	4.6	1
7/12	208	43.1	4.82	1.048
10/15	250	45	5.55	1.21
15/20	298	47	6.34	1.38

（2）在冬季，辐射供暖采用的热水温度较低，一般地板辐射供暖水温不大于 60℃；而在夏季为避免结露，辐射供冷采用供水温度高于其他空调的冷冻水，为低质的能源如太阳能、地下水等自然冷热源的使用，提供了可能性，因此提高了节能性，并减少了对环境的污染。对于冷媒，提高冷媒温度，冷水机组的制冷系数（COP）有明显的提高，节能效果明显，见表 1-7[17]。供/回水温度 $5 \text{℃}/10 \text{℃}$ 与 $15 \text{℃}/20 \text{℃}$ 相比，冷水机组的性能系数增加 38%。

（3）由于以辐射供暖、供冷为主，送风只是补充少量的新鲜空气满足卫生要求，与全空气系统相比，大大减少了风机的能耗。与空气相比，水具有高比热和高密度的特点，可以耗费较少的水泵输送能量。

（4）辐射能以直线传播，被固体表面吸收并使之升温及降温。对于临时性的使用房间，或空旷的大空间，可采用辐射供暖、供冷方式，对特定房间、特定时间进行局部供暖和供冷，布置灵活，可实现节能。

（5）辐射热可以由围护结构及部件等进行贮存，可利用辐射热的贮存特性转移峰值耗电，提高电网效率。

1.2 室内空气品质与控制

室内空气品质（IAQ）是衡量室内环境品质（IEQ）的重要部分。人的一生中，大部分时间（≥80%）是在室内度过的，人们可以选择无污染的水和食物，却难以选择所呼吸的空气。一个人每天接受多种空气污染物的暴露，大部分是通过吸入室内空气，这是因为在室内度过的时间最长，还因为室内污染水平最高。研究证明，68%的疾病是由于室内空气污染造成的。

直至20世纪60年代中期，对室内的空气品质及其健康问题研究几乎无人涉足。也许当时人们还没有将健康问题与室内空气品质联系起来。如今人们对防止空气污染的意识很高，也引起对空气品质研究的重视。由于室内空气品质问题所导致的病态建筑综合症（SBS）使得人们的身心健康与工作效率受到很大影响，由此而引起社会广泛的关注，改善室内空气品质是目前亟待解决的问题。

建筑物内的空气质量受多种因素影响，有室外环境因素影响、室内人们活动因素影响，为了节约能源，现代建筑设计倾向于结构紧密，通风率低，这又加剧了室内空气质量的恶化。

1.2.1 空气污染物的种类与来源

室内空气污染物种类较多，据测有300多种。室内空气污染物包括物理性污染、化学性污染和生物性污染。具体来说包括颗粒污染物、微生物和有害气体。其中微生物多依附于颗粒污染物上，以其为营养基。

1.2.1.1 悬浮颗粒物

悬浮颗粒物是指悬浮于空气中的固体颗粒与液体颗粒。粒径小于$10\mu m$的粒子称为可吸入粒子，粒径大于$5\mu m$的粒子容易被呼吸道阻留；粒径小于$5\mu m$的粒子能进入人体的肺泡，小颗粒的甚至通过肺泡进入血液。室内的固体颗粒除由室外进入外，对于民用建筑，主要由人们在室内的活动产生，如行走灰尘、衣物灰尘及人体新陈代谢产生的粉尘；对于工业建筑，主要是由生产工艺过程产生，如焊接厂房中的焊接粉尘、油漆厂房中的油雾颗粒等。

1.2.1.2 空气微生物

室内空气中微生物的污染是影响室内空气质量的一个重要因素，主要包括细菌、霉菌、尘螨、病毒等。空气微生物大多附着在固体或液体颗粒上而悬浮于空气中，其中以咳嗽产生的飞沫等液体颗粒物携带的微生物最多。因其颗粒小、质量轻，在空气中滞流时间较长。在长时间潮湿的表面、湿度大及通风不畅的场所，也会滋生细菌。由于季节不同，室内通风条件不同，一般情况下室内空气微生物也有差异，多为夏季少而冬季多，夜间少而白天多。

实测空气微生物的平均直径为$4.2\sim5\mu m$。室内微生物的浓度在无人时可降到500个/m³以下，有人时为3000~8000个/m³或更高。在适宜的温度下，1个细菌经过1h的繁殖，能繁衍出10亿个后代。

1.2.1.3　气体污染物

室内气体污染物的种类较多，最常见的气体污染物有：

（1）CO_2

CO_2 是无色无味的气体，高浓度时略带酸味，密度比空气大。CO_2 在空气中的正常含量（体积份数）约为 0.03%～0.04%。当室内空气与室外空气交换良好时，室内空气中的 CO_2 不会引起污染。当 CO_2 浓度达到 0.1% 时，室内出现不良气味，多数人都会感觉不舒服；当室内 CO_2 浓度大于 1.5% 时，会引起呼吸困难和呼吸频率加快；当 CO_2 浓度大于 3% 时，会引起头痛、眩晕和恶心；当 CO_2 浓度大于 6%～8% 时，可导致昏迷和死亡。CO_2 为室内常见的污染物，它的高低可以用来表示室内空气的清新程度，能够反应室内有害气体的综合水平及通风效果的好坏，所以大多数民用建筑以 CO_2 为控制对象进行通风换气。

室内 CO_2 主要来源为人体新陈代谢的产物及室内可燃物的燃烧。

（2）CO

CO 是无色、无味、无刺激性的窒息性剧毒气体，比空气略轻。CO 对人体健康的影响主要通过呼吸系统来实现。CO 与 O_2 相比，与血红蛋白的结合能力比 O_2 大 200 倍，制约了 O_2 在血液中的传播，加重组织缺氧，进而引起心、脑等敏感器官缺氧反应。当 CO 浓度（体积分数）为 $42×10^{-6}$ 时，有头痛、疲倦、恶心等感觉；当浓度为 $625×10^{-6}$ 时，会出现心悸亢进，并伴有虚脱危险。CO 可对心脏、肺和神经系统产生有害影响。

室内 CO 主要是不完全燃烧的产物，如厨房燃气灶、锅炉燃烧、车库内汽车运行与启动及吸烟等，对于汽车库，一般以 CO 为控制对象进行通风换气。

（3）甲醛

甲醛（HCHO）为无色气体，具有刺激性气味，密度比空气略大，常温下易溶于水。甲醛具有易挥发特性。甲醛对皮肤和黏膜有强烈刺激作用，能引起视网膜的选择性损害，当浓度为 $1mg/m^3$ 时，可被人嗅到，长期接触甲醛可出现记忆力减退、嗜睡等神经衰弱症状，可引起遗传物质突变、损伤染色体。

室内甲醛主要来自装修材料及家具、吸烟、燃料燃烧和烹饪。它的释放速率除与家用物品所含的甲醛量有关外，还与空气温度、湿度、风速有关。气温越高，甲醛释放越快；反之亦然。甲醛的水溶性很强，如果室内湿度大，则甲醛易溶于水蒸气中，滞留室内。

（4）挥发性有机物

挥发性有机物（VOCs）是一大类重要的室内空气污染物，是指在常温下饱和蒸汽压力大于 70Pa、常压下沸点在 260℃ 以内的有机物，包括烃类、氧烃类、卤代烃类、氮烃及硫烃类化合物。VOCs 的健康效应主要表现为刺激作用，尤其对眼、鼻、咽喉及头、颈和面部皮肤，引起头痛、头晕、神经衰弱和皮肤、黏膜的炎症。

这类污染物主要来源于室内装修过程使用的产品，包括装饰材料、胶黏剂、涂料、空气清新剂等。

（5）氡

氡是一种无色、无味、无臭的惰性气体。据联合国原子能辐射效应委员会的最新估计，氡及其子体产生的辐射剂量占天然辐射源的 54%。若氡衰变过程中释放的 $α$ 粒子通过呼吸进入人体，则会破坏细胞组织的 DNA，从而诱发癌症。美国外科协会估计，由此引起的肺癌占肺癌发病率的15%左右，仅次于吸烟。

室内的氡主要来自两方面：一是由于房屋的地基土壤内含有镭，一旦衰变成氡，即可通过地基或建筑的缝隙、管道等逸入室内；二是从含镭的建筑材料中衰变而来，如石块、花岗岩、水泥等材料。

影响室内氡含量的因素除了污染源的释放以外，室内密闭程度、空气交换率、大气压高低、室内外温差等都是重要的影响因素，其中通风是影响室内氡含量的最重要的因素。

1.2.2 室内空气品质标准

室内空气品质的定义在过去二十年中经历了许多变化。最初，人们把室内空气质量几乎等价为一系列污染物浓度的指标。在1989年，Fanger提出：品质反映了满足人要求的程度，如果人们对空气满意，就是高品质；反之就是低品质。ASHRAE提出了可接受的室内空气品质的定义：良好的室内空气品质应该是空气中没有已知的污染物达到公认的权威机构所确定的有害浓度指标，并且处于这种空气中的绝大多数人（≥80%）对此没有表示不满意。"室内空气品质"通常不是指卫生防疫部门涉及的"室内空气污染"，而是特指普遍存在的室内空气长期的低浓度污染，没有超标的污染物不等于良好的空气品质。

1.2.2.1 阈值

室内空气中有多种污染物，且这些低浓度的污染物对人体健康的影响是深远的。因此，必须确定有关污染物的允许浓度。阈值就是空气中传播的物质的最大浓度，在该浓度下日复一日地停留在这种环境中的所有工作人员几乎均无有害影响。因为人们的敏感性的差异，即使是处在阈值以下，也会有少数人由于某种物质的存在而感到不舒适。

阈值有3种定义：1）时间加权平均阈值，它表示正常的8小时工作日或35小时工作周的时间加权平均浓度值，长期处于该浓度下的所有工作人员几乎均无有害影响。2）短期暴露极限阈值，它表示工作人员暴露时间为15min以内的最大允许浓度。3）最高限度阈值，它表示即使瞬间也不应超过的浓度。

1.2.2.2 室内空气质量标准

我国于2002年12月发布了《室内空气质量标准》[18]，并于2003年3月1日开始实施，见表1-8。该标准规定：室内空气应无毒、无害、无异常臭味。其中，环境基准为标准状态，是指温度为273℃、大气压力为101.325kPa时的干空气状态。

室内空气质量标准　　　　　　　　　　　　　　　　　　表1-8

序号	参数类别	参　数	单位	标准值	备　注
1	物理性	温度	℃	22～28	夏季空调
				16～24	冬季供暖
2		相对湿度	%	40～80	夏季空调
				30～60	冬季供暖
3		空气流速	m/s	0.3	夏季空调
				0.2	冬季供暖
4		新风量	m³/(h·人)	30	

序号	参数类别	参　　数	单位	标准值	备　注
5		二氧化硫(SO_2)	mg/m^3	0.50	1h 均值
6		二氧化氮(NO_2)	mg/m^3	0.24	1h 均值
7		一氧化碳(CO)	mg/m^3	10	1h 均值
8		二氧化碳(CO_2)	%	0.10	日平均值
9		氨(NH_3)	mg/m^3	0.20	1h 均值
10		臭氧(O_3)	mg/m^3	0.16	1h 均值
11	化学性	甲醛(HCHO)	mg/m^3	0.10	1h 均值
12		苯(C_6H_6)	mg/m^3	0.11	1h 均值
13		甲苯(C_7H_8)	mg/m^3	0.20	1h 均值
14		二甲苯(C_8H_{10})	mg/m^3	0.20	1h 均值
15		苯并[α]芘 B(α)P	ng/m^3	1.0	日平均值
16		可吸入颗粒物(PM10)	mg/m^3	0.15	日平均值
17		总挥发性有机化合物(TVOC)	mg/m^3	0.60	8h 均值
18	生物性	菌落总数	CFU/m^3	2500	依据仪器定
19	放射性	氡(^{222}Rn)	Bq/m^3	400	年平均值 (行动水平)

注：1. 新风量要求≥标准值，除温度、相对湿度外的其他参数要求≤标准值。

　　2. 行动水平即达到此水平建议采取干预行动以降低室内氡浓度。

我国的《室内空气质量标准》规定了适用范围，即本标准适用于住宅和办公建筑物，其他室内环境可参照本标准执行。对于生产工艺过程或工业建筑的室内环境，应执行《工作场所有害因素职业接触限值》[19]GBZ 2.1—2007，该标准与《室内空气质量标准》内容区别很大，一方面后者规定的污染物种类多；另一方面，对于一些常见的空气污染物，如粉尘、CO_2、CO、NO_2、SO_2、苯等，后者没有前者要求严格。

除了对室内污染物规定了限值外，国内外的标准还对室内的新风量作了规定，新风量是依据室内空气质量标准得出的，但新风量的大小却不同，这一方面是因为人在室内的暴露时间不同，另一方面是考虑建筑空间大小的不同，对于人员少的大空间，室内空气质量在很长时间内都能满足要求；再者是考虑能耗因素，应尽量减少新风量。《民规》[5]对不同类型建筑的新风量作了规定，如公共建筑的主要房间最小新风量为 $30m^3/(h \cdot 人)$；设置新风系统的医院建筑的门诊室、病房等最小换气次数不小于 2 次/h；设置新风系统的居住建筑见表 1-9。

居住建筑设计最小换气次数　　　　　　　　　　　　　　　　　　　　表 1-9

人均居住面积 F_P	每小时换气次数	人均居住面积 F_P	每小时换气次数
$F_P \leqslant 10m^2$	0.70	$20m^2 < F_P \leqslant 50m^2$	0.50
$10m^2 < F_P \leqslant 20m^2$	0.60	$F_P > 50m^2$	0.45

高密人群建筑每人所需最小新风量应按人员密度确定，且应符合表 1-10 的规定。

建筑类型	人员密度 P_F(人/m²)		
	$P_F \leqslant 0.4$	$0.4 < P_F \leqslant 1.0$	$P_F > 1.0$
影剧院、音乐厅、大会厅、多功能厅、会议室	14	12	11
商场、超市	19	16	15
博物馆、展览厅	19	16	15
公共交通等候室	19	16	15
歌厅	23	20	19
酒吧、咖啡厅、宴会厅、餐厅	30	25	23
游艺厅、保龄球房	30	25	23
体育馆	19	16	15
健身房	40	38	37
教室	28	24	22
图书馆	20	17	16
幼儿园	30	25	23

1.2.3 通风量的确定

控制室内空气污染物的方法有三种：污染源控制、通风控制与空气净化控制。

污染源控制是指从源头上控制污染物的产生与扩散，很多生产过程产生的污染物可以通过改善工艺等措施减少污染物产生。20 世纪下半叶起，越来越多的新型建筑、装饰材料、家具用品、清洁剂、杀虫剂以及现代化的文字处理机被大量应用到建筑物内，在室内产生大量的污染物（如甲醛、VOCs 等），成为影响室内空气品质的重要对象，随着人们对 IAQ 问题的重视，不断开发绿色建材，因此而产生的污染物最终将得到控制。某些室内污染物可以通过源头得到控制，但有些却难以控制，例如由人体新陈代谢所产生的代谢物 CO_2、细菌等。

通风与空气净化是提高室内空气品质的重要方法。如果按工作的动力划分，通风方法分自然通风与机械通风；按通风换气的范围分全面通风与局部通风；按室内余压分正压通风与负压通风。对于空气净化，是采用对空气进行过滤、吸附等处理方法除去空气中的颗粒污染物、细菌及有害气体。本节主要讨论通风量的确定方法。

1.2.3.1 全面通风量计算

全面通风又称为稀释通风，它是用一定量的室外空气送入房间，稀释室内污染物，使其浓度达到室内空气质量标准，并将等量的室内空气排到室外。如果在一个微小的时间间隔 $d\tau$ 内，室内污染物浓度变化为 dC，室内进入的污染物量与从室内排出的污染物量之差等于整个房间污染物的增量，即：

$$GC_0 d\tau + G_e d\tau - GC d\tau = V dC \tag{1-26}$$

式中　G——全面通风量，m^3/s；

　　C_0——室外空气中污染物浓度，g/m^3；

　　C——τ 时刻污染物浓度，g/m^3；

　　G_e——室内污染物散发量，g/s；

V——房间容积，m^3。

对式（1-26）进行变换，得：

$$\frac{\mathrm{d}\tau}{V}=\frac{\mathrm{d}C}{GC_0+G_e-GC} \tag{1-27}$$

这里假设污染物产生量 G_e 与通风量 G 均不随时间变化。变量 τ 在 $0\sim\tau$ 时间内，浓度 C 由 C_1 变为 C_2，对式（1-27）两端进行积分，并求解得：

$$\frac{GC_1-G_e-GC_0}{GC_2-G_e-GC_0}=\exp\left[\frac{\tau G}{V}\right] \tag{1-28}$$

由式（1-28）可以求出在规定时间 τ 内，达到要求的浓度 C_2 时，所需的全面通风换气量，该式称为全面通风换气量计算式。

当 $\tau\rightarrow\infty$ 时，$\exp(-\tau G/V)\rightarrow 0$，室内污染物浓度 C_2 趋于稳定，全面通风计算式为：

$$G=\frac{G_e}{C_2-C_0} \tag{1-29}$$

通常室内有多种污染物，通风量应分别计算各污染物所需的空气量，然后取最大值。在实际应用中，根据通风房间的特点，选取其中一个有代表性的污染物作为计算通风量的依据。

1.2.3.2 以 CO_2 允许浓度为标准的通风量计算

对于大多数民用建筑，室内新风量的确定一般以排除 CO_2 为依据。人体在新陈代谢过程中排出大量的 CO_2，其排放量与人体活动量及人体表面积有关，可根据以下计算：

$$V_{CO_2}=R_Q V_{O_2} \tag{1-30}$$

$$V_{O_2}=\frac{47.35A_D M}{0.23R_Q+0.77}\times 10^{-6} \tag{1-31}[20]$$

$$A_D=0.202m_b^{0.425}H^{0.725} \tag{1-32}[21]$$

式中　V_{CO_2}——人体 CO_2 排放量，L/s；

　　　V_{O_2}——在 $0℃$、$101.325kPa$ 条件下单位时间内消耗氧气的体积，L/s；

　　　R_Q——呼吸商，无量纲；

　　　A_D——人体皮肤表面积，m^3；

　　　m_b——体重，kg；

　　　H——身高，m。

一般成年人在静坐和轻劳动（$M<1.5met$）时，$R_Q=0.83$；在重劳动（$M=5.0met$）时，$R_Q=1.0$，其他状态可以采用线性插值求得。

如果取男子体重为 65kg、身高 1.70m，取女子体重为 50kg、身高 1.60m，室内 CO_2 允许限值根据表 1-9 取值 0.1%，代入式（1-29）～式（1-32），计算出不同人体代谢率的 CO_2 排放量及所需的新风量，计算结果见表 1-11。

人体 CO_2 排放量及所需新风量　　　　　　　　　　　　　　　表 1-11

活动类型	新陈代谢率（met）	新陈代谢率（w/m^2）	CO_2 排放量（L/h）		新风量[m^3/(h·人)]	
			男	女	男	女
睡眠	0.7	42	10.82	9.26	16.64	14.25
静坐	1	60	15.46	13.23	23.78	20.35

15

活动类型	新陈代谢率(met)	新陈代谢率(w/m²)	CO₂排放量(L/h)		新风量[m³/(h·人)]	
			男	女	男	女
办公	1.2	72	18.55	15.88	28.53	24.43
步行	1.8	105	27.83	23.81	42.81	36.64
打扫房间	2.5	145.5	39.62	33.92	60.95	52.18
跑步(2.37 m/s)	6.29	366	114.12	97.69	175.57	150.29
打网球	3.8	221.2	63.40	54.27	97.53	83.49

把表 1-11 中计算的新风量值与表 1-10 的推荐值进行对比，能够看出有一定的出入，表 1-11 的新风量与人体活动状态有较大的关系，而表 1-10 没有明显体现。人在办公环境下所需的新风量比在睡眠状态下所需的新风量增大了约 41.70%；男人比女人所需新风量约多 14.40%。

1.2.3.3 满足室内温度、湿度要求的新风量计算

消除余热、余湿所需的新风量分别为：

$$G=\frac{Q}{c(t_i-t_o)} \quad (kg/s) \tag{1-33}$$

$$G=\frac{G_w}{d_i-d_o} \quad (kg/s) \tag{1-34}$$

式中 Q——室内余热量，kW；

　　c——空气比热，其值为 1.01kJ/(kg·℃)；

　　t_i，t_o——室内、室外空气温度，℃，这里应为室内与室外通风设计参数；

　　G_w——室内余湿量，g/s；

　　d_i，d_o——室内、室外空气的含湿量，g/kg。

利用通风排出室内余热、余湿是有条件的，即需要室内的温湿度高于室外通风设计温湿度。

1.2.3.4 维持室内余压值

利用机械通风对室内空气进行通风换气时，室内有时需要维持一定的压力，余压可以避免污染物的传播。要求清洁的房间，室内应保持正压；放散粉尘、有害气体或有爆炸危险物品的房间，应保持负压。对于舒适性空调系统，空调区与室外的压差宜取 5~10Pa，但不应大于 50Pa。如采用全空气系统，规定新风量不得小于总送风量的 10%。对于净化空调的洁净室，一般要求正压值，而对于生物安全洁净室要求负压值。不同等级的洁净室以及洁净区与非洁净区之间的压差，应不小于 5Pa，洁净区与室外的压差，应不小于 10Pa。在一些产生污染物较多的通风场合，例如浴池、厨房、卫生间、地下停车库等，通常采用负压通风。

机械通风系统可分为机械送风加机械排风、机械送风加自然排风、机械排风加自然补风。当机械送风量大于机械排风量时，室内为正压，反之为负压；机械送风加自然排风形式能维持室内正压；机械排风加自然补风形式能维持室内负压。余压值的大小取决于自然渗透缝隙及孔口的阻力特性与通过的风量的大小。室内的余压值等于空气通过缝隙、孔口的阻力，即：

$$\Delta P = \zeta \frac{v^2}{2} \rho \tag{1-35}$$

式中　ΔP——孔口两侧的压力差，即余压，Pa；

　　　v——空气流过孔口时的流速，m/s；

　　　ρ——空气密度，kg/m³；

　　　ζ——孔口的局部阻力系数。

由上式可得：

$$v = \sqrt{\frac{2\Delta P}{\zeta \rho}} = C_d \sqrt{\frac{2\Delta P}{\rho}} \tag{1-36}$$

$$L = vF = C_d F \sqrt{\frac{2\Delta P}{\rho}} \tag{1-37}$$

$$G = \rho L = C_d F \sqrt{2\Delta P \rho} \tag{1-38}$$

式中　C_d——孔口的流量系数，$C_d = \sqrt{1/\zeta}$；

　　　F——孔口的面积，m²；

　　　L——空气的体积流量，m³/s；

　　　G——空气质量流量，kg/s。

当采用机械送风加机械排风的通风形式时，通过孔口的流量 G 为送风量与排风量的差值。如果已知孔口的特性与室内的余压值，就可求出所需的必要的通风量。

孔口流量系数是一个重要参数，因为它是求解通风量的关键因素。孔口的安装位置及条件不同，其流量系数差别较大。Bot 在 1983 年提出了矩形孔口的实验方程曲线[22]：

$$C_d = \frac{1}{\sqrt{1.75 + 0.7\exp\left[-\dfrac{B}{32.5H}\right]}} \tag{1-39}$$

式中　B、H——孔口的宽度与高度，m。

该方程表明孔洞的流量系数与孔洞的宽高比的关系。

1.2.3.5　空气净化方法

采用全面通风方法排出室内污染物，当通风量较大时，会造成大量的能量损失，尤其是严寒地区冬季的通风热损失非常大。另外，室内污染物排出室外，还可能形成对室外空气环境的污染。空气净化方法是指对室内空气进行循环处理，采用过滤、吸附等物理及化学方法处理室内空气，其处理模型如图 1-2 所示。

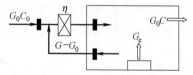

图 1-2　空气处理模型

在一个微小的时间间隔 $d\tau$ 内，室内污染物浓度变化为 dC，室内进入的污染物量与从室内排出的污染物量之差等于整个房间污染物的增量，即：

$$V\frac{dC}{d\tau} = G_e + [(G-G_0)C + G_0 C_0](1-\eta) - G_0 C \tag{1-40}$$

整理得：

$$\frac{\mathrm{d}\tau}{V}=\frac{\mathrm{d}C}{G_\mathrm{e}+G_0C_0(1-\eta)+[(1-\eta)G-(2-\eta)G_0]C} \tag{1-41}$$

式中 G——总送风量，$\mathrm{m^3/s}$；

G_0——新风量，$\mathrm{m^3/s}$；

η——空气净化效率；

其他符号的意义同式（1-26）。这里假设污染物产生量 G_e 与通风量 G 均不随时间变化。变量 τ 在 $0\sim\tau$ 时间内，浓度 C 由 C_1 变为 C_2，对式（1-41）两端进行积分，并求解得：

$$G=G_0\frac{2-\eta}{1-\eta}-\frac{G_\mathrm{e}}{C_2(1-\eta)}-\frac{G_0C_1}{C_2} \tag{1-42}$$

由上式可以计算出循环净化所需的风量，C_1 为室内污染物初始浓度，一般等于室外污染物浓度 C_0，C_2 为室内污染物最终浓度，即为污染物允许限值。

1.2.3.6 局部通风

（1）局部排风

对于室内污染源位置固定，或室内空间较大的场合，如果生产设备在房间局部地点产生大量的余热、余湿、粉尘和有害气体等，应优先采用局部排风方式，及时就近排除被污染的空气，避免污染物扩散，用较小的排风量获得最佳的有害物排除效果，保证室内工作区有害物浓度不超过国家允许限值的要求。如果采用稀释法对整个空间进行通风换气，则需要较大的通风设备，并造成大量的通风能量损失。

局部排风系统由局部排风罩、风管、净化设备与风机组成。当室内空气污染物浓度低于有关的排放标准或对于一些污染物处理尚无经济有效方法时，局部排风系统可不设净化设备。

（2）局部送风

对于一些面积较大，工作人员较少且位置固定的场合，如果采用稀释法同样会造成很大的能耗，可以采用局部送风方式。这样只需对工作人员工作的地点进行局部环境控制。对于室内环境，不同的使用者在生理和心理反应、衣着量、活动水平以及对空气温度、湿度和速度的偏好方面，存在着很大的个体差异。传统的室内环境保证系统在一个空调区域中创造一个均匀的环境，不能提供给不同局部位置不同的室内参数要求。

1.2.4 通风余热回收

在严寒和寒冷地区，对于采用集中机械通风系统，通风热损失较大，宜考虑采用能量回收装置，热回收新风换热器的效率定义为：

$$\eta=\frac{t_\mathrm{o}-t_\mathrm{s}}{t_\mathrm{o}-t_i} \tag{1-43}$$

式中 t_o、t_s——新风进出口温度，℃，即为冬季室外通风计算温度、送风温度；

t_i——排风的入口温度，℃，即为室内设计温度。

热回收量为：

$$Q_\mathrm{r}=0.278\rho_\mathrm{a}L_\mathrm{f}c_\mathrm{p}(t_\mathrm{s}-t_\mathrm{o}) \tag{1-44}$$

式中 Q_r——热回收量，W；

ρ_a——室外计算温度下空气的密度，$\mathrm{kg/m^3}$；

L_f——新风量，m^3/h；

c_p——干空气的定压比热，$kJ/(kg \cdot ℃)$。

实际的排风热损失为：

$$Q_p = 0.278\rho_a L_p c_p (t_i - t_o) - Q_r \qquad (1-45)$$

式中 Q_p——排风热损失，W；

L_p——排风量，m^3/h。

对于全面通风系统，宜设置热回收式新风换气机，热回收式新风换气机类型有机械循环管式、热管式、转轮式、板式等。管式热回收换气机利用管内溶液流动分别与排风和新风取热和放热，采用溶液泵作为溶液循环的动力；热管式换气机利用热管原理，通过蒸发段（吸热）和冷凝段（放热），使排风和新风换热；转轮式换气机利用连续旋转的转轮，使排风和新风连续与转轮中的金属填料接触换热；板式换气机利用板式换热器使排风与新风进行间接换热。

系统设计需考虑冬季与其他季节的运行转换，并应对热回收装置的排风侧是否出现结霜或结露现象进行核算。当出现结霜或结露时，应采取排水、预热等保温防冻措施。由于送风量可小于排风量，还可通过调整送风量调整排风出口处的露点温度。

本章参考文献

[1] Mcintyre. Indoor Climate. London：Applied Science Publisher，1980.

[2] P. O. Fanger. Thermal Comfort. Copenhagen：Danish Technical Press，1970.

[3] P. O. Fanger. Thermal Comfort，Robert E. Krieger Publishing Company，Malabar，FL，1982.

[4] 朱颖心. 建筑环境学（第二版）. 北京：中国建筑工业出版社，2005.

[5] GB 50736—2012. 民用建筑供暖通风与空气调节设计规范. 北京：中国建筑工业出版社，2012.

[6] 赵荣义，范存养，薛殿华，钱以明. 空气调节（第三版）. 北京：中国建筑工业出版社，1994.

[7] Baughman A V，Edward A A. Indoor humidity and human health-part I：Literature review of health effects of humidity-influenced indoor pollutants. ASHRAE Transactions，1996，102（1）：193-211.

[8] Berglund L G. Comfort and Humidity. ASHRAE Journal，1998，40（8）：35-41.

[9] 陆亚俊，马最良，邹平华. 暖通空调（第三版）. 北京：中国建筑工业出版社，2015.

[10] DIN EN ISO 7730. Ergonomics of the thermal environment-Analytical determination and interpretation of thermal comfort using calculation of the PMV and PPD indices and local thermal comfort criteria，2005.

[11] 闫斌，郭春信，程宝义. 舒适性空调室内设计参数的优化. 暖通空调，1999，29（1）：44-45.

[12] 殷平. 室内空气计算参数对空调系统经济性影响. 暖通空调，2002，32（2）：21-25.

[13] 郎四维. 公共建筑节能设计标准宣贯辅导教材. 北京：中国建筑工业出版社，2005，1-25.

[14] Stetiu C. Energy and peak power potential of radiant cooling systems in US commercial building. Energy and Buildings，1999，30：127-38.

[15] Feustel HE，Stetiu C. Hydronic radiant cooling-preliminary assessment. Energy and Building，1995，22：193-205.

[16] Yost PA，Barbour CE，Watson R. An evaluation of thermal comfort and energy consumption for a surface mounted ceiling radiant panel heating system. ASHRAE Transactions，1995：101（1）：21-35.

[17] F. Steimle. Moisture Control and Cooling Ceiling. Air Condition in High rise Building'97，1997.

[18] GB/T 18883—2002. 室内空气质量标准. 北京：中国标准出版社，2002.

［19］ GBZ 2.1—2007. 工作场所有害因素职业接触限值. 北京：法律出版社，2007.

［20］ Y. Nishi，Measurement of thermal balance of man，Bioengineering Thermal Physiology and Comfort，K. Cena and J. A. Clark，eds，Elsevier，New York，1981.

［21］ D. DuBois，E. F. DuBois，A formula to estimate approximate surface area，if height and weight are known，Archives of Internal Medicine 17：863-71，1916.

［22］ Bot G P A. Greenhouse climate：from physical processes to a dynamic model. Wageningen：University，1983：171-178.

第2章 空气的热湿处理

空气的温度、相对湿度、空气流速以及环境的平均辐射温度构成了影响人体的热湿环境。人体与环境之间的相互作用过程实际上就是人体与环境之间的热湿交换过程。此外，在某些工业生产和科学实验中，对空气的温度、湿度等参数有着特殊的要求。

一定的热湿环境一般要受到空间内部和空间外部的干扰。如室内的照明装置、办公设备、人员及各种工艺设备等所产生的热量与湿量，这些是内扰，室内以外的作用因素（如室外气温、湿度、太阳辐射、室外风速等）就是外扰。

内扰主要通过对流、辐射和蒸发（或吸湿）与室内进行热湿交换，从而改变室内空气的温度和湿度等。外扰则主要通过围护结构辐射、热湿传导以及室内外空气的对流交换进行热湿传递。其中辐射热以两种方式影响室内环境：一种是先辐射到围护结构外表面，使外表面温度升高，再通过围护结构传入室内；另一种方式是直接经透明门窗进入房间后，首先是加热室内墙体及其他物体表面，使这些表面温度上升，然后这些表面与室内空气进行对流换热。通过围护结构的热传导是热量从围护结构传入到室内表面，再以对流和辐射的方式作用于室内；传湿也是通过围护结构传入室内表面后以对流和扩散方式影响室内空气温湿度。

这些干扰因素有些是稳定的，有些是不稳定的，有些随季节而变化。对室内空气热湿环境的控制需要通过空气处理过程来实现。

2.1 湿空气的性质与焓湿图

2.1.1 湿空气的组成及基本状态参数

2.1.1.1 湿空气的组成

地球被厚厚的空气层所包围，这个空气层称为大气层。由于地球表面大部分被江、湖、河海所覆盖，必然有大量的水分蒸发，形成水蒸气进入大气中，所以自然界中的空气都是干空气与水蒸气的混合物，称为湿空气。干空气的成分主要是由氮、氧、氩、二氧化碳和微量的稀有气体组成。多数成分比较稳定，组成比例基本不变，因而可将组成干空气的混合物作为一个整体，并看作是理想气体。海平面高度的清洁干空气的成分见表 2-1。

干空气的组成 表 2-1

气 体 名 称	质量分数（%）	体积分数（%）
氮 N_2	75.55	78.08
氧 O_2	23.10	20.90
二氧化碳 CO_2	1.30	0.03
稀有气体（Ar,Ne,Kr,He,H_2）等	0.05	0.99

湿空气中的水蒸气含量很少，每千克只含有几克到几十克。由于空气的温度高于水蒸气分压力下的饱和温度，所以空气中的水蒸气通常处于过热状态。湿空气中水蒸气的含量随季节、地理位置和产生水蒸气的来源不同而经常变化，尽管含量少，但它的相态变化存在潜热转换，对湿空气的能量构成及状态变化影响却很大。它可以引起湿空气干、湿程度的改变，又会使湿空气的物理性质随之改变，并且对人体的舒适度、产品质量、工艺过程和设备维护等产生直接影响。

2.1.1.2　湿空气的状态参数

湿空气的状态通常可以用压力、温度、相对湿度、含湿量及焓等参数来度量和描述。这些参数称为湿空气的状态参数。

1. 大气压力

湿空气的压力即是所谓的大气压力。湿空气由干空气和水蒸气组成，所以湿空气的总压力 p 应等于干空气的分压力 p_a 与水蒸气的分压力 p_v 之和，即：

$$p = p_a + p_v \tag{2-1}$$

大气压力随各个地区海拔高度的升高而有所降低。例如上海地区，夏季的平均大气压力为 100.54kPa，而拉萨地区则为 65.23kPa。由于大气压力不同，湿空气的性质也会有差异。水蒸气分压力的大小，反映了湿空气中水蒸气含量的多少。水蒸气含量越多，其分压力也越大，反之亦然。在一定温度下，一定量的湿空气中能容纳水蒸气的数量是有限度的。湿空气的温度越高，它允许的最大水蒸气含量也越大。当空气中的水蒸气含量达到最大限度时，则湿空气处于饱和状态，称为饱和空气。此时相应的水蒸气分压力称为饱和水蒸气分压力。

2. 温度

它是表示空气冷热程度的指标。室外空气温度指距地面 1.5m，背阴处的空气温度，室内空气温度一般指人员工作区的空气温度。在空气调节中采用摄氏温度 t（℃）和热力学温标（绝对温度）T(K) 表示。两者的关系是：$T = 273.15 + t$。空气温度的高低对人体舒适感和某些生产过程影响较大，所以空气温度通常是暖通空调系统控制的最主要目标。

3. 密度与比容

湿空气的密度是指单位体积湿空气所具有的质量，用符号 ρ 表示，单位是 kg/m^3。湿空气的比容是指单位质量湿空气中所具有的体积，用符号 v 表示，单位是 m^3/kg。两者之间互为倒数。湿空气的密度应等于干空气密度与水蒸气密度之和，即：

$$\rho = \rho_a + \rho_v \tag{2-2}$$

式中　ρ——湿空气的密度，kg/m^3；

　　　ρ_a——干空气的密度，kg/m^3；

　　　ρ_v——水蒸气的密度，kg/m^3。

在热力学中，常温常压下（空调处理空气属于此范畴）的空气可认为是理想气体。所谓理想气体，就是气体分子是有弹性的、不占有体积的质点，分子间没有相互作用力。湿空气遵循理想气体变化规律，其状态参数之间的关系可以用理想气体状态方程表示，即：

$$pv = RT \tag{2-3}$$

$$pV = mRT \tag{2-4}$$

式中　p——气体的压力，Pa；

v——气体的比容，m^3/kg；

R——气体常数，取决于气体性质，$J/(kg \cdot K)$；

V——气体的总容积，m^3；

T——气体的热力学温度，K；

m——气体的总质量，kg；

当气体采用 kmol 为单位时，理想气体状态方程式为：

$$pV_m = R_0 T \tag{2-5}$$

式中　V_m——1kmol 分子的体积，$m^3/kmol$；

R_0——通用气体常数，即物理学中的普适气体常数，$J/(kmol \cdot K)$。

由阿伏伽德罗定律可知，对于一切具有相同压力、温度的气体，其 V_m 相同。当 $p=101325Pa$，$T=273.15K$ 时，实验测得 $V_m=22.4145 m^3/kmol$，因而有：

$$R_0 = \frac{pV_m}{T} = 8314.66 \tag{2-6}$$

将 R_0 除以任何气体的分子量 M，就得到 1kg 该气体的气体常数 R，即：

$$R = \frac{R_0}{M} \tag{2-7}$$

如果干空气和水蒸气的气体常数分别用 R_a 和 R_v 表示，则有：

$$R_a = \frac{R_0}{M_a} = \frac{8314.66}{28.97} = 287 J/(kg \cdot K) \tag{2-8}$$

$$R_v = \frac{R_0}{M_v} = \frac{8314.66}{18.02} = 461 J/(kg \cdot K) \tag{2-9}$$

其中角标 a 表示干空气，v 表示水蒸气。

4. 湿度

湿度是表示湿空气中水蒸气含量多少的物理量，一般有三种表示方法。

(1) 绝对湿度。单位体积湿空气中含有水蒸气的质量，称为湿空气的绝对湿度。用符号 ω 表示，即：

$$\omega = \frac{m_v}{V} \quad (kg/m^3) \tag{2-10}$$

式中　m_v——水蒸气的质量，kg；

V——水蒸气占有的体积；m^3。

从上式可见，绝对湿度 ω 即为该温度和水蒸气分压力下的水蒸气密度 ρ_v，饱和空气的绝对湿度，称为饱和绝对湿度，用符号 ω_s 表示。

(2) 含湿量。含湿量 d 是指 1kg 干空气所带有的水蒸气质量，它是表示湿空气湿度大小的重要参数之一，用下式表示：

$$d = \frac{m_v}{m_a} \quad (g/kg \text{ 干空气}) \tag{2-11}$$

式中　m_v——湿空气中水蒸气的质量，g；

m_a——湿空气中干空气的质量，kg。

对于水蒸气　　　　　$$p_v V = \frac{m_v}{1000} R_v T \tag{2-12}$$

对于干空气 $$p_aV=m_aR_aT \qquad (2-13)$$

式中　V——干空气、水蒸气的体积，m^3；

　　　T——干空气、水蒸气的绝对温度，K；

　　　R_v——水蒸气的气体常数，其值为 461J/(kg·K)；

　　　R_a——干空气的气体常数，其值为 287J/(kg·K)。

将式（2-12）与式（2-13）中的 m_v、m_a 代入式（2-11），整理后得：

$$d=\frac{m_v}{m_a}=\frac{1000R_ap_v}{R_vp_a}=622\frac{p_v}{p_B-p_v} \qquad (2-14)$$

由式（2-14）可知，在一定的大气压力下，水蒸气分压力 p_v 只取决于含湿量 d。水蒸气的分压力愈大，空气的含湿量也愈大。在对空气进行加湿与减湿处理时，都是用含湿量来计算空气中水蒸气的变化。含湿量是湿空气的一个重要状态参数。

（3）相对湿度。相对湿度 φ 是指空气中水蒸气分压力 p_v 与同温度下饱和水蒸气分压力 p_{vs} 之比，即：

$$\varphi=\frac{p_v}{p_{vs}}\times100\% \qquad (2-15)$$

它表示湿空气接近饱和的程度。当 $\varphi=100\%$ 时，这种空气就是饱和空气，说明空气中水蒸气的量已达到最大限度，不能再接纳水蒸气。φ 值越小，空气越干燥，吸收水蒸气的能力越大。$\varphi=0$，就是干空气。φ 值比较确切地表达了空气的干燥或者潮湿的程度。

相对湿度与含湿量都是表示空气湿度的参数，但意义却不相同：φ 能表示空气接近饱和的程度，却不能表示水蒸气含量的多少，而 d 能表示水蒸气含量的多少，却不能表示空气接近饱和的程度。根据式（2-14）和式（2-15），可得含湿量的另一种表达式为：

$$d=622\frac{p_{vs}\varphi}{p_B-p_{vs}\varphi} \qquad (2-16)$$

式（2-16）将含湿量 d 与相对湿度 φ、饱和水蒸气分压力 p_{vs} 和大气压力 p_B 联系在一起。饱和水蒸气分压力又是空气温度的单值函数。空气温度已定，饱和水蒸气分压力也就确定了。

5. 焓

从工程热力学可知，焓是工质的一个状态参数，是具有一定作功能力的能量，在定压过程中，焓差等于热交换量，即：

$$\Delta h=\Delta Q=c_p\Delta t \qquad (2-17)$$

在空调工程中，湿空气的状态变化过程可作为定压过程。所以能够用空气状态前后的焓差来计算空气热量的变化。

湿空气的焓是以 1kg 干空气作为计算基础的。湿空气的焓是 1kg 干空气的焓与其中 $d$kg 水蒸气焓的总和，称为（$1+d$）kg 湿空气的焓。如果取 0℃的干空气和 0℃水的焓值为零，则湿空气的焓可表示如下：

$$h=1.005t+\frac{d}{1000}(2501+1.836t) \quad (\text{kJ/kg 干空气}) \qquad (2-18)$$

式中　1.005——干空气的平均定压比热容，kJ/(kg·K)；

　　　1.836——水蒸气的平均定压比热容，kJ/(kg·K)；

　　　2501——0℃时水的汽化潜热，kJ/kg。

由上式可看出，（$1.005+1.836d/1000$）t 是与温度有关的热量，称为"显热"；而 $2.501d$ 是 0℃ 时 dg 水的汽化潜热，与温度无关，它仅随含湿量的变化而变化，故称"潜热"。当湿空气的温度和含湿量升高时，焓值也增大。但是，由于 2501 比 1.836 和 1.005 大得多，因而在空气温度升高，含湿量减少的情况下，湿空气的焓值不一定增加，有可能出现焓值不变或减少的情况。

2.1.2 湿空气的焓湿图

湿空气的状态参数可以用上述有关公式计算或查湿空气物理性质表获得。但工程应用上，通常是将计算获得的状态参数，绘制成有关线图，以供查用。我国现在使用的线算图以焓为纵坐标，以含湿量为横坐标，称为焓-湿图，以 $h-d$ 图表示，如图 2-1 所示。$h-d$ 图由斜坐标构成，纵轴与横轴之间的夹角大于或等于 135°。由于湿空气的状态参数因大气压的不同而不同，因此每一张 $h-d$ 图都是在一定的大气压条件下绘制的。

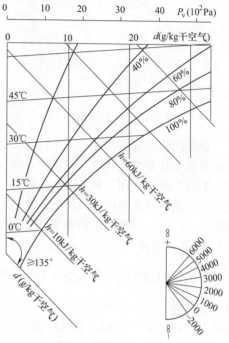

图 2-1 湿空气的焓-湿图

2.1.2.1 等温线

等温线是根据公式 $h=1.005t+\dfrac{d}{1000}$（$2501+1.836t$）制作而成的。当温度为常数时，h 与 d 呈直线关系，因此在一定的温度条件下，根据不同的 h、d 值，就可以得到一系列对应的等温线。

由于公式中 $1.005t$ 为截距，（$2501+1.836t$）为斜率，因此 t 值不同，每一条等温线的斜率不同，显然，等温线是一组不平行的直线。但是由于 $1.836t$ 远小于 2501，温度 t 对斜率的影响并不显著，所以等温线又近似平行。

2.1.2.2 等相对湿度线

等相对湿度线是根据公式 $d=622\dfrac{p_{vs}\varphi}{p_B-p_{vs}\varphi}$ 绘制的。在一定大气压力 p_B 下，当相对湿度 φ 为常数时，含湿量取决于 p_{vs}，而 p_{vs} 又是温度 t 的单值函数。因此，根据不同的 t 值可求得相应的 d 值，从而可在 $h-d$ 图上得到由（t,d）确定的点，连接各点即成等 φ 线。$\varphi=0$ 的线是纵坐标，$\varphi=100\%$ 的线是饱和湿度线。

以饱和湿度线为界，该曲线上方为湿空气区，水蒸气处于过热状态。曲线下方为过饱和区，由于过饱和状态是不稳定的，常有凝结现象出现，形成水雾，故这一区域又称雾状区。

2.1.2.3 水蒸气分压力线

公式 $d=622\dfrac{p_v}{p_B-p_v}$ 可变为 $p_v=\dfrac{p_B d}{622+d}$。当大气压力 p_B 一定时，水蒸气分压力 p_v 是含湿量 d 的单值函数，因此可在 d 轴上方绘一条水平线，标上 d 值所对应的 p_v 值即可。

2.1.2.4 热湿比线

在空气调节与空气的处理过程中，需对空气进行加热、冷却、加湿或减湿，另外还存

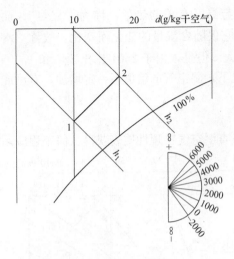

图 2-2 空气状态变化

在着室内外的热、湿负荷干扰，空气常由一个状态变为另一个状态。如果认为在整个变化过程中，空气的热湿变化是同时、均匀发生的，那么，在 $h-d$ 图上连接状态 1 到 2 的直线就代表了空气状态变化过程，如图 2-2 所示。

热湿比定义为空气变化前后的焓差与含湿量差之比值：

$$\varepsilon = \frac{h_2 - h_1}{d_2 - d_1} = \frac{Q}{W} \qquad (2-19)$$

式中　ε——热湿比，kJ/kg；
　　　h_1、h_2——空气初、终状态的焓，kJ/kg；
　　　d_1、d_2——空气初、终状态的含湿量，g/kg；
　　　Q——空气状态变化过程的热量变化，kJ；
　　　W——空气状态变化过程的湿量变化，g。

热湿比值 ε 实际上反映了空气从状态 1 变为状态 2 的过程线的斜率。ε 的大小及正负可用来表征状态变化的方向和特征。对于湿空气的各种变化过程，不论其初状态如何，只要它们的热湿比相同，则其过程线就会互相平行。根据这个特性，在 $h-d$ 图上以任意点为中心，画出一系列的不同的热湿比线。实际应用时，只需将等值的热湿比线平移到空气状态的起始点，即可绘出该空气状态的变化过程线。

2.1.3　露点温度

由于饱和空气的水蒸气分压力 p_{vs} 是空气温度 t 的单值函数，根据 $d = 622\frac{p_{vs}\varphi}{p_B - p_{vs}\varphi}$ 可

以看出，空气的饱和含湿量随着空气温度的下降而减少，如将未饱和的空气冷却，且保持其含湿量 d 在冷却过程中不变，则随着空气温度的下降，图中对应的饱和含湿量减少，当温度下降到使得该空气的 d 值等于最大含湿量 d_s 值时，这个 d_s 值所对应的温度称为该未饱和空气的露点温度，用符号 t_d 表示，如图 2-3 所示。因此，对于含湿量为 d 的空气，d 不变，温度降到 t_d 时，空气达到饱和状态（$\varphi = 100\%$），如果继续冷却，空气中的水蒸气就会析出凝结成水。由此可见，t_d 为空气结露与否的临界温度。显然，空气的露点温度只取决于空气的含湿量，含湿量不变时，t_d 为定值。在 $h-d$ 图上两个不同的空气状态点，当含湿量相同时，其露点温度相同。

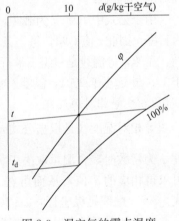

图 2-3　湿空气的露点温度

如果在某一空气环境中有一个冷表面，表面温度为 t_b，当 $t_b < t_d$ 时，该表面就会有凝结水出现，即结露。

2.2　湿　球　温　度

湿球温度是在定压绝热条件下，空气与水直接接触达到稳定热湿平衡时的绝热饱和温

度，也称热力学湿球温度。

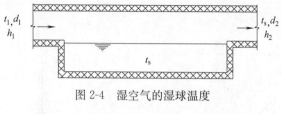

图 2-4　湿空气的湿球温度

现以图 2-4 为例，说明如下：设有一个空气与水直接接触的小室，保证二者有充分的接触表面和时间，小室内水温为 t_s，空气以 p，t_1，d_1，h_1 状态流入，离开时达到饱和状态，其温度与水温相同，各参数为 p，t_s，d_2，h_2。在该过程中，水分蒸发所需要的热量全部来自空气，由于小室是绝热的，所以对应于每千克空气的湿空气，其稳定流动能量方程式为：

$$h_1 + \left(\frac{d_2 - d_1}{1000}\right)h_s = h_2 \tag{2-20}$$

式中　h_s——液态水的焓，$h_s = 4.19t_s$，kJ/kg。

由式（2-20）可见，虽然空气因提供水分蒸发所需热量而温度下降，但它的总焓值却因得到水蒸气的汽化潜热或液体热而增加，即焓值增量等于进入空气中的液体热。利用热湿比的定义可以导出：

$$\varepsilon = \frac{h_2 - h_1}{\dfrac{d_2 - d_1}{1000}} = h_s = 4.19t_s \tag{2-21}$$

由式（2-20）展开，可得：

$$h_1 + \left(\frac{d_2 - d_1}{1000}\right) \cdot 4.19t_s = 1.005t_s + (2501 + 1.836t_s)\frac{d_2}{1000} \tag{2-22}$$

可以说，满足式（2-22）的 t_s 即为进口空气状态的绝热饱和温度，也称为热力学湿球温度。

在 $h-d$ 图上，从各等温线与 $\varphi = 100\%$ 饱和线的交点出发，作 $\varepsilon = 4.19t_s$ 的热湿比线，则可得等湿球温度线，如图 2-5 所示。显然，所有处在同一等湿球温度线上的各空气状态均有相同的湿球温度。另外，当 $t_s = 0℃$ 时，$\varepsilon = 0$，即等湿球温度线与等焓线完全重合；而当 $t_s > 0$ 时，$\varepsilon > 0$；$t_s < 0$ 时，$\varepsilon < 0$。所以，严格来说，等湿球温度线与等焓线并不重合，但在工程计算中，考虑到 $\varepsilon = 4.19t_s$ 的数值较小，可以近似认为等焓线即为等湿球温度线。

在实际应用中，湿度是用干湿球温度计测量的，如图 2-6 所示。利用普通水银温度计（或酒精温度计）将其球部用湿纱布包敷，则成为湿球温度计。纱布纤维的毛细作用，能从盛水容器内不断地吸水以湿润湿球表面，因此，湿球温度计所指示的温度值实际上是球表面水的温度。另一支未包纱布的温度计相应地称为干球温度计，所测的温度为空气的实际温度。

如果忽略湿球与周围物体表面间辐射换热的影响，同时保持球表面周围的空气不滞留，热湿交换充分，则湿球周围空气向球表面的温差传热量为：

$$Q_1 = \alpha(t - t_s)A \quad (W) \tag{2-23}$$

27

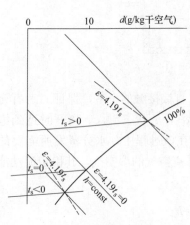

图 2-5　湿球温度线

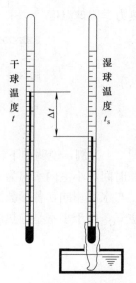

图 2-6　干、湿球温度计

式中　α——空气与湿球表面的换热系数，$W/(m^2 \cdot ℃)$；

　　　　t——空气干球温度，℃；

　　　　t_s——球表面水的温度，℃；

　　　　A——湿球表面积，m^2。

与温差传热同时进行的水的蒸发量为：

$$W = \beta(p'_{vs} - p_v)A \frac{101325}{p_B} \quad (kg/s) \qquad (2-24)$$

式中　β——湿交换系数，$kg/(m^2 \cdot s \cdot Pa)$；

　　　p'_{vs}——球表面水温下的饱和水蒸气压力，Pa，也相当于水表面一个饱和空气薄层的水蒸气压力；

　　　p_v——周围空气的水蒸气压力，Pa；

　　　p_B——当地实际大气压，Pa。

已知水的蒸发量，则可写出水蒸发所需的汽化潜热量：

$$Q_2 = W \cdot r = \beta r(p'_{vs} - p_v)A \frac{101325}{p_B} \qquad (2-25)$$

在湿球与周围空气间的热湿交换达到稳定状态时，湿球温度计的指示值将是定值，同时也说明空气传给湿球的热量必定等于湿球水蒸发所需要的热量，即 $Q_1 = Q_2$，将式（2-23）、式（2-25）代入热平衡式，整理得：

$$p_v = p'_{vs} - A'(t - t_s)p_B \qquad (2-26)$$

式中，$A' = \alpha/(r \cdot \beta \cdot 101325)$，由于 α、β 均与空气流过球表面的风速有关，因此 A' 值应由实验确定或采用经验式计算：

$$A' = \left(\frac{65 + 6.75}{v}\right) \cdot 10^{-5} \qquad (2-27)$$

式中　v——空气流速，m/s，一般 $v \geqslant 2.5m/s$。由此可计算出空气的相对湿度：

$$\varphi = \frac{p_v}{p_{vs}} = \frac{p'_{vs} - A'(t - t_s)p_B}{p_{vs}} \qquad (2-28)$$

式中 p_{vs}、p'_{vs} 分别为干球温度、湿球温度对应的饱和空气压力，可以查有关图表获得。由此可知，通过干、湿球温度差可以确定空气的相对湿度。

2.3　空调室内外空气状态点

2.3.1　室内空气状态点

无论夏季还是冬季，在焓湿图上，室内空气状态点是由室内设计空气干球温度与相对湿度确定的。

2.3.2　空调室外空气状态点

夏季空调室外计算参数是按空气的干、湿球温度确定的。《民用建筑供暖通风与空气调节设计规范》以下简称《民规》[1] 规定，夏季空调室外计算干球温度取室外空气历年平均不保证 50h 的干球温度；夏季空调室外计算湿球温度取室外空气历年平均不保证 50h 的湿球温度。这两个参数用于确定室外状态点及计算新风冷负荷。如果夏季空调室外计算干、湿球温度为 t、t_s，在焓湿图上，以 t_s 等温线与 $\varphi=100\%$ 饱和空气线交于 B 点，过 B 点作热湿比线 $\varepsilon=4.19t_s$，与空气温度 t 等温线交于 A 点，A 点即为计算用的室外空调状态点，如图 2-7 所示。工程上为了方便计算，过 B 点作等焓线与空气温度 t 等温线交于 A'点，A'点即为近似计算用的室外空气状态点。

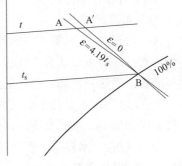

图 2-7　空外空气状态点

冬季空调室外计算参数取室外空气计算温度与空气相对湿度。《民规》[1] 规定历年平均不保证 1 天的日平均温度作为冬季空调室外计算温度；采用历年一月份相对湿度的平均值作为冬季空调室外空气计算相对湿度。

2.4　空气的热湿处理过程

一个空气调节过程是由空气处理过程及送入房间的空气状态变化过程组成的。空气处理过程包括对空气质量进行处理和对空气的热湿处理。作为热湿交换的介质有水、水蒸气、液体吸湿剂和制冷剂。根据各种热湿交换设备的工作特点又可将它们分为两大类：直接接触式热湿交换设备和表面式热湿交换设备。

对空气进行热湿处理的喷水室、加湿器、液体吸湿装置及固体吸湿装置属于第一类，表面式空气加热器与空气冷却器属于第二类。有的空气处理设备兼有这两类设备的特点，例如喷水式表面冷却器就是这种设备。

不论是直接接触式热湿交换设备还是表面式热湿交换设备，对空气的热湿处理过程可能仅发生显热交换，也可能既有显热交换，又有湿交换，而湿交换的同时将发生潜热交换。温差是显热交换的推动力，而水蒸气的分压力差则是湿（质）交换的推动力。

2.4.1　喷水室处理空气

喷水室借助喷嘴向流动空气中均匀喷洒细小水滴，以实现空气与水直接接触进行热湿交换。其中显热交换取决于两者间的温差，潜热交换和湿交换取决于两者之间的水蒸气分

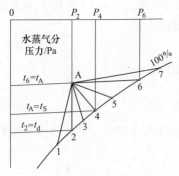

图 2-8　喷水室处理空气过程

压力差，而总热交换是以焓差为推动力。这一热湿交换过程可以看作是空气与另一部分与水接触的空气不断的混合过程。如图 2-8 所示，空气状态点为 A 点，水滴表面的空气状态为饱和空气，分别为 1～7 点。假如水量为无限大，接触时间无限长，处理后的空气状态点位于对应水温的饱和空气状态点。

A—1 过程，当水温低于空气露点温度时，$t_1 < t_d < t_A$；$p_1 < p_A$，空气被减湿冷却，凝结水与凝结热被水带走。

A—2 过程，水温等于空气的露点温度，$t_d = t_2 < t_A$；$p_2 = p_A$，空气被等湿冷却。

A—3 过程，水温高于空气露点温度而低于空气的湿球温度，$t_d < t_3 < t_s < t_A$；$p_3 > p_A$，空气被冷却加湿。

A—4 过程，水温等于空气的湿球温度，$t_s = t_4 < t_A$；$p_4 > p_A$，此时等湿球温度线与等焓线相近，可近似认为空气状态沿等焓线变化，此过程近似为等焓加湿过程，空气的显热量减少、潜热量增加，两者近似相等，水蒸发所需热量取自空气本身。

A—5 过程，水温高于空气的湿球温度而低于空气的干球温度，$t_s < t_5 < t_A$；$p_5 > p_A$，空气被冷却加湿。水蒸发所需热量部分来自空气，部分来自水。

A—6 过程，水温等于空气的干球温度，$t_s < t_6 = t_A$；$p_6 > p_A$，空气的变化过程为等温加湿，不发生显热交换。蒸发所需热量来自水本身。

A—7 过程，水温高于空气的干球温度，$t_7 > t_A$；$p_7 > p_A$，空气被加热和加湿。水蒸发所需热量与加热空气所需热量均来自水本身。

在实际的喷水室中，喷水量总是有限的，空气与水接触时间也不可能很长，所以空气状态与水温是不断变化的。在 h-d 图上，实际的空气状态变化过程并不是一条直线，而是曲线。

假设水滴与空气的运动方向相同（顺流），因为空气总是先与具有初温 t_{w1} 的水相接触，而且有一部分达到饱和，且温度等于 t_{w1}，如图 2-9（a）所示，这一小部分空气与其余空气混合得到状态点 1，此时水温升至 t'_w；然后具有 1 状态的空气与温度为 t'_w 的水滴接触，又有一小部分空气达到饱和，且其空气温度等于 t'_w，这一部分空气与其余空气混

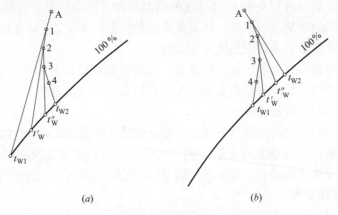

图 2-9　喷水室处理空气的实际过程
（a）顺流；（b）逆流

合得到状态 2，此时水温升至 t''_w。如此继续下去，最后可得到一条表示空气状态变化过程的折线，点取多时，则变成曲线。按同样的分析方法，在逆流情况下，可以看到曲线将向另一方向弯曲，如图 2-9（b）所示。

在实际应用中，人们关心的只是处理后的空气终状态，而不是状态变化的轨迹，所以可用连接空气初、终状态点的直线来近似表示这一过程。此外，由于空气与水的接触时间不够充分，所以空气的终状态也不一定达到饱和，空气的终状态相对湿度一般能达到 90%～95%，称为机器露点。

喷水室对空气的热湿处理过程能够实现 7 种处理过程，不仅能够实现加湿过程、减湿过程，还能实现加热、冷却过程。但喷水室不能对空气进行加热减湿与等温减湿处理。

2.4.2 水喷雾与喷蒸汽加湿过程

当采用表冷器对空气进行热湿处理时，因为表冷器不能对空气进行加湿处理，所以采用水喷雾或喷蒸汽加湿器对空气进行加湿处理。在干燥地区及冬季，经常需对空气进行加湿处理。

当采用水喷雾加湿时，水温为 t_s，根据式（2-22）进行分析，$\dfrac{d_2-d_1}{1000}\cdot 4.19t_s$ 的数值很小，空气变化过程近似为等焓变化过程，加入的水吸收空气中的显热变为潜热，空气温度降低，焓值基本不变，即：

$$h_1+\frac{d_2-d_1}{1000}\cdot 4.19t_s=h_2=1.005t_2+\frac{d+\Delta d}{1000}(2501+1.836t_2)$$，在图 2-10 中，1—2 为等焓过程，1—2' 为实际的过程，两者较接近其热湿比线分别为 $\varepsilon=0$；$\varepsilon=4.19t_s$。

当采用喷蒸汽加湿时，新的空气状态点 3（见图 2-10 中的 1—3 过程）的焓值与热湿比线为：

$$h_3=1.005t_1+\frac{d}{1000}(2501+1.836t_1)+\frac{\Delta d}{1000}(2501+1.836t_v) \tag{2-29}$$

$$\varepsilon=\frac{h_3-h_1}{\dfrac{\Delta d}{1000}}=2501+1.836t_v \tag{2-30}$$

式中 t_v——蒸汽温度，℃；

Δd——含湿量增量，g/kg 干空气。当 1—3 过程为等温过程时，有：

$$\varepsilon=\frac{h_3-h_1}{\dfrac{\Delta d}{1000}}=2501+1.836t_1 \tag{2-31}$$

因为蒸汽温度大于空气温度 $t_v>t_1$，空气处理过程沿图 2-10 中的虚线变化，终状态点为 3' 点。在式（2-30）中，由于 2501（kJ/kg）远大于 $1.834t_v$，所以忽略蒸汽温度对空气焓值的影响，在工程计算中将喷蒸汽加湿过程近似地看作等温加湿过程，为图中的 1—3 过程。

2.4.3 表面式换热器处理空气

表面式换热器的热湿交换是在主体空气与

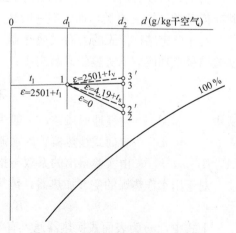

图 2-10 水喷雾与喷蒸汽加湿过程

换热器外表面的边界层空气之间的温差和水蒸气分压力差作用下进行的。根据主体空气与边界层空气的参数不同，表面式换热器可以实现 3 种空气处理过程：等湿加热、等湿冷却和减湿冷却。

2.4.3.1 等湿加热与等湿冷却

换热器工作时，当边界层空气温度高于主体空气温度时，将发生等湿加热过程，见图 2-11 中的 A—1 过程线，此为加热工况；当边界层空气温度低于主体空气温度，但高于其露点温度时，将发生等湿冷却过程或称为干冷过程（干工况），见图 2-11 中的 A—2 过程线，此为等湿冷却工况。在等湿加热与等湿冷却过程中，主体空气与边界层空气之间只有温差，无水蒸气分压力差，所以只有显热交换。

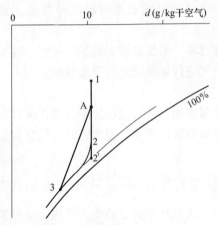

图 2-11 等湿加热、等湿冷却与
减湿冷却过程

对于只有显热传递的过程，表面式换热器的换热量取决于传热系数、传热面积和两交换介质间的对数平均温差。当其结构、尺寸及交换介质温度给定时，对传热能力起决定作用的则是传热系数 K。对于空调工程中常用的肋管式换热器，如果忽略其他附加热阻，K 值可按下式计算[2]：

$$K=\left[\frac{1}{\alpha_{\mathrm{w}}\varphi_0}+\frac{\tau\delta}{\lambda}+\frac{\tau}{\alpha_{\mathrm{n}}}\right]^{-1} \tag{2-32}$$

式中　α_{n}、α_{w}——内外表面热交换系数，$W/(m^2 \cdot ℃)$；

　　　　φ_0——肋表面全效率；

　　　　δ——管壁厚度，m；

　　　　λ——管壁导热系数，$W/(m \cdot ℃)$；

　　　　τ——肋化系数，$\tau=F_{\mathrm{w}}/F_{\mathrm{n}}$；

　F_{n}、F_{w}——单位管长肋管内、外表面积，m^2。

由上式可以看出，当换热器结构形式一定时，等湿处理过程的 K 值只与内、外表面热交换系数 α_{n}、α_{w} 有关，而它们一般又是水和空气流动状况的函数。

对于已定结构形式的表面式换热器，其传热系数 K 往往是通过实验来确定的，并将实验结果整理成以下实验公式形式[2]：

$$K=\left[\frac{1}{Av_{\mathrm{y}}^{m}}+\frac{1}{Bw^{n}}\right]^{-1} \tag{2-33}$$

式中　　　v_{y}——空气迎面风速，一般为 2~3m/s；

　　　　　w——表面式换热器管内水流速，一般为 0.6~1.8m/s；

$A，B，m，n$——由实验得出的系数与指数。

对于用水作热媒的空气加热器，传热系数 K 也常整理成如下形式[2]：

$$K=A'(v\rho)^{m'}w^{n'} \tag{2-34}$$

上式中，$v\rho$ 为表面式换热器通风有效截面上空气的质量流速。$A'，m'$ 和 n' 均为由实验确定的系数与指数。

2.4.3.2 减湿冷却

换热器的减湿冷却过程见图 2-11 中的 A—3 过程线。换热器工作时，当边界层空气温度低于主体空气的露点温度时，将发生减湿冷却过程或称湿冷过程（湿工况）。在稳定的湿工况下，可以认为在整个换热器外表面上形成一层等厚的冷凝水膜，多余的冷凝水不断从表面流走。冷凝过程放出的凝结热使水膜温度略高于表面温度，但因水膜温升及膜层热阻影响较小，计算时可以忽略水膜的存在对其边界层空气参数的影响。

湿工况下，由于边界层空气与主体空气之间不但存在温差，也存在水蒸气分压力差，所以通过换热器表面不但有显热交换，也有伴随湿交换的潜热交换。由此可知，表面式空气冷却器的湿工况比干工况应当具有更大的热交换能力，其换热量的增大程度可用换热扩大系数 ξ 来表示。空气减湿冷却过程（无论终态是否达到饱和）平均换热扩大系数 ξ 被定义为总热交换量与显热交换量之比。在理想条件下空气终状态可达饱和（对应于 h_b，t_b）。

$$\xi = \frac{h - h_b}{c_p(t - t_b)} \tag{2-35}$$

可以看出，ξ 的大小也反映冷却过程中凝结水析出的多少，故又称为析湿系数。显然，湿工况下 $\xi > 1$，而干工况下 $\xi = 1$。

根据对空气与水直接接触条件下，热湿交换过程的分析，微元面积 dF 上总热交换的推动力是主体空气与水面边界层空气间的焓差，并可表示为：

$$dQ_z = \sigma(h - h_b)dF \tag{2-36}$$

上式中 σ 为空气与水表面间按含湿量差计算的湿交换系数，$kg/(m^2 \cdot s)$。将式 (2-35) 以及刘易斯关系式 $\sigma = \frac{\alpha_w}{c_p}$ 代入这一微分方程式可得：

$$dQ_z = \alpha_w \xi(t - t_b)dF \tag{2-37}$$

由此可见，当表冷器上出现凝结水时，可以认为外表面换热系数比干工况增大了 ξ 倍。于是，减湿冷却过程的传热系数 K_s 可按下式计算：

$$K_s = \left[\frac{1}{\alpha_w \xi \varphi_0} + \frac{\tau \delta}{\lambda} + \frac{\tau}{\alpha_n} \right]^{-1} \tag{2-38}$$

同样，实际工作中一般多使用通过实验得到的经验公式来计算传热系数 K_s。但应注意，空气减湿冷却过程的 K_s 值不仅与空气和水的流速有关，还与过程的平均析湿系数有关，故其经验公式采用如下形式：

$$K_s = \left[\frac{1}{A v_y^m \xi^p} + \frac{1}{B w^n} \right]^{-1} \tag{2-39}$$

式中 P 为由实验得出的指数，其余符号的意义同前。

实际上空气换热器在冷却过程中，除了干工况（冷盘管表面完全干燥）与湿工况（冷盘管表面完全湿润），还存在半干半湿工况（冷盘管表面部分干燥部分湿润），如图 2-11 中的 A—2'—3 过程。在图 2-12 中表冷器内的水温为 t_w；表冷器的表面温度为 t_b；空气温度为 t；空气露点温度为 t_b。表冷器使水与空气逆向流动，入口空气的露点温度 t_{d1} 比表冷器空气进口处的表面温度低时，表

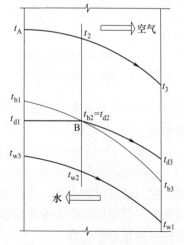

图 2-12 表冷器内的温度变化

冷器为干冷却，可以看出，越接近出口，其水温 t_w、t_b 越低，过 B 点以后，空气中的水蒸气开始凝结于盘管表面，这部分盘管称为湿盘管。

要判别表冷器的工况，首先要明确工况之间的分界线应具备什么条件。干工况和半干半湿工况的分界线是出风处的盘管表面温度 t_{b3} 等于进风露点温度 t_{d1}，因是逆流换热，故此时盘管表面平均温度显然将高于 t_{d1}；半干半湿工况和湿工况的分界线是进风处的盘管表面温度 t_{b1} 等于 t_{d1}，同样因为逆流换热，此时盘管表面平均温度显然将低于 t_{d1}。

2.4.4 表面式换热器处理空气的送风状态点与室内状态点

在全空气系统的空调设计中，经常用表冷器处理空气，通常根据热湿负荷与热湿比线选定一个送风温差 Δt，表冷器将新风（状态点 O）、回风（室内状态点 I）混合后（M 点）

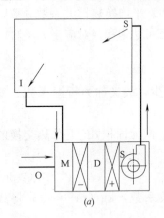

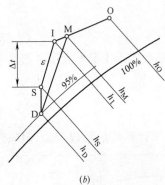

图 2-13 一次回风再热系统（夏季）
(a) 系统图示；(b) 焓湿图

处理到机器露点（D 点，$\varphi=90\%\sim95\%$），再将空气等湿加热至送风状态点（S 点），如图 2-13 所示。对冷却后的空气进行再热，既多消耗了制冷量，又多消耗了热量，冷热抵消量为 h_S-h_D。不难看出，送风温差 Δt 愈小，冷、热量抵消愈多；但送风量大，对房间温、湿度均匀性和稳定性有利。

有些工程对室内空气湿度有严格的要求，例如净化空调中的洁净室，如果湿度大，能够造成细菌污染。为了满足室内湿度要求，需尽量降低送风的相对湿度，同时为了满足室内温度的要求，就需要对空气进行再热处理。

对于舒适性空调，对空气的相对湿度没有严格要求，为了避免冷、热量抵消，同时降低了输送能耗，通常采用机器露点送风。实际上在舒适性空调的应用中，在制冷机运行的同时，不可能再运行热源供热。我们希望表冷器处理后的空气正好是需要的送风状态点，如果偏离送风状态点或采用机器露点送风，将会改变室内设计工况点。

2.4.4.1 机器露点与送风状态点

根据《供暖通风与空气调节术语标准》GB 50155—2015[3] 对机器露点的定义为"空气相应于冷盘管表面平均温度的饱和状态点"与"空气经喷水室处理后接近饱和状态时的终状态点"。但在空调系统设计计算中往往将通过表冷器后的空气终状态点近似视为机器露点。在空调系统设计计算中往往需要预先假定机器露点的相对湿度值 φ_d，对使用表冷器的空调设备，通常假定 $\varphi_d=90\%$ 或 $\varphi_d=95\%$。

文献［4］给出了不同排数的表冷器的机器露点相对湿度值，两排：76%；三排：84%；四排：86%；六排：92%；八排：95%；十排：97%。表冷器机器露点不是一个常数，它与诸多因数有关，但其变化有一定的规律，空气初始相对湿度对其影响十分明显，增加表冷器的排数和表冷器的水汽比，减小片间距，肋片采用强化措施均能提高表冷器机器露点的相对湿度值。

假设表冷器在湿工况下逆流换热，供回水温度为 t_{w1}、t_{w2}；空气初、终状态点为 1、2

点。在湿工况下，表冷器的表面空气近似看为露点介于 t_{w1}、t_{w2} 之间的饱和空气，表冷器后的空气状态点位于 1—1′ 与 1—2′ 之间，如图 2-14 所示，图中的阴影部分为空调设计时选用的机器露点的相对湿度 90%～95%。

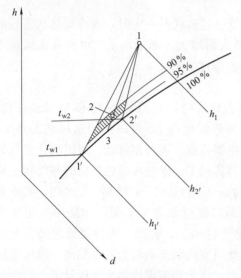

图 2-14　空气状态变化

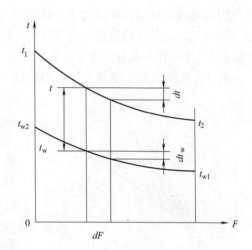

图 2-15　表面式冷却器的传热过程

取表冷器中一微元面积 dF，在 dF 两侧空气与水的温差为 $t-t_w$，空气的温降为 dt，冷水的温降为 dt_w，换热量为 dQ，如图 2-15 所示，则有：

$$dQ = K_s(t-t_w)dF \tag{2-40}$$

$$dQ = -G_w c_w dt_w \tag{2-41}$$

$$dQ = -Gc_p \xi dt \tag{2-42}$$

$$\xi = \frac{h_1-h_2}{c_p(t_1-t_2)} \tag{2-43}$$

式中　G——空气量，kg/s；

　　　　G_w——冷却盘管内的循环水量，kg/s；

　　　　c_p——空气比热，kJ/kg·℃；

　　　　c_w——冷水比热，kJ/kg·℃；负号表示经过 dF 后温度下降。整理上述公式得：

$$\frac{d(t-t_w)}{t-t_w} = -\frac{K_s dF}{\xi Gc_p} + \frac{K_s dF}{G_w c_w} \tag{2-44}$$

将上式积分，$(t-t_w)$ 由 (t_1-t_{w2}) 到 (t_2-t_{w1})（逆流），面积由 0 到 F，可得：

$$\ln\frac{t_2-t_{w1}}{t_1-t_{w2}} = -\frac{K_s F}{\xi Gc_p} + \frac{K_s F}{G_w c_w} \tag{2-45}$$

对于空气与冷冻水的初、终工况，又有：

$$G(h_1-h_2) = G_w c_w(t_{w2}-t_{w1}) \tag{2-46}$$

在已知送风量、额定水流量及额定供回水温差的条件下，联立式（2-43）、式（2-45）、式（2-46），可以确定表冷器处理空气的终状态点 h_2、t_2、d_2 等参数。式中 K_s 除与表冷器自身结构有关外，还与析湿系数 ξ 有关，所以用简单方法不能求解。可以用试算

35

法或结合迭代法编程来求解。

由式（2-46）可得：

$$t_2 = t_1 - \frac{G_w c_w}{\xi c_p G}(t_{w2} - t_{w1}) \tag{2-47}$$

由式（2-47）可以看出，当供回水温度一定及空气初状态一定时，表冷器终状态后的空气温度随冷水量的减少而增大，随送风量的增大而增大，如果水量、水温及送风量不变，则空气终状态点的温度 t_2 还与空气的初状态点温度 t_1 有关。

2.4.4.2 送风状态点与室内状态点的关系

对于一次回风的全空气系统，当采用机器露点送风时，如图 2-16 所示，已知室内状

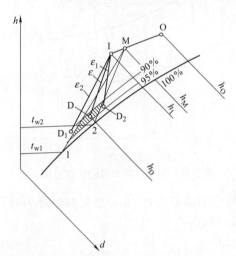

态参数与热湿比线 ε，可以确定送风状态点 D，D 点为机器露点。表冷器将新、回风混合空气处理到机器露点 D。但表冷器处理后的空气状态是有范围的，应在线 M—1 与 M—2 之间，假设表冷器表面温度近似等于水温，如果热湿比很大（ε_1）或很小（ε_2），超出了表冷器处理能力范围之外，此时室内状态点将会发生偏离。当热湿比线为 ε_1 时，室内相对湿度将小于设计值；当热湿比线为 ε_2 时，室内相对湿度将会大于设计值，此时需要对室内设计参数进行重新设定。

图 2-16　机器露点送风偏离送风状态

如果送风状态点 D 能够在表冷器处理空气后的范围内，对表冷器进行热工计算，确定表冷器的结构与排数，然后计算并校核表冷器处理后的空气状态点是否与送风状态点重合，若不重合，需要重新设定室内设计参数，再对表冷器进行热工计算。

根据第 1 章的内容，室内温、湿度对人体热舒适影响程度不同。在一定的温湿度范围内，室内温度变化对人体热舒适的影响要远大于相对湿度的变化，在确定室内设计参数时，应以温度控制为主，相对湿度控制可在较大的范围内变化。在《民规》[1]中，规定了夏季室内计算参数，一般房间空气温度为 25℃，相对湿度为40%～65%。

根据新有效温度 ET* 的概念（见图 1-1），在焓湿图的每条虚线上，人体热舒适感相同，但温湿度不同。温、湿度在一定的变化范围内，当室内设计温度提高时，可以通过减少相对湿度来保持人体具有同等的热舒适度，反之亦然。但是，室内温、湿度取值不同，焓值不同，表冷器所需处理的冷量是有区别的。

2.4.5　表冷器选择计算举例

表面式空气冷却器在空调系统中主要用来对空气进行冷却减湿处理，空气的温度、含湿量会同时发生变化，因此热工计算问题比较复杂，计算方法很多，通用教材[2]采用一种基于热交换效率的计算方法。

2.4.5.1　全热交换效率 E_g

表冷器的全热交换效率同时考虑了空气与水的状态变化，参见图 2-14，其定义式为

$$E_g = \frac{t_1 - t_2}{t_1 - t_{w1}} \tag{2-48}$$

式中　t_1、t_2——处理前、后空气的干球温度，℃；

　　　　t_{w1}——冷水初温。

在空调系统用的表冷器中，空气与水的流动主要为逆交差流，当表冷器排数 $N \geqslant 4$ 时，从整体上可将其视为逆流。在逆流条件下，根据式（2-45）可推导出 E_g 的理论计算式为：

$$E_g = \frac{1 - \exp[-\beta(1-\gamma)]}{1 - \gamma \exp[-\beta(1-\gamma)]} \tag{2-49}$$

式中　$\beta = \dfrac{K_s F}{\xi G c_p}$；$\gamma = \dfrac{\xi G c_p}{G_w c_w}$。

式（2-49）表明，全热交换效率 E_g 只与 β 和 γ 有关，也即与表冷器的 K_s、G 及 G_w 有关。当表冷器结构一定，且忽略空气密度变化时，E_g 值也只与空气在表冷器间的流速 v_y、冷水流速 w 及析湿系数 ξ 有关。为简化计算，可根据该式制成线算图，以便由 β，γ 直接查取 E_g 值。

2.4.5.2　通用热交换效率 E'

通用热交换效率又称接触系数，其定义式为：

$$E' = \frac{t_1 - t_2}{t_1 - t_3} \tag{2-50}$$

上式也可写成 $E' = 1 - \dfrac{t_2 - t_3}{t_1 - t_3} = \dfrac{h_1 - h_2}{h_1 - h_3} = 1 - \dfrac{h_2 - h_3}{h_1 - h_3}$，通用换热系数的大小能够体现对空气的处理程度，$E'$ 值越大，表明空气越接近饱和点。对于表冷器 $\mathrm{d}F$ 上的传热分析，可以推导出 E' 的理论计算式为：

$$E' = 1 - \exp[-(\alpha_w a N)/(v_y \rho c_p)] \tag{2-51}$$

式中　a——肋通系数，指每排肋管外表面积与迎风面积之比，$a = \dfrac{F}{N F_y}$；

　　　　N——肋管的排数。

对于结构特性一定的表冷器来说，由于 a 值一定，空气密度 ρ 可视为常数，α_w 又与 v_y 有关，所以 E' 也就成为 v_y、N 的函数，即 $E' = f(v_y, N)$。

由式（2-51）可知，N 的增加与 v_y 的减小均有利于提高表冷器的 E' 值。但 N 的增加会引起空气阻力的增加，而且排数过多时，后面几排还会因为空气与冷水之间的温差过小而减弱传热作用，所以一般以不超过 8 排为宜。

表 2-2 为供回水温度为 5℃/10℃、7℃/12℃时，表冷器的性能参数。室内设计空气状态点：干球温度 25℃、相对湿度为 50%，表冷器处理空气初状态参数的干球温度/湿球温度为 27℃/20.3℃，送风量为 12000m³/h，盘管迎风面风速为 2.83m/s。

表冷器的性能参数　　　　　　　　　　　　　　表 2-2

供/回水温度(℃)	表冷器排数	水量 G_w(L/s)	冷量 Q_c(kW)	水阻 $\triangle P$(kPa)	机器露点干/湿球温度(℃)
5/10	4R-8F-4TPC	3.3	68.8	6.4	15.98/14.68
	6R-8F-4TPC	4.0	83.8	5.4	13.95/13.37
	8R-8F-4TPC	4.4	93.6	5.1	12.68/12.41

供/回水温度(℃)	表冷器排数	水量 G_w(L/s)	冷量 Q_c(kW)	水阻 ΔP(kPa)	机器露点干/湿球温度(℃)
	4R-8F-4TPC	3.1	66.3	5.8	16.01/14.96
7/12	6R-8F-4TPC	3.7	78.1	4.8	14.32/13.88
	8R-8F-4TPC	4.0	83.6	4.1	13.52/13.35

从表中可以看出，随着表冷器面积的增加，表冷器处理能力增大，机器露点位置下降，四排表冷器处理空气的送风温差小于10℃，室内热湿比线为垂线；六排及八排表冷器处理空气的送风温差大于10℃。随着水量增加，表冷器处理空气的终状态点干、湿球温度降低。

2.4.6 露点送风的空气处理能耗计算

2.4.6.1 送风温差与机器露点送风

《民规》对空调送风温差作了规定[1]：房间高度≤5m，宜≤10℃；房间高度>5m，宜<15℃。对于大多数民用建筑，房间吊顶下的高度小于5m，如送风温差小于10℃，就会难以实现机器露点送风。

表2-3为在不同的热湿比线下，相对湿度为50%、室内干球温度取不同温度的机器露点送风的送风温差。表2-4为在不同的热湿比线下，室内干球温度为25℃，相对湿度取不同值的机器露点送风的送风温差。

相对湿度为50%的机器露点送风的送风温差　　　　表2-3

相对湿度 φ ＼温度 t	23	24	25	26	27
热湿比 ε	50%	50%	50%	50%	50%
∞	9.4	9.5	10	9.6	9.3
50000	10	10.1	10.2	10.3	10.35
30000	10.2	10.2	10.3	10.4	10.5
10000	13	12.8	12.7	12.6	12.4
8000	15.4	15	14.6	14.2	14

空气温度为25℃的机器露点送风的送风温差　　　　表2-4

相对湿度 φ ＼温度 t	25	25	25	25	25
热湿比 ε	30%	40%	50%	60%	70%
∞	17.2	12.8	10	6.2	4.1
50000	18.5	13.8	10.1	6.1	4.5
30000	19.2	14.2	10.2	7.2	4.6
10000	无	19.9	12.7	8.5	5.2
8000	无	27.8	14.6	9.2	5.6

从表中可以看出，当相对湿度为50%时，要满足送风温差小于10℃的要求，表冷器只能等湿冷却处理空气，当相对湿度大于等于50%时，才能满足露点送风和送风温差小于10℃的要求。所以若要采用机器露点送风，室内相对湿度取值应大于50%。

实际上，对舒适性空调的送风温差，如果空调房间内空气分布没有困难的话，所选择的送风温度应尽可能低。低温送风技术和空调大温差送风技术的推广，使得传统的送风温差范围大大扩展。为解决空调大温差送风，尤其是低温送风可能造成的不利影响，近年来，相关的试验和研究有了令人瞩目的进展，送风方式已经不再成为送风温差的制约条件，在舒适性空调中送风温差不再受到限制。

2.4.6.2 室内状态点与空气处理能耗计算

针对一个 2000m² 的商场建筑，取不同的室内设计参数，采用一次回风表冷器处理空气、机器露点送风，进行空气处理的能耗计算。夏季室外干、湿球温度为 30.6℃、24.2℃，室内设计温度为 25℃ 时的冷负荷为 170kW，室内 400 人，每人新风量为 18m³/h，当室内设计参数变化时，送风量发生变化，新风比也随之改变。将计算结果列入表 2-5 中。

由表 2-5 可知，室内设计参数取值对表冷器的能耗影响较大，室内相对湿度不变时，室内设计温度每提高 1℃，表冷器处理能耗增加 5%～8.5%；当室内温度不变时，相对湿度增大，表冷器处理能耗减少。

空气处理过程与能耗 表 2-5

室内温度(℃)	冷负荷(kW)	相对湿度(%)	热湿比	t_D(℃)	h_D(kJ/kg)	h_I(kJ/kg)	G(kg/s)	新风比	h_M(kJ/kg)	系统冷量(kW)
	170	40	9815	5	20	45	6.8	0.35	57	251.6
	170	45	9815	9	25	48	7.39	0.32	58	243.9
	170	50	9815	11	31	50	8.94	0.26	59	241.5
25	170	55	9815	13.8	37	53	10.6	0.22	59	233.7
	170	60	9815	15.7	43	57	14.1	0.16	60	240.8
	170	65	9815	17.2	47	58	14.7	0.16	62	229.1
	170	70	9815	19	52	61	18.8	0.13	63	207.7
	161.2	40	9322	7	22	47.5	6.32	0.38	60	240.3
	161.2	45	9322	10	29	50	7.68	0.31	59.5	234.2
	161.2	50	9322	13	35.5	53	9.21	0.26	60	225.8
26	161.2	55	9322	15.5	41.5	56	11.1	0.22	61	216.9
	161.2	60	9322	17	47	59	13.4	0.18	62	201.6
	161.2	65	9322	18.5	51	61	16.1	0.15	64	209.7
	161.2	70	9322	20	56	64	20.2	0.12	66	201.6
	152.6	40	7946	9	26	50	6.36	0.38	61.5	225.7
	152.6	45	7946	11.5	32	53	7.26	0.33	62	217.9
	152.6	50	7946	14	39	56	8.97	0.27	62.5	210.9
27	152.6	55	7946	16	45	59	10.9	0.22	63	196.2
	152.6	60	7946	18.5	51	62	13.9	0.17	65	194.2
	152.6	65	7946	21	57	65	19.1	0.13	67	190.7
	152.6	70	7946	21.5	60.5	67.5	21.8	0.11	69	185.3

表中：t_D——机器露点送风干球温度，℃；h_D——机器露点送风焓值，kJ/kg；h_I——室内状态点焓值，kJ/kg；h_M——表冷器处理前的焓值，kJ/kg。

上述能耗的计算只是针对表冷器的处理能耗，实际上，随着室内设计相对湿度的增大，送风温差降低而送风量增大，使得输送能耗增大，并且设备规格增大，综合能耗是增大或减少需综合考虑空调系统的各部件的运行工况来确定。文献［5］指出，随着室内相对湿度的增加，空调系统的能耗随之增大。

2.4.7 消除再热的几种方法

为了避免冷热抵消，可采用二次回风、双表冷器和附加热管换热器等方法处理空气。

2.4.7.1 二次回风

如需严格控制室内湿度、温度的允许波动范围，需通过再热控制送风状态点（见图2-13），该系统造成冷热抵消，应予以避免。二次回风系统在表冷器后利用回风再混合一次，利用二次回风代替再热以节约热量与冷量，见图2-17。图中 M 点为二次回风系统的第一次回风混合点，D 点为表冷器处理空气状态点（M′点为一次回风混合点，D′点为一次回风再热系统表冷器处理空气状态点），S 点为第二次回风混合点，也为送风状态点。若室内设计冷负荷为 Q，则二次回风系统的第一次回风后的总风量为：

$$G_D = \frac{Q}{h_I - h_D} \quad (\text{kg/s}) \tag{2-52}$$

一次回风再热系统的总送风量为：

$$G = \frac{Q}{h_I - h_S} \quad (\text{kg/s}) \tag{2-53}$$

与一次回风再热系统对比，新风量 G_O 不变，则一次回风量 $G_1 = G_D - G_O$，两个系统的总送风量相同，二次回风系统的总冷量为室内冷负荷加新风冷负荷：$Q + G_O(h_O - h_I)$，而一次回风再热系统的除额外增加了再热量 $G(h_S - h_{D'})$，还增加了等值的冷量。但从图2-17 可看出，二次回风系统的表冷器处理机器露点 D 比一次回风系统的机器露点 D′ 低，使制冷系统运行的性能系数有所降低。

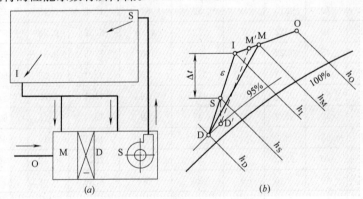

图 2-17　二次回风系统（夏季）
(a) 系统图示；(b) 焓湿图

2.4.7.2 双表冷器处理空气

如图2-18 所示，空调箱内设两个表冷器，新风经第一个表冷器处理至机器露点 D，D 点由湿负荷 $\Delta \omega$ 确定：$d_D = d_I - \Delta \omega / G_O$，新风一次处理后与回风混合，混合空气状态点为 M，总送风量与一次回风系统相同，混合空气经第二个表冷器处理后处理至送风状态点 S。该系统空气处理的总冷量与二次回风系统相同，但新风系统的表冷器处理机器露点 D

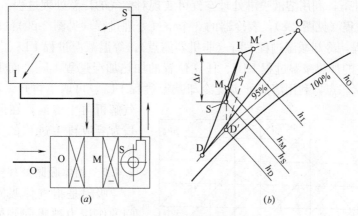

图 2-18　双表冷器系统（夏季）

(a) 系统图示；(b) 焓湿图

比一次回风系统的机器露点 D′ 低，同样存在制冷系统运行的性能系数降低的问题。

2.4.7.3　附加热管换热器处理空气

目前，生产厂家已生产出三维热管换热器用于空气处理，见图 2-19，将热管的蒸发段与冷凝段分别置于表冷器的前后两端，新风与回风混合点为 M，经热管蒸发段预冷，等湿冷却处理至空气状态点 E，经表冷器减湿冷却处理至机器露点 D，再经热管冷凝段等湿加热至送风状态点 S，该处理过程的送风温差与送风量与一次回风系统相同，热管蒸发段的预冷量与冷凝段的再热量相同，其驱动力由表冷器前后温差完成，没有了冷热抵消，实现了节能。

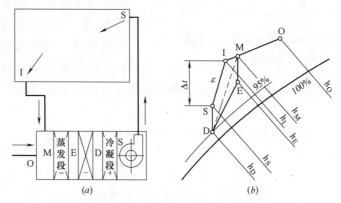

图 2-19　热管换热器系统（夏季）

(a) 系统图示；(b) 焓湿图

2.4.8　利用溶液处理空气

某些盐类水溶液如溴化锂、氯化锂、氯化钙等可作为吸收剂吸收空气中的水分，溶液在低温和高浓度下，其表面水蒸气分压力低于空气中水蒸气分压力，由于分子扩散，空气中的水蒸气向溶液转移；溶液在高温低浓度下，其表面水蒸气分压力高于空气中水蒸气分压力，溶液中的水分就会扩散至空气中，通过改变溶液的浓度和温度可以实现对空气中水蒸气的吸收过程，并利用空气实现对溶液的解析过程，溶液的吸收过程产生了凝结热，解析过程吸收了溶液的蒸发热；同时利用不同温度的溶液可实现对空气的冷却与加热作用。

因此在理想条件下，利用溶液喷淋处理空气可实现对空气的任意处理过程，包括喷水室的7个空气处理过程（见图2-8），表冷器的3个空气处理过程（见图2-20）：I-C_1、I-C_2、I-C_3，及其他过程：冷却减湿过程I-L_1（非机器露点）、等温减湿过程I-L_2、等焓减湿过程I-L_3、任意位置的加热减湿过程I-L_4、任意位置的加热加湿过程I-L_5。而L_1点可作为图2-13中的送风状态点，利用溶液可实现冷却减湿过程I-L_1，可取消再热。如采用室外空气解析再生溶液，在图2-20中，O-L为溶液再生过程的室外空气状态变化。

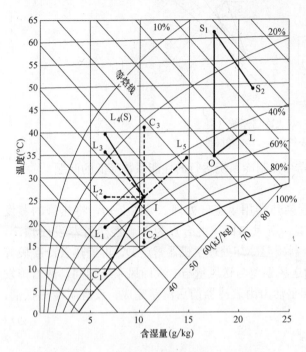

图 2-20　冷却除湿、溶液除湿、固体除湿的空气处理过程

2.4.9　固体吸附处理空气

吸附是指气体吸附质通过分子间的作用力被吸附到固体表面的行为，这里的吸附指的是物理吸附，固体除湿依靠的是固体吸湿剂对水蒸气的吸附作用，固体吸附剂吸附水分后就失去吸附能力，需要加热再生。在暖通空调的空气除湿处理中常采用的吸附剂是硅胶，并做成除湿转轮，使除湿与再生过程连续完成。如果处理空气为室内空气，再生气体为室外空气，则空气的除湿与再生过程分别为图2-20的I-S、O-S_1-S_2。固体吸附剂在除湿过程产生吸附热，包括凝结潜热（2501kJ/kg）和湿润热（420kJ/kg），由于再生空气温度较高，处理空气和再生空气通过吸附剂还存在着热交换（Q_S），则除湿过程的热平衡方程为：

$$h_I - 4.19t_S(d_I - d_S) + 420(d_I - d_S) + Q_S = h_S \tag{2-54}$$

整理可得热湿比为：

$$\varepsilon = \frac{h_S - h_I}{d_S - d_I} = \left(\frac{Q_S}{d_S - d_I} + 4.19t_S - 420 \right) \tag{2-55}$$

从式（2-54）可以看出，转轮除湿过程，空气焓值增加或减少难以确定，潜热交换使焓值减少，但显热交换使焓值增加，通常处理空气的温升较大。

如将三种空气处理方式进行定性分析，可以看出：冷却除湿方式适于既冷却又除湿的场合，但需协调冷量与湿量的匹配矛盾；溶液除湿可利用低质的冷量与热量处理和再生空气，可实现任意的空气处理过程，但盐溶液对管道与设备有腐蚀，还可能存在处理空气带液的问题，且溶液除湿系统不适用于小型空气处理系统；转轮除湿系统适用于除湿且需加热空气的场合，设备布置灵活，但需高质再生热源，并存在处理空气与再生空气的通道漏风的问题。

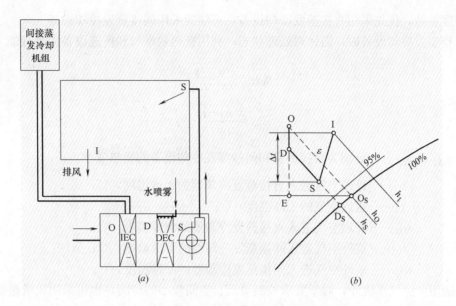

图 2-21　全空气蒸发冷却系统

(a) 系统图示；(b) 焓湿图

2.4.10　蒸发冷却系统

蒸发冷却分为直接蒸发冷却（DEC）和间接蒸发冷却（IEC）两种类型，直接蒸发冷却可通过空气与淋水填料层直接接触，把自身的显热传递给水，同时液态水吸收空气热量蒸发使水蒸气进入空气；间接蒸发冷却是指用经过直接蒸发冷却的空气或水作为冷却介质，利用换热器间接冷却被处理的空气（一次空气），一般室外空气可同时作为一次空气和二次空气。

在干燥地区，通常当室外空气湿球温度低于室内空气的湿球温度时，较适于采用蒸发冷却系统，并采用直流式全空气系统，见图 2-21。图中 S 点是由室内状态点 I、室内热湿负荷、送风温差确定的送风状态点，该送风状态点的送风量不能小于最小新风量。总送风量为：

$$G=\frac{Q}{h_I-h_S}=\frac{\Delta W}{d_I-d_S}\quad(\mathrm{kg/s})\tag{2-56}$$

式中　Q——室内冷负荷，kW；

ΔW——室内湿负荷，g/s；

h_I、h_S——分别为室内和送风状态点的焓，kJ/kg；

d_I、d_S——分别为室内和送风状态点的含湿量，g/kg。

由于采用全新风运行，该空调系统应采用集中排风系统，排风量应小于送风量。

如室外状态点的湿球温度等于送风状态点的湿球温度（如 D 点），可采用直接蒸发冷却系统；如室外状态点的湿球温度小于送风状态点的湿球温度（如 E 点），可用新风回风混合，混合点在 D-S 线上，然后采用直接蒸发冷却系统；如室外状态点的湿球温度大于送风状态点的湿球温度（如 O 点），则需先采用间接蒸发冷却、后采用直接蒸发冷却 O-D-S。当然，为了完成上述过程，当室内设计环境要求不高时，还可适当调整送风温差和室内温湿度参数，优先采用直接蒸发冷却设备，再辅助采用间接蒸发冷却设备。

选择蒸发冷却设备时，需针对处理状态，利用换热效率校和所选设备的处理能力：

$$\eta_{DEC}=\frac{t_D-t_S}{t_D-t_{D_S}} \tag{2-57}$$

$$\eta_{IEC}=\frac{t_O-t_D}{t_O-t_{O_S}} \tag{2-58}$$

式中　η_{DEC}、η_{IEC}——分别为直接蒸发和间接蒸发冷却设备的换热效率，%；

t_D——处理空气进入直接蒸发冷却器的干球温度，℃；

t_S——送风空气的干球温度，℃；

t_{D_S}——处理空气进入直接蒸发冷却器的湿球温度，℃；

t_O——室外空气进入间接蒸发冷却器的干球温度，℃；

t_{O_S}——室外空气进入间接蒸发冷却器的湿球温度，℃。

除采用全空气系统外，对于要求控制灵活、空间较小的房间，也可采用风机盘管加新风系统，见图 2-22。室内风机盘管承担显热冷负荷，风机盘管风量由下式计算：

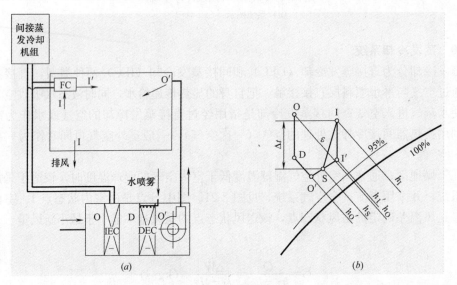

图 2-22　风机盘管加新风的蒸发冷却系统
(a) 系统图示；(b) 焓湿图

$$G_S=\frac{Q_S}{h_I-h_{I'}}\quad kg/s \tag{2-59}$$

式中，Q_S 为显热冷负荷，kW；I' 点是由所选设备间接蒸发冷却换热效率确定的。新风量取总送风量 G 与风机盘管送风量 G_S 的差值和最小新风量的大者。沿 $I'S$ 线延长确定新风机组处理状态点 O'，使 $I'S/O'S=G_S/(G-G_S)$，新风机组通过间接蒸发冷却过程 OD 和直接蒸发冷却过程 DO'，处理至新风机组处理空气状态点 O'。

对于两种空调系统，风机盘管加新风系统所利用的间接蒸发冷却换热量和换热面积大于全空气系统。

本章参考文献

[1]　GB 50736—2012. 民用建筑供暖通风与空气调节设计规范. 北京：中国建筑工业出版社，2012.

[2]　赵荣义，范存养，薛殿华等. 空气调节（第四版）. 北京：中国建筑工业出版社，2009.

[3]　GB/T 50155—2015. 供暖通风与空气调节术语标准. 北京：中国建筑工业出版社，2015.

[4]　殷平. 机器露点实验研究（一）水冷式表冷器机器露点研究. 通风除尘，1997，16（1）：11-14.

[5]　殷平. 室内空气计算参数对空调系统经济性的影响. 暖通空调，2002，32（2）21-25.

第3章 水压图的应用

暖通空调系统中管网的流量、压力分布状况称为系统的水力工况。其系统供热与供冷质量的好坏，与系统的水力工况有着密切联系。如供热系统普遍出现的冷热不均现象，主要原因就是系统水力工况失调所致。

水压图是表示供暖、空调水系统管网压力大小与分布状况的。通过对水压图的分析，可以掌握流体在管网中的流动状态，如压力、压力损失、流量工况，分析管网可能出现的问题，水压图的应用分析对工程设计、运行管理具有重要意义。

3.1 水压图原理

3.1.1 能量方程

流体在管网中流动时，取管段的两个断面1、2，并以某一基准线0—0为0标高，如图3-1所示，流体由断面1流向断面2根据流体一元流动的能量方程，用水头高度可表示为：

$$\frac{P_1}{\rho g} + Z_1 + \frac{v_1^2}{2g} = \frac{P_2}{\rho g} + Z_2 + \frac{v_2^2}{2g} + \Delta H_{1-2} \tag{3-1}$$

式中　$\dfrac{P_1}{\rho g}$、$\dfrac{P_2}{\rho g}$——1、2断面压力水头，mH_2O；

　　　Z_1、Z_2——1、2断面的位置高度水头，mH_2O；

　　　$\dfrac{v_1^2}{2g}$、$\dfrac{v_2^2}{2g}$——1、2断面的动水头，mH_2O；

　　　ΔH_{1-2}——1、2断面的阻力损失，mH_2O。

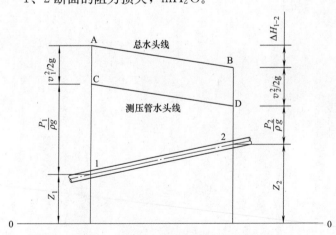

图 3-1　等管径的管流能量分布示意图

位置水头、压力水头与流速水头之和，即 $Z + \dfrac{P}{\rho g} + \dfrac{v^2}{2g}$，称为总水头，位置水头与压力水头之和，即 $Z+\dfrac{P}{\rho g}$，称为测压管水头，由式（3-1）知，1、2断面的总水头之差用于克服两断面的管道阻力损失，而对于循环管网，流量、管径均不变，两断面的动水头相等，则两断面的测压管水头损失等于阻力损失，即：

$$\frac{P_1}{\rho g}+Z_1=\frac{P_2}{\rho g}+Z_2+\Delta H_{1-2} \tag{3-2}$$

图3-1中AB为管段的总水头线，CD为管段的测压管水头线，水压图为管道系统的测压管水头线，即为位置水头与压力水头之和的连线。

3.1.2 水压图画法

一个机械循环的供暖系统或空调水系统，主要是由冷热源、定压装置、末端装置、管网及循环水泵构成的。现以膨胀水箱定压的循环水系统为例进行分析、绘制水压图。如图3-2所示，某空调冷冻水系统，冷源水阻为 $H_{BC}=10mH_2O$；系统其他阻力损失分别为：$H_{CD}=4mH_2O$；$H_{ED}=3mH_2O$；$H_{EA}=4mH_2O$，系统位置高度在图中标注。

绘制水压图时，第一步是绘制静水压线，静水压线位置为水系统充水高度，也是系统的循环水泵停止运行时的管网测压管水头线，此时管网中任何一点的测压管水头线 $\dfrac{P}{\rho g}+Z$ 不变，即为40m高水位线。第二步是确定定压点，定压点是指管网系统压力不变的点，无论循环水泵是否运行，图中膨胀水箱接管位置A点为定压点，即：$\dfrac{P_A}{\rho g}+Z_A=40mH_2O$，测压管水头为图中的 A′点，因 $Z_A=0$，所以A点压力 $\dfrac{P_A}{\rho g}=40mH_2O$。由于 $\dfrac{P_E}{\rho g}+Z_E=\dfrac{P_A}{\rho g}+Z_A+\Delta H_{AE}=40+4=44mH_2O$，则E点的测压管水头为图中的 E′点，且 $Z_E=35m$，E点压力为 $\dfrac{P_E}{\rho g}=9mH_2O$。依此类推，可分别求出D、C、B点的测压管水头分别为 $47mH_2O$、$51mH_2O$、$61mH_2O$；D、C、B点的压力水头分别为 $12mH_2O$、$51mH_2O$、$61mH_2O$。将求得的各点测压管水头连线，可得出该循环管网的水压图。系统总阻力损失即为水泵扬程，即 $H=H_{EA}+H_{ED}+H_{BC}+H_{CD}=21mH_2O$。

3.2 水压图的技术要求与系统定压

3.2.1 热水网路压力状况的基本技术要求

绘制外网水压图时，对网路压力状况的基本要求是：

（1）在与网路直接连接的用户系统内，压力不应超过该用户系统设备及其管道构件的承压能力。如供暖用户系统一般常用的铸铁散热器，其工作压力为 4×10^5Pa，对于用户系统的底层散热器，无论是静水压，还是循环水泵运行时都不能超过 $40mH_2O$。

（2）对于高温水的管网与用户，热媒压力应不低于该水温下的汽化压力。例如110℃、150℃水温的汽化压力分别为相对压力 $4.6mH_2O$、$32.6mH_2O$，对应的管道系统的工作压力应分别高于相对压力 $4.6mH_2O$、$32.6mH_2O$。

（3）网路系统、与网路直接相连的用户系统，无论在循环水泵运转或停止工作时，系统的工作压力应高于大气压力，防止系统倒空吸入空气。

（4）应满足热力站或各用户所需资用压头的要求。

3.2.2 管网系统的定压

由上述概念和分析可知，对于供暖或空调闭式循环水系统，定压点位置及其压力值，决定了整个管网系统的静压高度和动水压线的相对位置及高度。较常用的几种定压方式有：

（1）高位水箱定压

这种定压方式的系统运行压力稳定、节能，同时可容纳水系统膨胀水容积，有时对小型水循环系统，还可以作为排气装置。膨胀水箱只能设于建筑的最高处，供热与供冷面积大时，容积大，使用受到限制。

（2）补给水泵定压

这种方式是集中供热或集中供冷水系统中最常用的一种定压方式，水泵控制多采用变频调速自动控制，根据系统压力变化，自动补水，实现节能。该系统需设自动泄水控制装置，当系统水膨胀超压时，自动泄压。变频调速定压的节能效果是明显的，与采用调节阀的补水泵连续运行相比，节省了电耗。此外，对于补水泵间歇运行定压，系统水压不稳定，且因补水泵频繁启动，不但有损泵的寿命，而且启动电流大，启动功率约比额定功率大30%。

（3）气体定压

这是一种利用密闭压力罐内气体的可压缩性进行定压的方式。定压点的压力是靠气压罐中的气体压力维持。气压罐的位置不受高度限制。其优点是灵活性大，便于隐蔽和搬迁，但其压力变化大，容纳膨胀水量有限，适合小型水系统。现常用的两种形式为隔膜式和自动补气式。

3.3　水系统的压力工况与水压图

3.3.1　定压点位置与水压图

在图 3-2 中，如将膨胀水箱连接在管道 D 点位置上，其他不变，如图 3-3 所示，系统的静水压线没变，水压图的形状没变，但水压图位置下降。此时定压点为 D 点，$\frac{P_D}{\rho g}+Z_D=40m$，$Z_D=35m$，$\frac{P_D}{\rho g}=5m$；因此，$\frac{P_E}{\rho g}+Z_E=\frac{P_D}{\rho g}+Z_D-\Delta H_{DE}=37m$，其中 $Z_E=35m$，所以 E 点压力为：$\frac{P_E}{\rho g}=2mH_2O$。依此类推 A、B、C 各点测压管水头分别为：$33mH_2O$、$54mH_2O$、$44mH_2O$，而 A、B、C 各点压力水头分别为：$33mH_2O$、$54mH_2O$、$44mH_2O$。

在图 3-2 的系统中，压力最高点 D 的压力为 $61mH_2O$，而在图 3-3 的系统中，压力最高点 B 点压力为 $54mH_2O$，系统的工作压力降低了，对系统的工作状况有利。在图 3-3 中，压力最低点 D 的压力为 $2mH_2O$，没有出现倒空。如果管道 DE 的总阻力大于相对于该管段的膨胀水箱高度，则该管段就会出现倒空。通常在供暖水系统中，因管道与末端装置水阻较小，此时不易形成倒空现象，而空调水系统则可能出现倒空。在图 3-3 中，如果

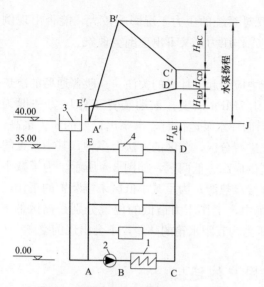

图 3-2　膨胀管接在循环水泵吸入口

1—冷源；2—循环水泵；3—膨胀水箱；4—末端装置

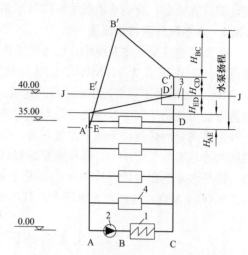

图 3-3　膨胀管接在系统顶层管道

1—冷源；2—循环水泵；3—膨胀水箱；4—末端装置

将膨胀水箱接管位置改在 E 点，该水系统的最低压力点在 E 点，该点压力为 $5mH_2O$，在通常的水力计算中，系统不会出现倒空。

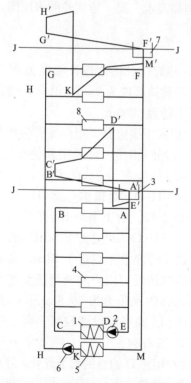

图 3-4　分区水压图

1—低区冷热源；2—低压循环水泵；3—低区膨胀水箱；

4—低区末端装置；5—高区冷热源；6—高区循环

水泵；7—高区膨胀水箱；8—高压末端装置

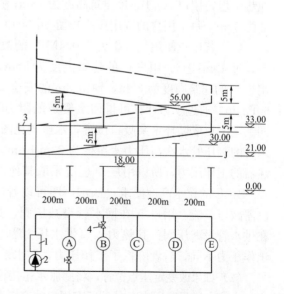

图 3-5　管网静水压线变化的水压图分析

1—热源；2—循环水泵；3—膨胀水箱；4—调节阀

从上述分析可以看出，膨胀水箱接管位置对系统的压力工况影响较大，能否出现倒空，需计算确定，我们希望既能够降低了系统工作压力，又不出现倒空现象。

3.3.2　水系统分区与水压图

在高层建筑空调水系统中，设备的承压能力应引起设计者的关注。一般普通型的冷热源设备的工作压力为 1.0MPa，加强型的为 1.7MPa 以上，末端装置工作压力一般为 1.0MPa，如果对于一个近 100m 高的建筑，当循环水泵运行时，水泵出口处的压力最高，设备可能出现超压问题，因此应该对该水系统进行分区，分区的方法有多种，其中常见的一种是将两套冷热源设于地下设备用房，分别供应高、低两区，如图 3-4 所示。为了减小高区的冷热源的工作压力，循环水泵的吸口处接冷热源；为了减小低区末端装置的工作压力，循环水泵的出口处接冷热源。在两个系统中，工作压力最低的位置分别是高区的 F 点、低区的 A 点，这两点为恒压点，其工作压力为其距水箱的高差，不会出现倒空。

3.4　外网与用户的连接

在液体管网中连接着很多用户，这些用户对流体的流量、压力及温度的要求，可能各有不同，且所处的地势也不一样。在管网设计时需对整个管网的压力状况及各用户的特点进行分析，确定各种影响因素，采取必要的技术措施，以满足各用户的技术要求，保证系统安全运行。下面以热水管网为例，分别以低温水与高温水工况，绘制外网水压图，分析水压图在管网中的重要作用。

3.4.1　常规直接连接方式分析

以图 3-5 为例，该供暖系统为低温水供暖管网，热媒供、回水设计温度为 95/70℃。地势平坦，用户 A、B、E 建筑高度为 18m；用户 C 的建筑高度为 56m；用户 D 的建筑高度为 30m。每个用户的资用压头预留 5mH₂O，供热半径为 1000m。

（1）若用户使用工作压力为 0.4MPa 的散热器，静水压线应保证用户底层的静水压力不超过 40mH₂O。用户 C 的建筑高度为 56m，不能与外网相接，可采用其他连接方式。用户 D 的建筑高度为 30m，预留 3m 的安全值，将静水压线定为 33m。取管道比压降为 60Pa/m，通过水力计算可得回水管道的阻力损失为 6mH₂O，则供水管道与回水管道相同。定压点取循环水泵吸口位置，水压图见图 3-5 中的虚线。对于用户 E，热力入口处供水管的测压管水头与压力水头皆为 33m＋6m＋5m＝44mH₂O，超过大多数用户的底层散热器的工作压力，所以用户 D 也应采取其他连接方式，将静水压线定于 21m，满足用户 A、B、E 的充水高度要求。从水压图可以看出，离热源越近，用户的资用压头越大，所以需减压节流。用户 A 在回水管设减压阀，其热力入口供水压力为 36.8mH₂O；用户 B 在供水管设减压阀，其热力入口供水压力为 28.4mH₂O。减压阀设置位置不同，系统的工作压力不同，后者降低了工作压力，对水系统工作状况有利。

（2）如果改变定压点位置，将膨胀水箱接管位置设在用户 D 的总回水干管处，静水压线为 33m 高，满足除用户 C 外的所有用户的充水高度要求，并将减压阀设于各用户的供水管道上，该系统的水压图见图 3-6。通过水压图，依次分系统叙述各用户的水力工况。

用户 E，热力入口处的供水管压力为 39.2mH₂O、回水管的压力为 34.2mH₂O，系统最低压力位置可认为是在系统顶部总回水上，近似高于 21.2mH₂O。该系统不超压、不倒空。

用户 D，热力入口处的供水管压力为 $38mH_2O$、回水管的压力为 $33mH_2O$，系统最低压力位置可认为是在系统顶部总回水上，近似高于 $3mH_2O$。该系统不超压、不倒空。

用户 B，热力入口处减压后的供水管压力为 $35.6mH_2O$、回水管的压力为 $30.6mH_2O$，系统最低压力位置可认为是在系统顶部总回水上，近似高于 $12.6mH_2O$。该系统不超压、不倒空。

用户 A，热力入口处减压后的供水管压力为 $34.4mH_2O$、回水管的压力为 $29.4mH_2O$，系统最低压力位置可认为是在系统顶部总回水上，近似高于 $11.4mH_2O$。该系统不超压、不倒空。

（3）如果该供暖系统是高温水供暖系统，热媒供回水参数为 110/70℃，则各用户皆为换热站，采用图 3-6 所示的系统连接方式，将定压点设在用户 C 的总回水上。由于 110℃ 水的汽化压力为 $4.6mH_2O$，所以静水压线高度为：$56m+4.6m+3m=63.6m$。参考上述分析，能够算得各用户的供回水压力都能满足不汽化的要求。由于换热器的承压能力大，系统工作压力也能满足不超压的要求。

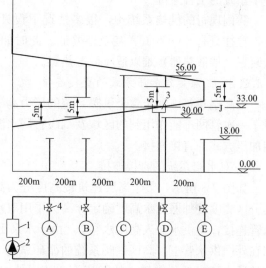

图 3-6　管网恒压点变化的水压图分析
1—热源；2—循环水泵；3—膨胀水箱；4—调节阀

3.4.2　高层建筑暖通空调水系统与外网连接方式

当高层建筑暖通空调水系统与外网连接时，为了避免由于系统高度所引起的本楼及小区其他用户的散热器工作压力超过允许压力。需对高层建筑供暖与空调水系统根据高度进行分区，其与外网连接方式有直接连接与间接连接两种。

3.4.2.1　间接连接（水-水热交换器）

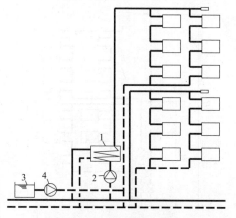

图 3-7　间接连接供暖系统
1—换热器；2—高区循环水泵；
3—补给水箱；4—高区补给水泵

供暖系统如图 3-7 所示，该系统在垂直方向上分成两个系统。其下层系统与室外热网直接连接，下层系统的高度主要取决于室外热网的压力和换热器的承压能力。上层系统由于高度超高，不能与外网直接连接，通过水－水热交换器换热后供给上层系统，高区为独立系统，换热器即为高区的热源。高区也可采用多种定压方式，图 3-7 所采用的定压方式为补给水泵定压。高区系统的分区高度主要取决于高层部分系统的压力和散热器的承压能力。

由图可见，上层系统就是一个完全独立的供热系统，既有热源（热交换器），又有循环水泵，还有定压装置。当室外热网供水温度较高，建筑物散热器的承压能力又较低时，采用这种方式还是比较可靠、经济可行的。

间接连接供暖系统由于工作稳定、安全可靠而被广泛应用。但是，由于通过热交换器进行换热，所以对室外热网的供水温度有要求。若外网供水温度太低，则热交换器的面积增大很多，用户系统散热器的平均温度也要降低，同时散热器也要相应增加，从而增加了整个系统的工程造价。

我国现行的供热系统中，很多情况下设计供、回水温度是95/70℃。但是实际运行时，往往只有60~70℃，甚至还要低。此时如果再进行热交换，温度就更低了，某些末端装置（如散热器）难以适应低温热媒。

3.4.2.2 高层建筑加压方式的直接连接

当高层建筑施加于整个供暖系统的压力高于散热器的承压能力时，应采用分区供水。对于一次管网不能作用到的区域及二次管网水温太低时，不适于间接连接，高区系统宜采用加压方式的直接连接。

1. 双水箱系统的直接连接

如图3-8所示，整个高层建筑按高度分为高低两区，低区供暖系统与外网直接连接，其分区高度按外网充水高度确定。高区采用双水箱连接方式，供水设加压水泵1与外网供水管连接，将供水打入高区水箱2，由于水泵出口设止回阀，高位水箱的高度水头不会作用在外网供水管上。高区供暖系统的循环靠高、低水箱的水位差 h 作为动力，高区供暖系统的回水通过低位水箱3的溢流管4流回外网回水，该溢流管需比设计管径大1~2号，为非满管，且水位为外网回水管压力水头，使高区供暖回水压力不能作用到外网。当给水泵停止运行时，高区供暖系统的充水高度由低位水箱来维持，使系统不倒空，所以低位水箱需高于高区供暖系统。

由于该高区供暖系统为开式系统，水泵需要克服静压，致使水泵功耗增大，同时系统的氧腐蚀加重。此外，两个水箱分别设于屋顶的两个高度上，且需高于供暖系统，存在着建筑布局、结构承重等问题。

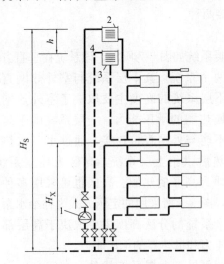

图3-8 双水箱分区供暖系统

1—高压循环水泵；2—高区给水箱；
3—高区回水箱；4—溢流管

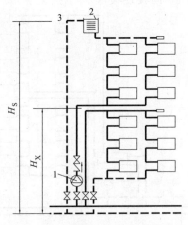

图3-9 单水箱分区供暖系统

1—高区循环水泵；2—高区
回水箱；3—溢流管

2. 单水箱系统的直接连接

图 3-9 为高层建筑单水箱分区供暖系统。单水箱方法就是在双水箱的基础上，取消了一个供水箱，将高层建筑供暖系统划分高低两区，低区与室外管网直接连接，高区供暖系统由加压循环泵既负责加压又负责高区水循环。高区供暖系统少用了个供水箱，占用的建筑面积与投资减少了，建筑布局也好处理了。只设回水箱，回水箱的水溢流回外网回水管网、供水管的水泵出口设止回阀，使高区供回水压力都作用不到外管网上。回水箱的设置须高于高区供暖系统，相当于系统有了膨胀水箱，这样，无论系统是运行还是停止，都不会使高区系统倒空，同时因少了一个水箱也相应减少了氧腐蚀因素及热损失。

3. 无水箱的直接连接

高层建筑无水箱直接连接供暖系统[1]，不设水箱，如图 3-10 所示，在高区供暖系统的最高处设断流器，高区供暖系统回水经断流器后，促进其水膜流形成，进行断流减压，然后进入阻旋器进行阻旋分离空气，阻旋器设于低区静水压线以上，使高区回水管水头压力作用不到外网上，其他设置与前述方法相同。该高区供暖系统虽然为开式系统，但取消了水箱，降低了氧腐蚀、热损失，同时降低了造价。

4. 设减压阀的直接连接

如图 3-11 所示，与无水箱的直接连接形式类似，不设水箱，高区供暖供水通过加压循环水泵的出口的止回阀使外网供水与高区隔绝，在高区总回水与外网连接处设阀前压力调节阀。阀前压力调节阀的工作原理是：当回水管的压力作用在阀瓣的向上力超过弹簧的拉力时，阀瓣才能打开，弹簧的选用拉力一般要大于高区系统静压力 $3\sim5mH_2O$，当网路循环水泵停止运行时，弹簧的拉力超过系统的静压力，从而拉下阀瓣，阀孔关闭。阀前压力调节器既有减压又有关断管路的作用。

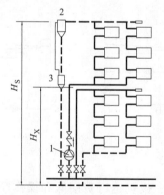

图 3-10　无水箱直连的供暖系统
1—高区循环水泵；2—断流器；3—阻旋器

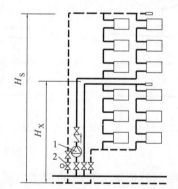

图 3-11　设减压阀的直接连接供暖系统
1—高区循环水泵；2—阀前压力调节阀

还可采用减压阀与电磁阀组合来完成该功能。减压阀负责消除运行过程中的动压头，但无法消减静压，当加压循环泵停止运行时，自动关闭电磁阀，无论动压还是静压都无法将高区压力作用到外网回水管道上。

对于无水箱直接连接形式与设减压阀的直接连接形式，当加压循环泵停止运行时，因高区无定压补水装置，系统丢水时，易出现倒空现象。

上述 4 种方法应用的主要问题是水泵电耗增加及系统氧腐蚀严重，不适于大面积使用。一般对于设有除氧设备或设有钢制散热器的供暖系统，不应使用。对于高层建筑的高区供暖系统，当压力超高时，应优先采用间接连接方式，或采用独立热源形式，不得已时，才采用加压方式的直接连接。

3.4.3 混水连接的水力工况分析

当用户与外网连接时，如二次管网所需的供水温度与一次管网的不一致，可采用间接连接和混水连接。间接连接使用户压力不直接作用在外网，适于各种高度的用户，但增加了换热站设备和水泵运行能耗费用；混水连接利用了一次网的循环水泵和定压系统，取消了换热器，节省了这两项费用，但系统的水力工况变得复杂。混水连接有四种混水类型：设水喷射器的混水，混水泵设于旁通管的混水，混水泵设于供水管的混水，混水泵设于回水管的混水。对于各种连接方式，混合比是至关重要的参数，混合比是由一次网供水温度和二次网供回水温度决定的：

$$u=G_h/G_0=(\tau_g-t_h)/(t_g-t_h) \tag{3-3}$$

式中　G_0——进入用户的一次网流量，kg/h；

　　　G_h——从用户抽引的回水量，kg/h；

　　　τ_g——一次网供水温度，℃；

　　t_g、t_h——分别为用户的供回水温度，℃。

对于一次网为高温水的管网，如用户侧采用辐射板或风机盘管末端装置，其混合比是很大的，一般可达到4～8，混合比越大，一次网的水泵输送能耗越小。

如以热源的循环水泵入口处为零标高和恒压点，不论系统运行与否，系统的充水高度（静水压线高度）需始终满足用户能够充满水。四种混水连接方式的图示与用户水压图见图3-12。

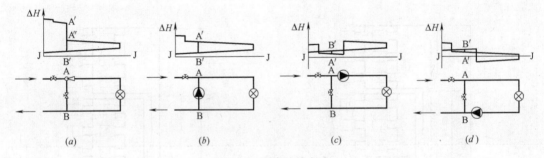

图 3-12　混水连接方式

水喷射器连接为传统的混水方式，具有结构简单、投资运行费用低和操作简便等优点，但由于喷嘴直径固定不变，混合比不能随供热规模的变化而变化，严重影响供热效果，并且存在较大的能量损失，在用户处，需有较大的一次网供回水压头。见图 3-12（a），$A'A''$即为水喷射器的水头损失，混合比越大，一次网与二次网供回水资用压头的比值越大。如流量比为 2，该压差比约为 8；如流量比为 6，该压差比约为 30[2]。所以要想达到大流量比4～8时，该压差比值变得异常大，只有对于离热源较近的用户才可能实现。

在旁通管设混水泵，见图 2-12（b），一次网的供回水压差需大于用户所需的供回水压差，混水比是由混水泵调节完成的。

在二次网供水或回水管上设混水泵，见图 2-12（c）、（d），适用于一次网供回水压差小于用户所需的供回水压差，或者一次网供回水压差为负值，此时节省了一次网循环水泵压头能耗，这两种混水方式适用于动力分布式系统（见本书第4章），混水比由混水泵和旁通管共同调节来完成。这两种混水方式对比，后者的工作压力低于前者，但需注意校核运行的管网是否倒空。

3.5 定压点不恒压的几个问题

3.5.1 膨胀水箱定压的定压点变化

我国的住宅小区规模不断扩大，高层住宅大量涌现，使供暖系统的运行压力增加。由于铸铁散热器价格便宜，耐腐蚀性强，使用寿命长，大多数用户和设计者都喜欢用铸铁散热器。但普通铸铁散热器工作压力为 0.4MPa，高压铸铁散热器为 0.8MPa。某住宅小区建筑面积为 10 万 m^2，小区内最高建筑为 18 层的高层住宅，供暖系统采用膨胀水箱定压，膨胀水箱设在最高一栋建筑的水箱间内，水箱间底标高为 58m。系统集水器的静水压力为 $57mH_2O$，供暖系统采用工作压力 0.8MPa 的散热器。当循环水泵运行时，锅炉出口处的压力为 0.85MPa，系统工作压力基本能满足要求。但当补给水泵向系统补水时，集水器处的压力就升高至 0.76MPa，锅炉出口压力增至 1.08MPa。各热力入口压力超压，散热器出现崩片情况；循环水泵出口处的软接头因超出 1.0MPa 的设计压力而出现爆裂。

在很多高层建筑中，建筑高度控制在 100m 之内，因为超过 100m，建筑的消防等设施要求就高了一个台阶。而对于这样的建筑，制冷机房常设于地下二层，膨胀水箱设于屋顶水箱间内，系统的充水高度就会高于 100m，而对于末端装置风机盘管来说，工作压力一般为 1.0～1.25MPa，当循环水泵运行时，风机盘管就处于超压的边缘状态。某高层空调水系统，见图 3-13，采用膨胀水箱定压，系统补水由补给水泵供给，膨胀水箱与补给水泵为水泵与水箱给水方式，液位自动控制。系统最高水位为 $110mH_2O$，相对循环水泵入口标高为 0 标高，制冷机及机房总阻力损失在设计工况下为 $12mH_2O$，管段 AE、ED、DC 的阻力损失分别为 $5mH_2O$、$4mH_2O$、$5mH_2O$，制冷机的工作压力为 1.6MPa，末端装置风机盘管的工作压力为 1.25MPa，系统额定流量下循环阻力为 $26mH_2O$。静水压线为 110m，系统静水压能够满足设备承压要求。当循环水泵运行时，制冷机入口处为最高压力点，其值为 $136mH_2O$，一层风机盘管入口压力约为 $124mH_2O$，小于 1.25MPa。系统的工作压力能够满足要求，但当膨胀水箱水位不足时，补给水泵自动补水，定压点压力不再恒定，由原来的 $110mH_2O$ 增加至 $121mH_2O$，制冷机的进口压力增加至 $147mH_2O$，风机盘管入口处于超压状态。

上述两个实例都出现了同一问题，膨胀水箱接管位置的压力不再恒定。其实，当系统正常运行时，定压点压力恒定，为 $110mH_2O$（见图 3-13），当系统缺水时，补给水泵出口压力为：

$$H_A = H + SQ^2 \tag{3-4}$$

式中　H——膨胀水箱距定压点的高度，m；

　　　Q——补给水泵的流量，m^3/s；

　　　S——由补给水箱到膨胀水箱的管道阻抗，$kg^{-1} \cdot m^{-1}$，其值按下式计算：

$$S = \frac{8\left(\lambda \dfrac{l_i}{d_i} + \sum\limits_i \xi\right)}{\rho \pi^2 d_i{}^4} \tag{3-5}$$

根据阻抗的计算式可知，影响 S 值的参数有：摩擦阻力系数 λ、管道长度 l、管道直径 d、局部阻力系数 $\sum \xi$、流体密度 ρ。其中 λ 取决于流态，当流动处于阻力平方区时，其值可近似为常数，因此在给定管网下，S 可近似为定值。当流量增加时，管网阻力相当于流量增加倍数的平方。设计人员选择膨胀管管径时通常按补给水量设计，而补给水泵流量通常按事故补水量确定，事故水量通常是补给水量的 4～5 倍。所以，膨胀管径偏小，补给水泵水量偏大，根据水泵的特性曲线分析，定压点的压力在补给水泵运行时增加较大，从而使系统超压。解决问题的办法有：

（1）增大膨胀管的管径。

（2）单设膨胀水箱进水管，补给水直接进入水箱。

（3）将膨胀管接在管网的 E 点，补给水通过循环管网进入膨胀水箱，如图 3-14 所示。一方面由于循环管路管径较大，使得补给水管路阻力损失变得较小，因此补给水泵运行时对定压点压力影响很小；另一方面整个水压图下降，系统工作压力降低。此时，定压点 E 的压力为 $4mH_2O$，循环水泵吸入口 A 点的压力为 $105mH_2O$，水泵出口压力为 $131mH_2O$，一层风机盘管的压力小于 $119mH_2O$。

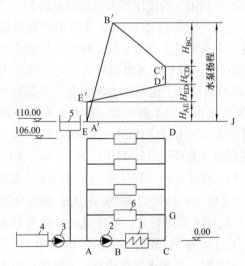

图 3-13　膨胀水箱定压的定压点压力变化分析
1—冷热源；2—循环水泵；3—补给水泵；
4—补给水箱；5—膨胀水箱；6—末端装置

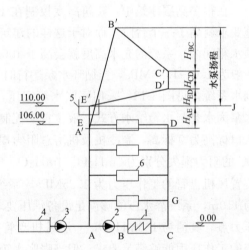

图 3-14　膨胀水箱位置改变的定压点压力变化分析
1—冷热源；2—循环水泵；3—补给水泵；
4—补给水箱；5—膨胀水箱；6—末端装置

3.5.2　补给水泵定压的定压点变化

某供热小区，锅炉房运行方式为间歇供暖，总供暖面积 31 万 m^2，地势平坦，最高建筑高度为 22m，供热半径为 800m。采用补给水泵定压，微机变频控制，自动补水，系统超压自动泄水，补水点为循环水泵吸入口，设置该点为"定压点"，压力定于 0.25MPa。

水系统停止运行后（循环水泵停止运行时），出现一种特殊现象："定压点"压力由正常运行的 0.25MPa 迅即升至 0.4MPa。如果此时再开启循环水泵，循环水泵吸口位置的压力又会回到 0.25MPa 的压力，说明定压点的压力并不稳定。对这种现象的解释有两种：

解释一，此现象是由于系统最高点集气造成的，如图 3-15 所示。当系统正常运行时，系统定压点 C_1 的压力不变，因为补给水泵是根据该点为恒压点来控制水泵的压力的，由于系统循环阻力约为 26mH$_2$O，水泵出口压力为 0.56MPa，如果在供水管道的某一点集气，例如在总供水干干管 C_2 点集气，且该处管径较大而长，相当于一个气压罐。该气压由循环水泵克服锅炉水阻力后获得，当循环水泵运行时，供水管道被加压，使得集气处的气体被压缩，则补水泵自动补水。当循环水泵停止运行后，集气处的压力 P_2 释放，作用在整个系统，使静水压线升高，P_2 即为循环水泵停止运行时的静水压线压力，其水压图见图 3-16，静水压线为 J 线，所以，整个系统压力均升高；而此时，如循环水泵再次运行，定压点压力又回到原 P_1 的压力。

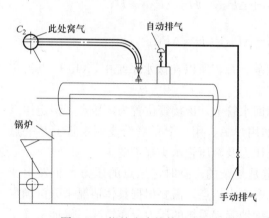

图 3-15　锅炉出水接管示意图

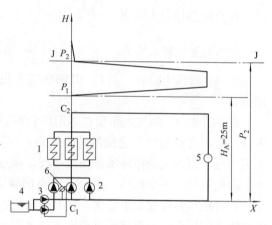

图 3-16　补给水泵连续补水定压的定压点改变
1—锅炉；2—循环水泵；3—补给水泵；4—补给水箱；5—热用户；6—电接点压力表

如果定压点压力没有超过自动泄水装置的启动压力，该泄水装置并不工作。

解释二[3]，如果系统不存在集气情况，系统的恒压点不应受循环水泵运行的影响。膨胀水箱定压方式与补给水泵定压方式有明显的不同，膨胀水箱定压方式的水箱为开式，系统有静水柱的作用，膨胀管接管位置即为恒压点。对于补给水泵定压系统，由于不存在开式静水柱的作用，系统静压力是由补给水泵提供的，其高度需满足最高建筑的充水高度，即静水压线高度，其高度的大小不会因循环水泵的运行而发生改变。当循环水泵运行后，供热系统的压力将进行重新分布，但不管压力分布如何变化，供热系统一定存在着一个压力不变的点（即恒压点），无论在运行状态还是静止状态，其压力值始终等于静水压线值。所以，静水压线的高度是根据管网中最高用户充水高度再加 2～5mH$_2$O 确定的，恒压点应该在最高用户处。当循环水泵运行时，由最高处的恒压点算起，循环水泵吸入口压力将降

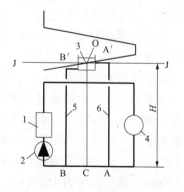

图 3-17　带循环管膨胀水箱的定压点
1—锅炉；2—循环水泵；3—膨胀水箱；4—热用户；5—膨胀管；6—循环管

低，此时补给水泵要保证补水点压力恒定，所以就开始补水，因此当循环水泵停止运行时，补水点压力升高。

3.5.3 多个定压点情况

在膨胀水箱定压的系统中，膨胀水箱设于建筑的最高处——水箱间内，为了防止水箱内的水冻结，需设置循环管，如图 3-17 所示，水流由循环管流经水箱，经过膨胀管进入系统。图中总回水管道 AB 与 AOB 为并联管段，一般膨胀管与循环管相距 1.5～3m。

膨胀管、循环管接在回水干管的两点 A、B，此时难以判断定压点在哪里。

把水系统中循环水泵运行前后压力不变的点作为定压点，在图 3-17 中水箱内的点 O 为定压点，该点的测压管水头为 $\dfrac{P_O}{\rho g}+Z_O=H$；

A 点的测压管水头为：$\dfrac{P_A}{\rho g}+Z_A=\dfrac{P_O}{\rho g}+Z_O+\Delta P_{AO}=H+\Delta P_{AO}>H$；

B 点的测压管水头为：$\dfrac{P_B}{\rho g}+Z_B=\dfrac{P_O}{\rho g}+Z_O-\Delta P_{BO}=H-\Delta P_{BO}<H$。

在 AB 管段上应有一点 C，其测压管水头等于 H，所以在该水系统中，O、C 点为定压点。

在图 3-6 中，膨胀水箱接在热用户 D 的总回水管上，该接管位置为定压点，但定压点不止一个，在热用户 D 之前的几个用户，例如用户 A、用户 B 的各分支回水管上某一点为定压点，因为无论循环水泵是否运行，该点压力及测压管水头都不变。

由此可见，一个循环水系统定压点的确定是复杂的。有时定压点的压力大小发生变化，有时定压点位置发生变化，而有时系统有多个定压点。需要根据具体情况来分析确定水系统的定压点，只有定压点确定了，才能准确地确定系统的压力分布情况，保证系统安全可靠地运行。

3.6　外网水压图应用举例

对于集中供热系统，末端装置多采用工作压力为 0.4MPa 的铸铁散热器，有的热网利用锅炉直供，系统的供热半径有时很大，很容易造成散热器超压，尤其是对于地势起伏大的区域，超压问题更加突出。

某城镇集中供热系统，采用锅炉直供，设计热媒参数为 85/60℃，热源设有两台 14MW 热水锅炉、一台 7MW 热水锅炉，供热面积为 $45\times10^4 m^2$，供热半径为 1200m。小区大多数建筑的高度为 18m，其他有少量的单层建筑，锅炉房位于小区低处，最远端与锅炉房高差为 10m。末端装置多数为工作压力为 0.4MPa 的铸铁散热器。热源内部总阻力损失为 $8mH_2O$，外网阻力损失为 $15mH_2O$，每个末端用户资用压头 $3mH_2O$。系统采用补给水泵定压，定压点为循环水泵吸入口。以图 3-18 中三个用户为代表进行分析。用户 A 位于热源处，地势高度为 0.00m；用户 B 距热源 600m，地势高度为 4.00m；用户 C 距热源 1200m，地势高度为 10.00m。

如图 3-18 所示，若满足各用户充水，静水压线高度为 31m，系统运行时，最末端用户 C 的供水管道测压管水头压力为 $41.5mH_2O$、底层供水管压力水头为 $31.5mH_2O$。用户 B 的供水管道测压管水头压力为 $45.25mH_2O$、底层供水管压力水头为 $41.25mH_2O$，刚超出该用户的末端装置工作压力。用户 A 的供水管道测压管水头压力为 49mH₂O、底层供水管压力水头为 49mH₂O，超出该用户的末端装置工作压力。由于小区内用户较多，并且还有一些单层建筑，各热力入口没有设调节阀，使得系统很多用户超压，且出现失调现象。为了降低系统的工作压力，运行管理者同时采用两种措施，一种是调节锅炉出口处的阀门，另一种是降低静水压线高度。这两种方法造成的结果是末端部分用户不热。通过锅炉出口总阀门减压，降低了供水管道的供水压力，但使系统的总流量减少，小于设计流量，造成系统不热；静水压线降低，小区采用间歇供暖方式，当循环水泵停止运行时，由于系统的充水高度不够，末端部分用户倒空，而循环水泵再次运行时，虽然末端用户系统不出现倒空，但系统的空气难以在短时间内排除，所以出现不热现象。

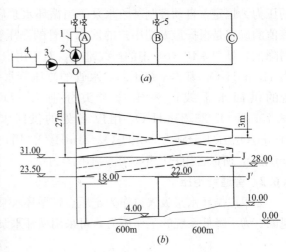

图 3-18　双定压值定压系统

(a) 系统图；(b) 水压图

1—锅炉；2—循环水泵；3—补给水泵；

4—补给水箱；5—调节阀

　　对于该系统，应首先解决系统超压问题。从外网水压图可以看出，离热源越近，资用压头越大，工作压力越大。但在每个用户热力入口的供水干管上设减压阀或节流孔板，就会降低该用户的工作压力，如图 3-18 (b) 所示，图中细线为各热力入口供水减压后的测压管水头线的连线（假设各用户资用压头均为 3mH₂O）。经减压后，用户 A 的供水压力为 34mH₂O，用户 B 的供水测压管水头为 37.75mH₂O、底层供水压力为 34.75mH₂O，为了减少减压装置的数量，也可在一些超压的分支干管上设减压装置。

　　实际上，当以循环水泵吸入口为定压点时，保证该点压力为 31.0mH₂O，如系统循环水泵停止运行时，该点压力将升高。如超出设定压力值，泄水装置自动泄水。

　　除此之外还可以采用以下两种方法：

3.6.1　双定压值定压系统

　　采用补给水泵变频补水定压的系统可采用双定压值的定压方法。利用压力传感器把压力波动信号传给变频器，由控制电路自动改变定压泵转速，使泵的流量和扬程发生改变，以维持系统设定的压力值。双定压值定压方法要求有两个压力设定端，可分别设定两个不同的压力值。这两个压力值由循环水泵的停止或启动状态信号进行选择。当热源循环水泵停止运行时，选定一个较大的静水压力 P_J，保证系统的充水高度，静水压线为 J，如图 3-18 所示。当循环水泵运行时，系统的动水压线升高，水压升高，将系统定压值切换到较小的压力值 $P_{J'}$，其静水压线降为 J'，在循环水泵的压力作用下，系统的充水高度同样可满足要求。这样，热源循环泵在运行和停止两种状态下，恒压点不再是一个始终不变的值，而是执行两个不同压力的参数。

　　在图 3-18 所示的系统中，当循环水泵停止时，设恒压点压力为 31mH₂O，根据该点的压力为恒定，自动控制补给水泵。当循环水泵启动时，定压点压力设定为 23.5mH₂O，该值的确定是根据最末端用户的回水干管的测压管水头为 31mH₂O 来计算的。此时水压图降低，见图 3-18（b）中的虚线部分。对于用户 A，供水干管测压管水头及压力水头均为 41.5mH₂O，基本不超压。回水管的测压管水头及压力水头均为 23.5mH₂O。用户 B 处的供回水干线的测压管水头分别为 37.75mH₂O、27.25mH₂O，压力分别为 33.75mH₂O、23.25mH₂O。用户 C 处的供回水干线的测压管水头分别为 34mH₂O、31mH₂O，压力分别为 24mH₂O、21mH₂O。用户 C 的顶部供回水管的工作压力均大于 3mH₂O，所以各用户均不超压、不倒空。

3.6.2 旁通管定压

如果以循环水泵吸入口作为定压点，循环水泵运行时，系统压力升高，可能出现超压现象。为了降低系统的工作压力，可采用循环水泵出口方向设定压点，然而又可能出现倒空问题。合理的作法是在循环水泵的进出口设一个旁通管，这种定压方式的原理示意图如图 3-19 所示，其定压的基本原理是：由于循环水泵出口部分流量经旁通管流向吸入口，使旁通管上的压力介于循环水泵出口压力与进口压力之间，在旁通管上某一点作为系统的恒压点位置，调节阀 5、阀 6，可改变循环水泵的进出口压力，即可降低系统的动水压线高度。定压点的压力满足系统的充水高度，当循环水泵停止运行时，静水压线的高度不变。

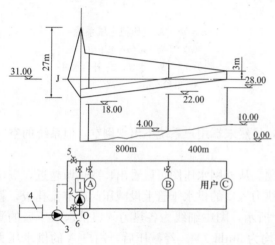

图 3-19　旁通管定压系统
1—锅炉；2—循环水泵；3—补给水泵；4—补给水箱；5、6—调节阀

对于图 3-18 所示的系统，如果采用旁通管定压形式，可取旁通管上某点压力为 31mH₂O 为定压，满足系统的充水高度，通过调节旁通管的阀门，也可实现循环水泵吸口的压力为 23.5mH₂O，外管网的水压图与图 3-18 中的虚线水压图位置相同，即满足系统各用户不超压、不倒空的要求，同时当循环水泵停止运行时，系统的充水高度仍为 31mH₂O。

旁通管定压形式与循环水泵吸入口作为恒压点的定压形式对比，其水压图降低，使系统工作压力降低。通过调节阀 5、阀 6，可以调整供回水动水压线的高度，对调节系统的运行压力，具有较大的灵活性。该系统的缺点是：由于有旁通水量，需增大循环泵流量，因此增加了能耗。

3.7　系统变动水力工况分析

3.7.1　水力失调的概念

按照设计情况绘制的热力系统水压图称为设计水压图。在设计水压图下运行的流量、压力分布情况称为设计水力工况。热力系统实际运行的流量、压力分布情况称为实际水力工况。管网系统的流体在流动过程中，由于设计、施工和运行等多种原因，热力系统在实际运行时往往很难完全按设计工况运行，有时甚至差别很大。热力系统管道中的实际流量与设计流量的不一致性，称为水力失调。水力失调是影响水循环系统运行效果的重要原因。

水力失调程度可用实际流量与设计流量的比值来衡量，即：

$$x_i = \frac{G_{si}}{G_{gi}} \tag{3-6}$$

式中　x_i——被衡量管段的水力失调度；

　　　G_{si}——被衡量管段的实际流量，m^3/h；

　　　G_{gi}——被衡量管段的设计流量，m^3/h。

在供热或空调水系统中，确定的流量对应于确定的压力，因此常常以流量的变化情况分析水力工况的变动情况。当 $x_i=1$ 时，即管段的设计流量等于实际流量，系统处于稳定的水力工况。如果 $x_i \gg 1$ 或 $x_i \ll 1$，系统水力失调严重。

对于整个管网系统来说，各管段的水力失调状况可能有多种多样。当管网系统中所有管段的水力失调度 x_i 都大于 1 或小于 1 时，称为一致失调；反之，则为不一致失调。

一致失调又可分为等比失调和不等比失调。所有管段的 x_i 都相等的状况，称为等比失调；反之，则为不等比失调。

3.7.2　变动水力工况分析方法

以一供热管网为例，根据水力工况计算的基本原理，分析管网的流量分配，研究它的水力失调状况。如图 3-20 所示，干线各管段的阻抗以 S_{I}、S_{II}、S_{III}…S_N 表示，支线与用户阻抗以 S_1、S_2、S_3、…S_n 表示。

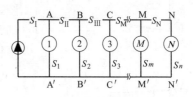

图 3-20　管网水力工程变化示意图

用户 1 与用户 2 处的阻力分别为 $\Delta P_{\mathrm{AA'}}$、$\Delta P_{\mathrm{BB'}}$，用下式确定：

$$\Delta P_{\mathrm{AA'}} = S_1 G_1^2 = S_{1-n} G^2 = (S_{\mathrm{II}} + S_{2-n})(G - G_1)^2 \tag{3-7}$$

$$\Delta P_{\mathrm{BB'}} = S_2 G_2^2 = S_{2-n}(G - G_1)^2 \tag{3-8}$$

式中　　　S_{1-n}——用户 1 分支点的管网总阻抗（用户 1 到用户 n 的总阻抗）；

　　　　　S_{2-n}——用户 2 分支点的管网总阻抗（用户 2 到用户 n 的总阻抗）；

$S_{\mathrm{II}} + S_{2-n} = S_{\mathrm{II}-n}$——热用户 1 之后的管网总阻抗（不包括用户 1 分支线）。

由式（3-7）得用户 1 的相对流量比为：

$$\frac{G_1}{G} = \sqrt{\frac{S_{1-n}}{S_1}} \tag{3-9}$$

式（3-7）与式（3-8）相除得：

$$\frac{G_2}{G} = \sqrt{\frac{S_{1-n} \cdot S_{2-n}}{S_2 \cdot S_{\mathrm{II}-n}}} \tag{3-10}$$

根据上述推算，可以得出第 m 个用户的相对流量比为：

$$\frac{G_m}{G} = \sqrt{\frac{S_{1-n} \cdot S_{2-n} \cdot S_{3-n} \cdots\cdots S_{m-n}}{S_m \cdot S_{\mathrm{II}-n} \cdot S_{\mathrm{III}-n} \cdots\cdots S_{M-n}}} \tag{3-11}$$

第 d 个用户与第 m 个用户（$m > d$）之间的流量比，假定 $d=4$，$m=7$，由上式可得：

$$\frac{G_{\mathrm{m}}}{G_{\mathrm{d}}}=\frac{G_7}{G_4}=\sqrt{\frac{S_{5-n}\cdot S_{6-n}\cdot S_{7-n}\cdot S_4}{S_{V-n}\cdot S_{VI-n}\cdot S_{VII-n}\cdot S_7}} \tag{3-12}$$

由式（3-11）和式（3-12）可以得出如下结论：

（1）系统各用户流量与总流量的比值仅取决于管网各管段和用户的阻抗，而与管网流量无关。这为用户系统的负荷调节提供了依据，如各用户管网阻力特性不变，进行量调节时，用户供热（供冷）流量将等比例变化。

（2）第 d 个用户与第 m 个用户（$m>d$）之间的流量比，仅取决于用户 d 和用户 d 以后（动力源侧为前）各管段和用户的阻抗，而与用户 d 以前各管段和用户的阻抗无关。

（3）系统的任一区段阻力特性发生变化，则位于该区段之后（动力源侧为前）的各区段流量成等比失调。

3.7.3 典型变动水力工况分析举例

根据上述基本原理，再以几种常见的水力工况变化情况为例，并利用水压图，定性地分析水力失调的规律性。

1. 管网阀门节流的情况

图 3-21（a）所示为一个带有 5 个用户的管网。假定各用户在设计流量下工作。如改变阀门 A、B、C 的开启度，管网中各用户将产生水力失调，同时水压图也将发生变化。图中虚线为原始状态水压图，实线表示调节阀门后的水压图。根据水泵的工况点变动，当管网阻抗发生变化时，水泵扬程略有变化（循环水泵特性曲线较为平缓，扬程可视为近似不变）。

（1）阀门 A 节流时的水力工况

当阀门 A 关小时，管网的总阻抗 S 增大，总流量 G 将减少，管网的循环水泵扬程略有提高。根据式（3-11），由于阀门 A 后的各管段及用户的阻抗不变，各用户的流量分配比例也不变，即都按同一比例减少；管网产生一致的等比失调，见图 3-21（b）。图中虚线为原水压图，实线为关小阀 A 后的水压图。因总流量减少，所以水压线比原来变平缓。由于各用户的流量按同一比例减少，因而，各用户的作用压差也按同一比例减小。

（2）阀门 B 节流时的水力工况

当阀门 B 关小时，管网总阻抗 S 增大，总流量 G 减少。管网水压线变缓，并且在管网 B 点出现急剧的下降，变化后的水压图为图 3-21（c）中的实线部分。对于阀门 B 以后的用户 3、4、5，因其阻抗未发生变化，但总作用压力减小了，根据式（3-11），它们的压力与流量将按同比例减少，出现一致的等比失调。对于阀门 B 以前的用户 1、2，根据式（3-11），因其后的阻抗发生变化，流量将发生不同比例的变化。从水压图可以看出，其作用压差增大，所以流量与压差发生不同程度的增大，出现一致失调，但为不等比失调。

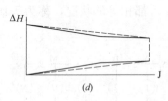

图 3-21 管网水力工况变化示意图

阀门 B 关小，其前的用户流量增大，其后的用户流量减少，系统的总流量减少，整个系统出现不一致失调。

（3）阀门 C 开大时的水力工况

当阀门 C 开大时，其水压图变化见图 3-21（d），虚线为原水压图，实线为阀 C 开大后的水压图。阀 C 开大后，则系统的总阻抗 S 减小，系统的总流量 G 增大。因 I 管段动水压线陡，1 用户的资用压头 ΔH_1 变小，在 $\Delta H_1 = S_1 G_1^2$ 中，因 S_1 未变，则有 G_1 减少。在干管段 II 上，流量 $G_{II} = G - G_1$ 增大，即干管段 II 动水压线也变陡，导致 2 用户的资用压头减小，而 S_2 未变，所以有 G_2 减少。在干线 III 上，$G_{III} = G - G_1 - G_2$，G_{III} 增大最多，即干管 III 的动水压线最陡。对于用户 3 以后管网，因其阻抗未变，但用户 4、5 的资用压头减小，根据式（3-11），其流量 G_4、G_5 将按等比例减少。因 $G_3 = G - G_1 - G_2 - G_4 - G_5$，所以用户 3 的流量 G_3 必然增大。

由此可以看出，当阀 C 开大时，只有用户 3 流量增大，其他均减少。用户 3 以后的用户流量成一致等比失调；用户 3 之前的各用户流量成一致的不等比失调，离 3 用户越近的用户，水力失调度越大。

2. 用户支线设加压泵

如果在管网中某个用户的设计流量不足，可以在该用户支线上设加压泵，整个管网将发生水力工况变化。

图 3-22 是在用户 3 支线回水管上设加压泵的水力工况；此时可以视为在用户 3 的支线上增加了阻抗为负值的管段，相当于管段 3 支线上的阻抗减小，则整个管网的总阻抗 S 值减小，系统的总流量增加，用户 3 前的供回水干管动水压线变陡，用户 1 和 2 的资用压头减少，流量减小，呈非等比失调；用户 3 后面的管段阻抗不变，作用压头减少，流量减小，所以用户 4 和 5 的流量成等比失调，用户 3 管段的原资用水头为 ΔH_{BC}。设加压水泵后，干线的资用压头变小为 $\Delta H_{B'C'}$，加压水泵吸口的测压管水头位置变为 E′点，加压水泵的出口测压管水头位置是 C′点。用户 3 的资用压头增大为 $\Delta H_{B'E'}$，图中的 $\Delta H_{C'E'}$ 为加压泵的扬程。

图 3-23 是在用户 3 支线的供水管上设加压泵的水力工况。干线水压图变化及其他用户的水力工况变化与图 3-22 相同。加压水泵吸口的测压管水头位置变为 B′点，加压水泵的出口测压管水头位置是 E′点。此时用户 3 的资用压头为 $\Delta H_{C'E'}$，加压泵的扬程为 $\Delta H_{B'E'}$。

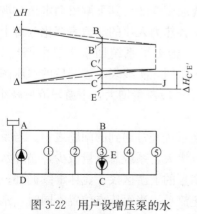

图 3-22　用户设增压泵的水
力工况变化示意图（一）

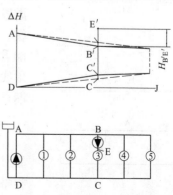

图 3-23　用户设增压泵的水
力工况变化示意图（二）

外网的分支用户设加压泵时，使该用户的流量增大，但其他用户流量均减少，并且离该用户越近，水力失调度越大。

3. 外网干线设增压泵

当外网工作距离较长及在原管网末端接入了一些用户，需要管网增加流量，在干线管径不变的情况下，管网的动水压线坡度增大，管网末端用户的资用压头不足，有时无法完全依靠调节装置来完成，可相应地在干线上增设加压水泵，如图 3-24 所示，虚线为原水压线，实线为设加压泵后的水压线。干线设加压泵相当于管网的总阻抗减少，则管网的总流量增大，干线动水压线变陡，加泵后面的用户，资用压头增大，流量增大，用户 4 和 5

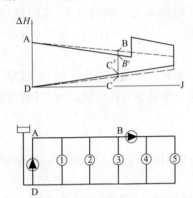

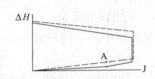

图 3-24　干管设加压泵的水力工况变化示意图　　　　图 3-25　干管泄漏的水力工况变化示意图

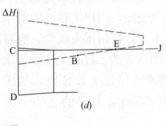

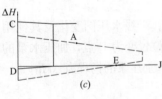

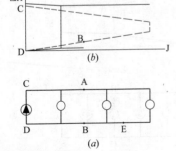

图 3-26　干管堵塞的水力工况变化示意图

成等比失调。加压水泵前的用户 1、2 和 3 的资用压头减小，流量减少，成一致的不等比失调。用户 3 的失调最严重，其资用压头由原来的 ΔH_{BC} 变为 $\Delta H_{B'C'}$。因此，当在末端干线设加压水泵时，需校核泵前用户的资用压头，防止出现更大的水力失调。

4. 干管泄漏

干管泄漏是外网经常发生的故障之一。干管发生泄漏时，相当于系统增加了并联环路，即系统的总阻抗减小，循环水泵扬程略有减少，系统的总流量增大。泄漏点的上游段管线的动水压线坡度变陡，其下游段动水压线坡度变缓。一般可根据外网各热力入口的压力表变化分析干线泄漏点的位置。图 3-25 给出了系统回水干管泄漏的情形。虚线表示渗漏前的水压图，实线表示渗漏后的水压图，渗漏点为 A 点。A 点上游段流量增大，下游段流量减小。

5. 干管堵塞

管道堵塞是外网系统经常遇到的问题之一。当系统堵塞时，系统的总阻抗增大，系统总流量减少，循环水泵扬程略有增加。在堵塞点的上游区段，流体继续循环；在其下游区段，流体停止流动。当恒压点位置不同时，系统的水力工况的变化有很大的不同，一般可根据外网各热力入口压力表的变化分析堵塞点的位置。图 3-26 为三种堵塞情况下的水压图变化，图中虚线为原设计工况水压图，实线为堵塞后的水压图。

图 3-26（b）为外网在回水干管堵塞的水压图，系统的恒压点在循环水泵吸入口 D 处，堵塞点为 B 点，从图中可以看出，堵塞后循环水泵扬程略有提高，系统在堵塞前用户形成循环，堵塞后的区段水流静止不动，压力提高，远远高于静水压线，在这种情况下，对于堵塞点后的用户，可能造成系统末端用户超过其允许工作压力。

图 3-26（c）的恒压点在回水干管位置 E 处，堵塞点在供水干管 A 处，恒压点在堵塞点的末端侧，由于水流停止区段的压力值等于静水压线水头，所以在堵塞点后的用户压力等于静水压线高度水头，在堵塞点 A 前的用户压力高于原系统，有超压的可能。

图 3-26（d）的恒压点在回水干管位置 E 处，堵塞点在供水干管 B 处，堵塞点与恒压点皆在回水干管上，恒压点在堵塞点的末端侧。此时水压图降低幅度较大，水流停止区段的压力等于静水压线高度水头，堵塞点的末端侧不存在超压问题，但堵塞点上游侧压力过低，水泵可能出现气蚀。

3.7.4 冷热源位置与重力循环压力分析

在供暖系统中，由于供回水的密度差所引起的压力差能产生重力循环压力，可作为重力循环系统的循环动力，常应用于小型供暖系统中，实现无泵循环。对于机械循环的双管系统，重力循环压力能够产生垂直失调，一般在热水供暖系统中，热源的位置都在供暖系统的下方，但如果将热源布置在系统的上方，产生的重力循环压力对系统垂直失调的影响程度是不一样的。

3.7.4.1 热源位置与重力循环方向

图 3-27（a）所示热源在系统下面的热水供暖系统。假定系统在重力循环压力的作用下水循环的方向为顺时针方向，则在系统的最底端取一点 A，其左、右两方向的重力作用压力分别为 P_1、P_2。供回水的密度分别为 ρ_g、ρ_h，则：

$$P_1 = \rho_h g h_1 + \rho_g g h + \rho_g g h_2 + \rho g h_0 \tag{3-13}$$

$$P_2 = \rho_h g h_1 + \rho_h g h + \rho_g g h_2 + \rho g h_0 \tag{3-14}$$

则有 $P_2 - P_1 = (\rho_h - \rho_g) gh$，对于热水供暖系统，由于供水温度高于回水温度，供水的密度小于回水密度，即有 $P_2 - P_1 > 0$，则顺时针方向循环假设成立。如果假设重力循环方向为逆时针方向，则可推导出 $P_2 - P_1 < 0$，即逆时针循环假设也成立。因此对于热源在系统底部的热水供暖系统可以产生重力循环。如该系统设置循环水泵，则不管循环的方向如何，重力循环压力始终存在并且与水循环的方向一致，有利于系统的循环。

对于热源在系统上部的供暖系统，见图 3-27（b），假设系统在重力循环压力的作用下，水系统的循环的方向为顺时针方向，则指定点 A 的左、右两方向的重力作用压力 P_1、P_2 分别为：

$$P_1 = \rho_h g h_1 + \rho_h g h + \rho_g g h_2 + \rho g h_0 \tag{3-15}$$

$$P_2 = \rho_h g h_1 + \rho_g g h + \rho_g g h_2 + \rho g h_0 \tag{3-16}$$

则有 $P_2 - P_1 = (\rho_g - \rho_h) gh < 0$，可知，重力循环压力的作用方向与水流的方向相反，假设不成立。重新假设该系统水流的方向为逆时针方向，则有：

$$P_1 = \rho_g g h_1 + \rho_g g h + \rho_h g h_2 + \rho g h_0 \tag{3-17}$$

$$P_2 = \rho_g g h_1 + \rho_h g h + \rho_h g h_2 + \rho g h_0 \tag{3-18}$$

则 $P_1 - P_2 = (\rho_g - \rho_h) gh < 0$，由该式可看出重力循环压力的方向依然与水流的方向相反，可知假设还是不成立，说明热源在系统顶部时，该系统不能形成重力循环，如设置循环泵时，不论水系统的循环方向如何，重力循环压力的方向始终与水循环的方向相反，阻碍水系统的循环。

3.7.4.2 冷源位置与循环方向

如将图 3-27 中的热源换成冷源，则变成空调冷水系统，当冷源位于供冷系统底部时，与热源位于供暖系统顶部的热水系统情况类似。即系统存在重力循环压力，不能产生重力循环。因此在机械循环系统中，不论水系统的循环方向如何，重力循环压力的方向总是与水循环的方向相反，阻碍系统的水循环。

当冷源位于供冷系统顶部时，与热源位于供暖系统底部的热水系统情况类似，即系统重力循环压力存在并可以产生重力循环，对于机械循环系统，重力循环压力与水循环的方向一致，有利于系统的循环。

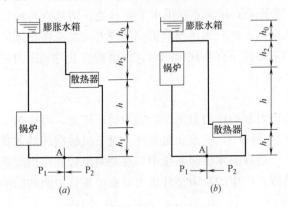

图 3-27　热水供暖系统
（a）热源在底部；（b）热源在顶部

3.7.5　水平失调与垂直失调

在循环系统中，由于各末端用户（或立管）与来流方向管路长度不同，阻力不平衡，而引起的水平方向的冷热不均现象，称为系统的水平失调。

由于重力循环压力的存在，对于机械循环双管系统，各层末端装置与热源高差不同，所产生的重力循环压力不同，尽管重力循环压力与系统总阻力相比很小，但能引起垂直失调，楼层越高，垂直失调越大。对于热源在末端底部的双管系统，因重力循环压力方向与系统循环方向一致，供回水立管可采用异程式，在进行水力计算时，用高楼层比低楼层多走的管道阻力抵消重力循环压力，消除垂直失调；而对于热源在末端系统顶部的双管系统，因重力循环压力方向与系统循环方向相反，则会加重垂直失调。

空调水系统一般均为双管系统，因其供回水温差小、末端装置与管道阻力大，重力循环压力引起的垂直失调较小，一般可忽略。

如散热器供暖系统采用单管系统，通常流量对散热器的传热系数影响不大，但水温对其影响很大，不存在重力循环压力引起的失调，但对于变流量系统，当流量比变化较大时，流量的减小使得各层散热器的水温重新发生变化，因而造成各层散热器的传热系数变化不一致，也会引起垂直热力失调；对于双管系统，当流量发生变化时，管道阻力与设备阻力过小，使得原来考虑重力循环压力且已平衡的管网，又出现失调。

本章参考文献

[1]　刘梦真，王宇清. 高层建筑供暖设计技术. 北京：机械工业出版社，2005.

[2]　索科洛夫. 喷射泵. 北京：科学出版社，1977.

[3]　石兆玉. 供热系统运行调节与控制. 北京：清华大学出版社，1994.

第 4 章　泵与风机的选择应用

泵与风机是耗电量较大的建筑通用设备，它们被广泛地应用于暖通空调的各种流体输送系统中。其数量众多、分布面极广、耗电量大，且有很大的节电潜力。在工程设计和应用中合理地选用和匹配具有重大的节能意义。

为了实现泵与风机在暖通空调系统中的安全经济运行和合理选用与匹配，首先，必须对其原理、结构和调节运行特性有一个详细而深入的了解。同时，随着泵与风机设备的不断更新和高技术驱动装置的投入，还需不断地提高运行操作技术和管理水平。这些都要求对其相关内容的学习更加深入和具体，以打好工程技术实践的基础。

4.1　泵与风机的基本性能参数

泵与风机的基本性能参数包括流量 G_v、扬程 H、轴功率 N、效率 η、比转速 n_s，对于水泵，还有性能参数：汽蚀余量 $[NPSH]$（或允许吸上真空高度 $[H_s]$）等，它们从不同的角度表示了泵与风机的工作性能，现分述如下。

1. 流量

泵与风机的流量是指在单位时间内所输送的流体量。通常用体积流量 G_v 表示，单位是 m^3/s、L/s 或 m^3/h。也可用质量流量 G_m 表示，单位是 kg/s 或 t/h。显然，体积流量 G_v 和质量流量 G_m 的换算关系为：

$$G_m = \rho G_v \qquad (4-1)$$

式中　ρ——液体的密度，kg/m^3。

2. 扬程与全压

泵与风机输出的能量，泵称为扬程，又称为能头，风机称为全压，是指单位重量流体从泵或风机进口截面 1 经叶轮到出口截面 2 所获得的机械能（或势能和动能），用 H 和 P 表示，单位是 mH_2O 和 kPa。其数学表达式可写为：

$$H = E_2 - E_1 \qquad (4-2)$$

式中　E_2——泵和风机出口截面处单位重量流体的机械能，mH_2O（kPa）；

　　　E_1——泵和风机入口截面处单位重量流体的机械能，mH_2O（kPa）。

如用 mH_2O 表示，即：

$$E_2 = \frac{P_2}{\rho g} + \frac{v_2^2}{2g} + Z_2 \qquad (4-3)$$

$$E_1 = \frac{P_1}{\rho g} + \frac{v_1^2}{2g} + Z_1 \qquad (4-4)$$

式中　P_1、P_2——泵或风机进口、出口截面处流体的压强，Pa；

　　　v_1、v_2——泵或风机进口、出口截面处流体的平均速度，m/s；

Z_1、Z_2——泵或风机进口、出口截面中心到基准面的距离，m；

因此泵的扬程可写为：

$$H=\frac{P_2-P_1}{\rho g}+\frac{v_2^2-v_1^2}{2g}+(Z_2-Z_1) \tag{4-5}$$

对于循环水泵，可以用泵出口和进口的压强差（p_2-p_1）来表示扬程的大小。此时，扬程的表达式可写为：

$$H=\frac{P_2-P_1}{\rho g} \tag{4-6}$$

对于风机，可忽略气体的势能，其全压可表示为：

$$P=\left(P_2+\frac{\rho v_2^2}{2}\right)-\left(P_1+\frac{\rho v_1^2}{2}\right) \tag{4-7}$$

3. 功率和效率

（1）轴功率。作为泵与风机的性能参数，轴功率通常是指泵与风机的输入功率，也就是原动机传到泵与风机轴上的功率，故称为轴功率，用 N 表示，单位为 kW。

（2）有效功率。通过泵与风机的流体在单位时间内从泵与风机中获得的能量称为有效功率。由于这部分能量被流出泵与风机的流体所携带，故又称为输出功率，用 N_e 表示，单位为 kW。其计算式为：

$$N_e=\frac{\rho g G_v H}{1000} \tag{4-8}$$

式中　G_v——体积流量，m³/s；

　　　H——扬程，m；

　　　ρg——被输送液体的密度乘以重力加速度，N/m³。

（3）内功率。流体通过泵与风机时要引起一系列损失，一般将实际消耗于流体的功率称为泵与风机的内功率，用 N_i 表示。它等于有效功率加上除轴承、轴封损失外的泵与风机内损失功率，即：

$$N_i=N_e+\sum\Delta N_i \tag{4-9}$$

式中　$\sum\Delta N_i$——除轴承、轴封损失外的泵与风机内损失功率。

（4）效率。轴功率和有效功率之差是泵与风机内产生的损失功率，其大小用泵与风机的效率来衡量。有效功率和轴功率之比称为泵与风机的效率，亦称泵与风机的总效率，用 η 表示，通常以百分数计，即：

$$\eta=\frac{N_e}{N}\times100\% \tag{4-10}$$

（5）内效率。泵与风机的有效功率与内功率之比称为泵的内效率，用 η_i 表示，即：

$$\eta_i=\frac{N_e}{N_i}\times100\% \tag{4-11}$$

（6）原动机功率。由于原动机轴和泵与风机轴之间的传动存在机械损失，所以，原动机功率 N_g（一般是指原动机的输出功率）通常要比轴功率大些，其计算式为：

$$N_g=\frac{N}{\eta_{tm}}\times100\% \tag{4-12}$$

式中　η_{tm}——传动装置的传动机械效率，它随传动装置的不同而异，如表 4-1 所示。

类　　型	传 动 名 称	效率 η_{tm}
电动机直联传动		1.00
联 轴 器	弹性联轴器	0.99～0.995
	液力联轴器	0.95～0.97（定速或最大转速比）
	齿轮联轴器	0.99
皮带传动	平皮带无压紧轮开式传动	0.98
	平皮带有压紧轮开式传动	0.97
	三角皮带开口传动	0.95～0.96
	同步齿形带	0.96～0.98

（7）配套功率。在选择原动机时，考虑到过载的可能，通常在原动机功率的基础上考虑一定的安全系数，以计算出原动机的配套功率 N_{gr}：

$$N_{gr}=KN_g=K\frac{N}{\eta_{tm}}=K\frac{\rho g G_v H}{1000\eta_{tm}}\tag{4-13}$$

式中　K——电动机容量安全系数，它与电动机的容量大小、泵与风机的工作特性有关，对于一般泵与风机其取值可参考表 4-2，对于一些特殊用途的泵与风机可参考有关规定。

电动机功率/(kW)	<1.0	1.0～2.0	2.0～5.0	5.0～10	10～25	25～60	60～100	>100
安全系数 K	1.7	1.7～1.5	1.5～1.3	1.3～1.25	1.25～1.15	1.15～1.10	1.10～1.08	1.08～1.05

4. 转速

泵与风机的转速是指轴每分钟的转数，用 n 表示，单位为 r/min。它是影响泵与风机性能的一个重要因素，当转速变化时，泵与风机的流量、扬程、功率等都将发生变化。

5. 比转数

为了反映泵与风机的性能，还采用比转数 n_s 来表明不同类型泵与风机的主要性能参数流量、压力、功率及转速之间的综合特性。

$$n_s=n\frac{G^{0.5}}{P^{0.75}}\tag{4-14}$$

n_s 称为比转数，两个相似的泵与风机，它们的比转数必然相等。

6. 允许吸上真空高度 H_s 和气蚀余量 $[\Delta h]$[3]

允许吸上真空高度 H_s 是指水泵在标准状况下（即水温为 20℃，水面压力为一个标准大气压）运转时，水泵所允许的最大的吸上真空高度，单位为 mH$_2$O。水泵生产厂家一般常用 H_s 来反映离心泵的吸水性能。

泵的气蚀余量（$[\Delta h]$），是指水泵进口处，单位重量液体所具有超过饱和蒸汽压力的富余能量。目前，对泵内流体气蚀现象的理论研究或计算，大多数还是以液体气化压强 P_v 作为初生气蚀的临界压强。所以为避免泵内发生气蚀，至少应该使泵内液体压强最低点 K 的压强 P_k 大于 K 点液体在该温度时的汽化压强，即 $P_k>P_v$。由于在泵的吸入口处液体压强要比泵内压强最低点的压强高，因此，为保证 $P_k>P_v$，要求吸入口静压强在必须高出汽化压强的压头外，还应有一些富余压强。这个富余压强就称为气蚀余量，以符号

NPSH 表示（Net Positive Suction Head 的缩写），其具体内容将在 4.5 节中讨论。

4.2 泵与风机调节原理

4.2.1 泵与风机的性能曲线

试验和理论分析证明，任一台泵与风机的基本性能参数之间都相互存在着一定的内在联系，若用曲线形式表示该泵或风机性能参数之间的相互关系，则称这类曲线为泵或风机的性能曲线。泵或风机的性能曲线可以全面、综合、直观地反映出该泵或风机的工作性能。由于泵或风机内部流体流动的复杂性，目前只能通过试验测出泵或风机准确的性能曲线。泵或风机的性能曲线通常均以流量为横坐标来表示，它主要包括以下内容：

(1) 扬程（全压）与流量关系曲线，即 $H-G_v$（$p-G_v$）性能曲线；

(2) 轴功率与流量关系曲线，即 $N-G_v$ 性能曲线；

(3) 效率与流量关系曲线，即 $\eta-G_v$ 性能曲线。

除此之外，对于泵还有表示气蚀性质的允许气蚀余量（或允许吸上真空高度）与流量关系曲线，（$[NPSH]-G_v$ 或 H_s-G_v）；对于风机还有静压与流量关系曲线（$p_{st}-G_v$）、静压效率与流量关系曲线 $\eta_{st}-G_v$ 等。

在一定转速下，每一个流量均对应着一定扬程（全压）、轴功率及效率，这一组参数反映了泵或风机的某一种工作状态，简称工况。泵与风机是按照需要的一组参数进行设计的，由这一组参数组成的工况称为设计工况，而对应与最佳效率点的工况，称为最佳工况。

从理论上讲，一般设计工况应位于最高效率点上，实际上，由于叶轮内流体流动的复杂性，使得设计工况并不一定与最佳工况重合。因此，在选择泵与风机时，往往把它们运行工况点（简称工作点）控制在性能曲线的高效区内，以期获得较好的经济性。所以深入了解泵与风机的性能曲线对于泵与风机的安全运行和经济运行是相当重要的。

每一种型号的水泵，制造厂都通过性能试验给出了如图 4-1 所示的性能曲线。

4.2.2 管路的性能曲线与运行工况

通常泵与风机总是与一定的管路相连接的。显然，泵与风机在管路系统中的工作状况不仅取决于泵与风机本身的性能，还与管路系统的状况有关。管网类型分两种：一种是狭义的管网，另一种是广义的管网。泵、风机的运行工况点为泵、风机的特性曲线（I）与管网特性曲线（1）的交点 A，见图 4-2。图 4-2（a）为狭义的管网，这类管网包括供暖与供冷水系统的循环水泵运行工况、通风空调风管系统的风机运行工况；图 4-2（b）为广义的管网，这类管网包括建筑给水泵、锅炉给水泵、定压补给水泵以及

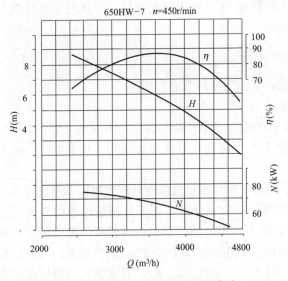

图 4-1　650HW-7 型泵实验性能曲线

制冷系统的冷却水泵等运行工况。

对于广义的管网，可表示为：

$$H = H_{st} + SG_v^2 \qquad (4-15)$$

式中　H——水泵总的扬程，m；

　　　H_{st}——整个管路系统的静扬程，m，对于狭义的管网，$H_{st} = 0$；

　　　S——管路系统阻抗。

影响管网特性曲线的形状的决定因素是阻抗 S，阻抗越大，曲线越陡，管段阻抗的表达式见第 3 章式（3-5）。当管网确定后，可通过调整阀门（局部阻力系数）来改变管网特性，对于摩擦阻力系数 λ_i，其除与管道材料有关外，还

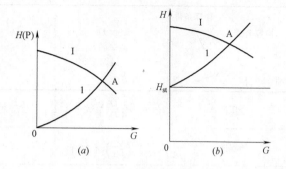

图 4-2　管网系统中泵（风机）
的运行工况点
(a) 狭义的管网；(b) 广义的管网

与流速有关，当流动处于阻力平方区时，λ_i 值可视为常数，一般近似计算时，通常可认为管网阻力损失与流量的平方成正比。对于复杂的管网，利用式（3-5）很难求得管网阻抗，但如知道管网的总流量和总阻力损失，利用式（4-15）便可计算管网的总阻抗。

4.2.3　泵与风机的相似律

两个相似的泵与风机，当转速、尺寸及流体密度发生变化时，它们之间的流量、全压、功率等性能参数间具有一定的对应关系，由相似原理表达这个对应关系，称为性能的相似换算，或相似律。

相似律的对应关系可用如下公式表示：

1. 全压换算公式

$$\frac{P}{P'} = \frac{\rho}{\rho'} \left(\frac{D_2}{D_2'}\right)^2 \left(\frac{n}{n'}\right)^2 \qquad (4-16)$$

对泵而言，可以用扬程换算公式，即：

$$\frac{H}{H'} = \frac{P\gamma'}{\gamma P'} = \left(\frac{D_2}{D_2'}\right)^2 \left(\frac{n}{n'}\right)^2 \qquad (4-17)$$

2. 流量换算公式

$$\frac{G}{G'} = \left(\frac{D_2}{D_2'}\right)^3 \frac{n}{n'} \qquad (4-18)$$

3. 功率换算公式

$$\frac{N}{N'} = \frac{\rho}{\rho'} \left(\frac{D_2}{D_2'}\right)^5 \left(\frac{n}{n'}\right)^3 \qquad (4-19)$$

在特殊情况下，如同一台泵与风机（即 $D_2 = D_2'$）仅转速或流体密度发生变化时，或者，同系列中不同机号（即 $D_2 \neq D_2'$）输送同一流体（$\rho = \rho'$）时等，上述换算公式就可以简化。表 4-3 是相似泵与风机在各种情况下的性能换算公式[3]。

换算公式 \ 换算条件 项　目	$D_2 \neq D_2'$ $n \neq n'$ $\rho \neq \rho'$	$D_2 = D_2'$ $n = n'$ $\rho \neq \rho'$	$D_2 = D_2'$ $n \neq n'$ $\rho = \rho'$	$D_2 \neq D_2'$ $n = n'$ $\rho = \rho'$
全压换算	$\dfrac{P}{P'}=\dfrac{\rho}{\rho'}\left(\dfrac{D_2}{D_2'}\right)^2\left(\dfrac{n}{n'}\right)^2$	$\dfrac{P}{P'}=\dfrac{\rho}{\rho'}$	$\dfrac{P}{P'}=\left(\dfrac{n}{n'}\right)^2$	$\dfrac{P}{P'}=\left(\dfrac{D_2}{D_2'}\right)^2$
扬程换算	$\dfrac{H}{H'}=\left(\dfrac{D_2}{D_2'}\right)^2\left(\dfrac{n}{n'}\right)^2$	$H=H'$	$\dfrac{H}{H'}=\left(\dfrac{n}{n'}\right)^2$	$\dfrac{H}{H'}=\left(\dfrac{D_2}{D_2'}\right)^2$
流量换算	$\dfrac{G}{G'}=\left(\dfrac{D_2}{D_2'}\right)^3\dfrac{n}{n'}$	$G=G'$	$\dfrac{G}{G'}=\dfrac{n}{n'}$	$\dfrac{G}{G'}=\left(\dfrac{D_2}{D_2'}\right)^3$
功率换算	$\dfrac{N}{N'}=\dfrac{\rho}{\rho'}\left(\dfrac{D_2}{D_2'}\right)^5\left(\dfrac{n}{n'}\right)^3$	$\dfrac{N}{N'}=\dfrac{\rho}{\rho'}$	$\dfrac{N}{N'}=\left(\dfrac{n}{n'}\right)^3$	$\dfrac{N}{N'}=\left(\dfrac{D_2}{D_2'}\right)^5$
效　率	$\eta=\eta'$			

泵与风机性能换算综合表　表4-3

4.3　泵与风机工况调节

　　泵与风机的调节，是指泵与风机在运行中根据工作的需要，人为地改变运行工况点（工作点）的位置，使流量、扬程等运行参数适应新的工作状况的需要。泵与风机的工作点是由性能曲线 $H\text{-}G_v(P\text{-}G_v)$ 和管路性能曲线的交点确定的。因此，只要这两条曲线之一的形状或位置有了改变，工作点的位置也就随之改变。所以泵与风机的调节，从原理上讲是通过改变泵（风机）的性能曲线或管路性能曲线来实现的。

　　泵与风机的调节方式与节能的关系极为密切。通常情况下，泵与风机普遍采用改变阀门或挡板开度的节流调节方式，即改变管路性能曲线进行调节，这种调节方式简便易行，但在运行中又往往是其能量浪费的主要原因。因此，研究并改进它们的调节方式，是泵与风机节能运行中最有效的途径和关键所在。

　　离心式泵与风机的调节方式可分为非变速调节与变速调节两大类。本节将主要阐述这两大类调节方式中常用调节方式的工作原理、优缺点及适用范围。

4.3.1　非变速调节

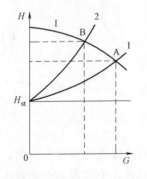

图 4-3　水泵的节流调节

4.3.1.1　节流调节

　　节流调节是指在维持泵与风机转速不变的情况下，通过改变装在管路上的阀门或挡板等节流部件的开度来改变管路系统的流量，从而改变运行工况点而达到调节目的的调节方式。节流调节又可分为出口端节流调节和进口端节流调节两种方式。

　　1. 出口端节流调节

　　图 4-3 为某泵出口管路阀门节流调节原理图，当阀门全开时，其管路性能曲线为 1，设此时的管路阻抗系数为 S_1，运行工况点为 A，流量为 G_A 最大，则管路阻力损失

为 $S_1G_A^2$；当关小阀门至某一开度时，由于管路系统的局部阻力系数增加使得管路性能曲线变陡，由 1 变为 2，泵的运行工况点也由 A 移至 B，此时管路阻抗系数为 S_2，流量减少至 G_B，阻力损失为 $S_2G_B^2$，而该流量 G_B 对应的原管路损失为 $S_1G_B^2$。

在暖通空调系统中，水泵性能曲线多为平缓型曲线（比转数高），若静扬程 H_{st} 为零，效率变化不大的情况下（即 $\eta_A \approx \eta_B$ 时），水泵轴功率变化为：

$$\Delta N = N_B - N_A = \frac{\rho g G_B H_B}{1000\eta_B} - \frac{\rho g G_A H_A}{1000\eta_A} = \frac{\rho g (S_2 G_B^3 - S_1 G_A^3)}{1000\eta}$$

ΔN 随阻抗 S_1、S_2 和流量 G_A，G_B 的变化而变化，其值可增大（$\Delta N > 0$）或减小（$\Delta N < 0$）（一般为减小）。即节流调节不是一定增加水泵轴功率消耗，通常降低了轴功率消耗，也具有节能作用。

综上所述，泵与风机出口端节流调节具有简单、可靠、方便、调节装置的初投资很低等优点，各种离心式泵与风机普遍采用这一调节方式。对于调节量较小的小容量离心泵，可采用这一调节方式。轴流式泵与风机的 N—G 曲线的特点是随着流量 G 的减小，其轴功率 N 反而增大，故轴流式泵与风机若采用出口端节流调节，不但很不经济，还有导致电动机过载的危险性，因而不能采用这种调节方式。

2. 进口端节流调节

利用装在进口管路上的节流部件来调节风机流量的调节方式称为进口端节流调节。当风机采用进口端节流调节时，不仅改变了管路性能曲线，同时也改变了风机的性能曲线 P~G_v。因为进口管路上的阀门或挡板离风机的进口较近，节流时形成管路断面上流体速度的变化和压强的降低，从而影响到风机内流体的速度场，使性能曲线发生相应的变化。

对风机而言，出口端节流调节所产生的节流损失大于进口端节流调节所产生的节流损失。所以，进口端节流调节经济性更好。应该指出：若泵采用进口端节流调节，由于会使泵的吸入管路阻力增加而导致泵进口压强的降低，有引起泵气蚀的危险，故进口端节流调节仅在风机上使用。

4.3.1.2 分流调节

泵与风机分流调节是指：通过改变分流管路上阀门的开度来改变泵与风机出口输出流量的调节方式，亦称回流调节。

与节流调节比较，离心式泵与风机的分流调节的经济性较差，而轴流泵与风机的分流调节要经济些。分流调节虽然不经济，但在某些场合下仍被采用，如锅炉给水泵为防止在小流量区可能发生气蚀，需要通过调节设置在再循环管路上的阀门开度进行分流调节。

4.3.1.3 离心式和轴流式风机的前导叶调节

在离心式风机叶轮前的入口附近，设置一组可调节转角的静导叶（又称为前导叶、入口导叶或入口导流器）[2,3]，并把它和进气箱一起视为离心式风机的一个组成部分。通过改变静导叶的角度以实现风机运行时的流量调节方式称为入口导叶调节。常用的入口导叶有轴向导流器、简易导流器及斜叶式导流器。

由于入口导叶调节具有构造简单及装置尺寸小，运行可靠和维护管理简便、初投资低等优点，故离心式风机目前普遍采用这种调节方式。当调节量较小时，入口导叶调节的节电效果并不比变速调节差。大型供热锅炉的离心式鼓、引风机联合调节中普遍采用此种调节方式。

4.3.1.4　轴流式和混流式泵与风机的动叶调节

大型轴流式、混流式泵与风机在运行中，采用调整叶轮叶片（即动叶）安装角的办法来适应负荷变化的调节方式称为动叶调节[2]。

轴流式、混流式泵与风机的动叶调节是泵与风机非变速调节中调节效率最高的调节方式，但与其他非变速调节方式相比，初投资较高，维护量大。经技术经济分析与比较可知，该方式适用于容量大、调节范围宽的场合。此外，采用动叶调节对大型泵与风机的启动、停机也是有利的。

4.3.2　变速调节

变速调节是指在管路性能曲线不变的情况下，通过改变转数来改变泵与风机的性能曲线，从而改变其运行工况点的调节方式。

与非变速调节相比，变速调节的主要优点是大大减少了附加的节流损失，在很大的变工况范围内能够使泵与风机保持较高的运行效率。因此，现代泵与风机常采用变速调节方式，以提高运行的经济性。在暖通空调领域，变频调速是发展前景较好的运行调节方式。

由泵与风机的相似律关系式（4-16）～式（4-19）可知，改变泵或风机的转数可以改变泵或风机的性能曲线，从而使工况点移动，流量随之改变。在满足相似工况下，转数改变时泵的性能参数变化如下：

$$\frac{G}{G'}=\frac{n}{n'};\ \frac{H}{H'}=\left(\frac{n}{n'}\right)^2;\ \frac{N}{N'}=\left(\frac{n}{n'}\right)^3 \tag{4-20}$$

对于风机有：

$$\frac{G}{G'}=\frac{n}{n'};\ \frac{P}{P'}=\left(\frac{n}{n'}\right)^2\frac{\rho}{\rho'};\ \frac{N}{N'}=\left(\frac{n}{n'}\right)^3\frac{\rho}{\rho'} \tag{4-21}$$

4.3.3　管网形式与变流量运行工况

泵与风机的运行特性与管网形式有关，对于狭义的管网，如供暖、空调水系统的循环泵系统及送风和排风管网系统，当系统流量发生变化时，采用变频调速的泵或风机特性由线Ⅰ变为线Ⅱ，运行工况点由A点变为B点，见图4-4（a），管网特性曲线1上的点满足相似率，即A、B两点满足式（4-20）、式（4-21）的要求。对于广义的管网，如冷水机组的冷却水系统、补水定压系统、锅炉给水系统及建筑给水系统，当系统流量发生变化时，采用变频调速的运行工况点由A点变为B点，见图4-4（b），A、B两点不满足相似率，而过坐标原点和B点的曲线 $H=\dfrac{H_B}{G_B^2}G^2$ 上的点满足相似率，该曲线分别交于调速前后管网Ⅰ和Ⅱ于B和C，B和C两点满足式（4-20）的要求。

对于狭义管网，水泵的扬程仅需克服管网系统的循环阻力（$H=SQ^2$）。对于广义管网，水泵的扬程不仅克服管网的阻力，还需消耗能量满足静压高度要求（$H=H_0+$

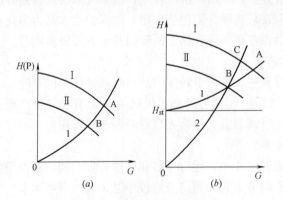

图 4-4　变速调节与管网特性

（a）狭义管网；（b）广义管网

SQ^2），以水泵的设计流量为 $187m^3/h$（G_d）为准，管网设计工况阻力损失为 $20mH_2O$，对应轴功率为 N_d，当系统的静压力（H_0）分别为 $0mH_2O$、$25mH_2O$、$50mH_2O$、$80mH_2O$、$105mH_2O$ 时，通过变频调速调节水泵的流量，并计算水泵的轴功率，此时水泵的轴功率变化与流量变化率的关系见图 4-5。

从图 4-5 可看出，静压特性（H_0）对水泵变频调速的能耗影响较大，开式管网的静压越大，水泵的变频调速的节能率越小。

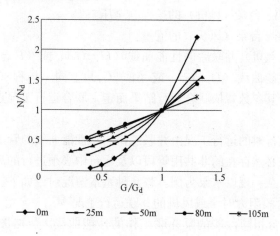

图 4-5 水泵流量变化对轴功的影响

4.4 泵与风机的联合运行工况

两台或两台以上的泵或风机在同一管路系统中工作，称为联合运行。联合运行又分为并联和串联两种情况。并联运行的目的在于增加流量，而串联运行的目的在于增加压头。

4.4.1 泵或风机的并联运行

泵（风机）的并联运行是指两台或两台以上的泵（风机）向同一压力管路输送流体时的运行方式，如图 4-6 所示。

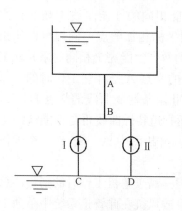

图 4-6 两台泵并联运行

并联一般应用于以下情况：1）单台泵或风机的流量不够，通过并联增加流量；2）根据工作需要通过改变运行台数来调节流量；3）从运行安全考虑，若其中一台设备出现故障时，仍需保证供液（气），作为检修及事故备用。基于上述情况，暖通空调中的给水泵、循环水泵、补给水泵及送风机、引风机等多采用两台或数台并联的运行方式。

泵（风机）并联运行的特点：并联后的总流量应等于并联各泵（风机）流量之和；并联后的扬程（全压）与并联运行的各泵（风机）的扬程（全压）相等；两台泵（风机）的效率，分别是各自在并联后运行在分流量下的效率；两台泵（风机）的总功率是两台泵（风机）各自在并联后运行在分流量下的功率之和。若 n 台泵（风机）并联时，则有：

$$H_b = H_1 = H_2 \cdots = H_i = \cdots = H_n \qquad (4\text{-}22)$$

$$P_b = P_1 = P_2 = \cdots = P_i \cdots = P_n \qquad (4\text{-}23)$$

$$G_{vb} = G_{v1} + G_{v2} + \cdots + G_{vn} = \sum_{i=1}^{n} G_{vi} \qquad (4\text{-}24)$$

式中　$H_i(P_i)$——第 i 台泵（风机）的扬程（全压）；

　　　G_{vi}——第 i 台泵（风机）的流量。

由此可见，泵（风机）并联后的性能曲线 $(H - G_v)_b$ 或 $(P - G_v)_b$ 的做法是：把并联各泵（风机）的性能曲线 $(H - G_v)$ 或 $(P - G_v)$ 上同一扬程（全压）点的流量值相加。具体的工况点及其参数，依联合运行结果而定。联合运行工况点的确定，仍然采用特性曲线相交的做法。

泵与风机并联运行时的运行工况由并联工作的总性能曲线与管道特性曲线的交点来确定。但是，由于并联必然存在的非共用管段以及运行中必须进行的流量调节都会使这个交点的确定变得比较复杂。现以水泵为例，将几种基本情况讨论如下。

1. 忽略非共用管段阻力时泵或风机的并联运行工况[4]

图 4-7 所示是两台相同性能的泵并联工作的性能曲线。忽略图 4-6 中的非共用管段（BC 段、BD 段）阻力损失，简化了并联工作管道特性曲线，并不影响泵的性能曲线。所以，并联工作的总性能曲线仍然是根据并联工作扬程相等、流量相加的特点，按同一纵坐标扬程（全压）下，将每台泵性能曲线上相应的横坐标流量相加的原则绘成，可得两台泵并联后的性能曲线（Ⅰ＋Ⅱ）（见图 4-7），即 $(H - G_v)_b$。过纵轴上任意点 a 向两台性能相同的性能曲线Ⅰ和Ⅱ作水

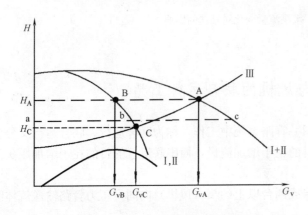

图 4-7　两台相同性能泵并联工作性能曲线

平线，使 ac＝ab＋ab 求得 c 点，该点即是同一纵坐标下横坐标相加的点。同理可以绘出一系列横坐标相加的点，然后光滑地连接这些点，就可得到两台性能完全相同的泵并联工作时的总性能曲线（Ⅰ＋Ⅱ）。这条曲线与管道特性曲线Ⅲ的交点 A 是并联工作时的工作点，反映并联工作的运行工况；通过 A 点作水平线与Ⅰ、Ⅱ两条性能曲线的交点 B（$H_B - G_{vB}$），B 点是并联运行时每台泵或风机的实际工作点；而管道特性曲线Ⅲ与性能曲线Ⅰ或Ⅱ的交点 C 是并联前单机在管道系统中工作时的工作点。分析图中 A、B、C 三个工作点的参数可知，并联工作有以下几个特点：

（1）并联工作时总扬程等于并联工作各台泵的扬程，但是高于单机工作时的扬程；总流量等于并联工作各台泵或风机的流量之和，但是低于各泵或风机在此管道系统中单独工作时流量之和，即 $H_A = H_B > H_C$，$G_{vA} = G_{vB} + G_{vB} < G_{vC} + G_{vC}$，流量增量为 $\Delta G_v =$

$G_{vA} - G_{vC}$。

（2）与一台泵单独运行时相比，并联运行时的总流量增加，但并非成倍增加，而扬程却要升高一些。这是因为并联后总流量的增大，使共用管段阻力增大，迫使每台泵都提高自身扬程来克服这个增加的阻力，从而减小每台泵实际流量。所以，泵并联的台数越多，并联工作效果越差。

（3）管路性能曲线及泵性能曲线的不同陡度对泵并联后的运行效果影响极大：管道特性曲线越陡（即阻抗 S 越大），并联后的总流量 G_{vA} 与每台泵单独运行时的流量 G_{vC} 的差值越小，因此管路性能曲线较陡时，不宜采用并联工作；同样，泵的性能曲线越平坦（即比转数越大），会使并联后的总流量 G_{vA} 越小于两台泵单独工作时的流量的两倍（$2G_{vC}$），并联工作的效果也就越差。因此，为达到并联后增加流量的目的，并联运行方式适用于管路性能曲线较平坦而泵性能曲线较陡的场合。

对经常处于并联运行的泵，为提高其运行的经济性，应按照 B 点选择泵，以保证并联运行时每台泵都在高效区工作。从运行安全可靠性考虑，为保证在低负荷情况下只用一台泵运行时不发生气蚀，应按 C 点的流量确定泵的几何安装高度或倒灌高度；而为保证泵运行时驱动电机不致过载，对离心泵，应按 C 点选择驱动电机的配套功率；对轴流泵，则应按 B 点选择驱动电机的配套功率。

（4）不同性能的泵或风机并联工作的情况。不同性能的泵或风机并联运行包括两种情况：最大扬程相同，流量不同的水泵并联运行；最大扬程不同，流量也不同的水泵并联运行。第一种情况的分析方法与前所属相同；第二种情况容易出现不良的运行工况，现分析如下：

如图 4-8 所示，绘制方法如前所述：Ⅰ为大泵的性能曲线，大泵单泵运行时的工作点 B_1；Ⅱ为小泵的性能曲线，小泵单独运行时的工作点 C_1；Ⅰ+Ⅱ为并联水泵的总的性能曲线，工作点 A，扬程为 H_A，流量 $G_{vA} = G_{vB} + G_{vC}$。

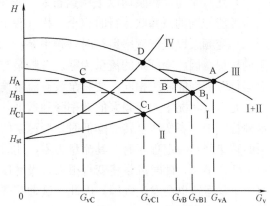

不同性能的水泵联合运行特点为：$H_A = H_B = H_C > H_{B1} > H_{C1}$，即两台泵并联运行时扬程相同，且一定大于大泵单泵运行时的扬程为 H_{B1}，更大于小泵单泵运行时的扬程 H_{C1}；$G_{vA} = G_{vB} +$

图 4-8　两台不同性能泵并联工作性能曲线

$G_{vC} < G_{vB1} + G_{vC1}$，即两台泵并联运行的总输出流量为两台泵输出流量之和，每台泵的流量一定小于该泵单泵运行时的流量。因此并联运行时的总流量不能达到每台泵单泵运行的流量之和；两泵并联运行时，扬程低的水泵并联运行时流量减少更快；当管网阻力曲线变化时，容易发生工作点在 D 的位置，该点的扬程高于小泵的最大扬程，造成小泵因扬程不足不出水，严重时会发生气蚀现象。

由此可知，泵或风机并联工作时应注意以下几点：1）并联工作的泵与风机台数不宜太多；2）并联工作的泵与风机性能曲线应陡些，设计的管道特性曲线应该平坦些；3）尽量选用相同性能的泵或风机并联工作，必须采用不同性能的泵或风机并联工作时，应对联合工作区域有明确的限制。

2. 变频泵与工频泵并联运行工况[4]

变频泵与工频泵并联运行时总的性能曲线，与最大扬程不同，流量也不同的水泵并联运行时的情况非常类似，可以用相同的方法来分析（见图 4-8）。

(1) Ⅰ为工频泵的性能曲线，也是变频泵在 50Hz 下满负荷运行时的性能曲线（假定变频泵与工频泵性能相同），工频泵单泵运行时的工作点 B_1；

(2) Ⅱ为变频泵在频率为 $f_{Ⅱ}$ 时的性能曲线，变频泵在频率为 $f_{Ⅱ}$ 时工作点为 C_1；

(3) Ⅰ＋Ⅱ为变频和工频水泵并联运行的总的性能曲线，工作点为 A，扬程为 H_A，流量 $G_{vA}＝G_{vB}＋G_{vC}$。

变频泵与工频泵并联运行时的特点：

(1) Ⅱ不仅仅是一条曲线，而是Ⅰ性能曲线下方偏左的一系列曲线族。Ⅰ＋Ⅱ也不仅仅是一条曲线，而是在Ⅰ性能曲线右方偏上的一系列曲线族。

(2) Ⅱ变化时，Ⅰ＋Ⅱ也随着变化。工作点 A 也跟着变化。因此变频泵的扬程 H_C，流量 G_{vC}，工频泵扬程 H_B，流量 G_B，以及总的扬程 $H_A＝H_B＝H_C$ 和总流量 $G_{vA}＝G_{vB}＋G_{vC}$ 都会随着频率 $f_{Ⅱ}$ 的变化而变化。

(3) 随着变频泵频率 $f_{Ⅱ}$ 的降低，变频泵的扬程逐渐降低，变频泵流量 G_{vC} 快速减少；工作点 A 的扬程也随着降低，使总的流量 G_{vA} 减少；因此工频泵的扬程也降低，使工频泵流量 G_{vB} 反而略有增加，此时要注意工频泵有过载危险。

变频泵与工频泵并联运行时的特例：

(1) 变频泵与工频泵均以工频运行时（频率 $f_Ⅰ＝f_Ⅱ＝50Hz$），其并联运行时特性，与两台性能相同的泵并联运行时完全一样（假定变频泵与工频泵性能相同）。

(2) 变频泵以最低频率运行时（频率 $f_Ⅱ＝f_{min}$），可能出现变频泵的扬程不能超过工频泵的扬程，因此变频泵的流量为零。变频泵与工频泵并联运行时总的性能曲线与单台工频泵运行时的性能曲线相同，变频泵没有流量输出，但仍然消耗一定的功率。

在此运行状况中，变频泵的效率降到最低，因此变频泵最好不要工作在这种工况中。在这种特例中，当变速泵转速降低时，变速泵的流量减少，而定速泵的流量却增大。当变速泵的转速降到一定程度时，其流量为零，此时相当于定速泵单独在管道系统中运行。若定速泵选择不当，此时流量将变得很大，极易使定速泵产生过载和气蚀。此外，变速泵长时间零流量运转也会发生气蚀。因此，这种并联工作必须明确变速泵转速变动的范围，以免运行工况的不正常。

3. 考虑非共用管段阻力时泵或风机的并联工作运行工况

当非共用管段的阻力损失不可忽略时（图 4-6 中非共用管段 BC 段、BD 段），为了不改变通过共用管段阻力计算求得的管道特性，可以把非共用管段 BC 段、BD 段分别作为泵Ⅰ和泵Ⅱ的组成部分，然后将相应泵的性能曲线上各扬程（全压）值分别减去其对应流量下的 BC 段和 BD 段的阻力损失 h_{wBC} 和 h_{wBD}，从而得出用虚线表示的包括各泵专用管段在内的泵的性能曲线Ⅰ′及Ⅱ′，再通过Ⅰ′及Ⅱ′做出并联工作时的总性能曲线Ⅰ′＋Ⅱ′，如图 4-9 所示。从图中可查得并联工作点为 A′。并联工作时，包括专用管段在内的各泵的工作点为 B′与 C′，每台泵的实际工作点是 B 与 C。当两台并联且只有一台泵运行时，则泵单独运行的工作点分别为 B_1，C_1。

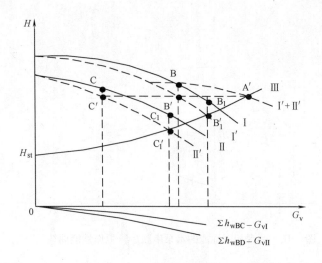

图 4-9 考虑非共用管段阻力时的并联工作运行工况曲线

4.4.2 泵或风机的串联运行

泵（风机）的串联运行是指依次通过两台或两台以上的泵或风机来提高能量、输送流体的运行方式，如图 4-10 所示。

串联工作的主要目的是为了增加系统中流体的扬程（全压）。通常在下列情况下采用这种工作方式：1）设计与制造一台高扬程泵或高全压风机困难较大时；2）在改建或扩建工程中，原有泵与风机的扬程与全风压不足时；3）工作中需要分段升压时。

泵（风机）串联运行的特点：串联泵（风机）所输送的流量均相等（忽略泄漏流量），而串联后的总扬程（总全压）为串联各泵（风机）所产生的扬程（全压）之和。即若有 n 台泵（风机）串联，则有：

$$H_c = H_1 + H_2 + \cdots + H_i + \cdots + H_n = \sum_{i-1}^{n} H_i \qquad (4\text{-}25)$$

$$P_c = P_1 + P_2 + \cdots + P_i + \cdots + P_n = \sum_{i-1}^{n} P_i \qquad (4\text{-}26)$$

$$G_{vc} = G_{v1} = G_{v2} = \cdots G_{vi} \cdots = G_{vn} \qquad (4\text{-}27)$$

式中　H_i（P_i）——第 i 台泵（风机）的扬程（全压）；

G_{vi}——第 i 台泵（风机）的流量。

由此可见，泵（风机）串联后的性能曲线（$H-G_v$）$_c$ 或（$P-G_v$）$_c$ 的做法是：把串联各泵（风机）的性能曲线（$H-G_v$ 或 $P-G_v$）上同一流量的扬程（全压）值相加。具体的工况点及其参数，依联合运行的结果而定。联合运行工况点的确定，仍然采用特性曲线相交的做法。

泵与风机在管路系统中的串联运行可分为两种情况，即同性能的泵或风机串联运行和不同性能的泵或风机串联运行。现以两台相同性能水泵串联运行为例（见图 4-10），对串联运行的工作特性分析如下。

图 4-10 中曲线 I 是一台设备的性能曲线。根据相同流量下压头相加的原理，得到曲

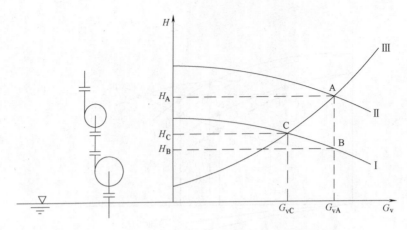

图 4-10　两台相同性能的水泵串联运行工作性能曲线

线Ⅱ为两台设备串联工作的性能曲线。曲线Ⅲ是管路性能曲线，与串联机组性能曲线交于 A 点。A 点就是串联工作的工况点，流量为 G_{vA}，扬程为 H_A。由 A 点作垂直线与单泵性能曲线交于 B 点。B 点就是串联泵中一台设备工作时的工况点，流量 $G_{vB} = G_{vA}$，扬程 $H_B = 0.5 H_A$。

　　单泵性能曲线Ⅰ与管路性能曲线Ⅲ的交点是串联泵中一台设备工作时的工况点。由图可见，$G_{vA} > G_{vC}$，$H_A > H_C > H_B$。

　　以上分析表明，与一台泵单独运行时相比，两台泵串联工作时压头增加了，但是没有增加到两倍。增加的压头为 $\triangle H = H_A - H_C$，同时串联后的流量也增加了，这是因为总压头加大，使管路中流体速度加大，流量也随之增加；而流量的增加又使阻力增大，从而抑制了总扬程的升高。

　　另一方面，管路性能曲线及泵性能曲线的不同陡度对泵串联后的运行效果影响极大：管路性能曲线越平坦，串联后的总扬程越小于两台泵单独运行时扬程的两倍；同样，泵的性能曲线越陡，则串联后的总扬程与两台泵单独运行时扬程之差值越小。因此，为达到串联后增加扬程的目的，串联运行方式宜适用于管路性能曲线较陡而泵性能曲线较平坦的场合。

　　对于经常处于串联运行的泵，为了提高泵的运行经济性和安全性，应按 B 点选择泵，并由 B 点的流量确定泵的几何安装高度或倒灌高度，以保证串联运行时每台泵都在高效区工作及不发生气蚀。而为保证泵运行时驱动电机不致过载，对于离心泵，应按 B 点选择驱动电机的配套功率；对于轴流泵，则应按 C 点选择驱动电机的配套功率。

　　性能不同的泵或风机的串联工作，其分析方法与上述情况类似，应指出的是，两台泵串联时，后一台泵承受的压力较高，故选择泵时应考虑到后一台泵的结构强度问题。风机串联的特性与泵相同，但因操作上可靠性较差，一般不推荐采用。

　　一般说来，串联运行要比单机运行的效果差，且随着串联台数的增加愈加严重。因此串联运行的台数不宜过多，最好不要超过两台。同时，为了保证串联泵运行时都在高效区工作，在选择设备时，应使各泵最佳工况点的流量相等或接近。

　　暖通空调系统中常采用的多级泵系统，实质上就是 n 级水泵的串联运行。

4.5 离心泵的吸水能力

4.5.1 离心泵的气蚀现象

前已述及离心泵气蚀余量（NPSH）的概念，下面就离心泵的气蚀现象进行分析。

气穴现象：当液体在某个温度下，如果压力低于该温度对应的饱和蒸汽压力即会汽化。水在不同温度下的饱和蒸汽压力见表4-4，压力越低、温度越高，水越容易发生汽化。水泵工作时，叶片背面靠近吸入口的低压区的压力达到最低值（用 P_k 表示）。泵中低压区的最低压力 P_k 如果降到工作温度下的饱和蒸汽压力（用 P_v 表示）时，即 $P_k \leqslant P_v$ 时，水就大量汽化。同时，溶解在水里的气体也自动逸出，出现"冷沸"现象，形成的气泡中充满蒸汽和逸出的气体。气泡随水流带入叶轮中压力升高的区域时，气泡突然被四周的水压压破，水流因惯性以高速冲向气泡中心，在气泡闭合区内产生强烈的局部水锤现象，其瞬间的局部压力，可以达到几十兆帕。此时，可以听到气泡冲破时炸裂的噪音，这种现象称为气穴现象。

水在不同温度下的饱和蒸汽压（$h_v = P_v/\rho g$） 表 4-4

水温（℃）	0	5	10	20	30	40	50	60	70	80	90	100
饱和蒸汽压力（kPa）	0.6	0.9	1.2	2.4	4.3	7.5	12.5	20.2	31.7	48.2	71.4	103.3

在气穴区（一般在叶片进口壁面），金属表面承受着局部水锤作用，经过一段时间后，金属就产生疲劳，金属表面开始呈蜂窝状，随之，应力更加集中，叶片出现裂缝和剥落。与此同时，由于水和蜂窝表面间歇接触之下，蜂窝的侧壁与底之间产生电位差，引起电化腐蚀，使裂缝加宽，最后，几条裂缝互相贯穿，达到完全蚀坏的程度。水泵叶轮进口端产生的这种效应称为"气蚀"。气蚀是气穴现象侵蚀叶片的结果，一般包括两个阶段：

第一阶段，表现在水泵外部的是轻微噪声、振动和水泵扬程、功率开始有些下降。

第二阶段，气穴区就会突然扩大，这时，水泵的 H、N、η 就将到达临界值而急剧下降，最后终于停止出水。

在实际工程中，泵的安装位置距吸水面越高、泵的工作地点大气压强越低、泵输送水温度越高，发生气穴和气蚀现象的可能性越大。显然，为避免发生气穴和气蚀现象的发生，必须保证水泵内压力最低点的压力 P_k 高于工作温度对应的饱和蒸汽压力，且应保证一定的富裕值。工程中一般以允许吸上真空高度或气蚀余量加以控制。

一般在水泵的进口处（图4-11的1—1断面处）安装压力表（真空表），用于检测进口压力。根据能量方程，水泵内部压力最低值 P_k 可用下式表示：

$$\frac{P_k}{\rho g} = \left(\frac{P_1}{\rho g} + \frac{v_1^2}{2g} \right) - \frac{\Delta P}{\rho g} \tag{4-28}$$

式中　P_1——1—1断面处的绝对压强，Pa；

　　　v_1——1—1断面处的流速，m/s；

　　　ρg——工作流体的重度，N/m³；

　　　ΔP——1—1断面至水泵内部压力最低处的压力损失，Pa，与流量和水泵构造有关，对于某一规格型号的水泵，在特性工况下为一定值。

4.5.2　泵的安装高度

水泵的安装高度即泵吸入口轴线与吸液池的最低液面的高差（对于大型泵应以吸液池液面至叶轮入口边最高点的距离为准），对于管网系统的正常可靠运行及经济性都具有重要的意义。图 4-11 为离心泵吸水装置分析图。

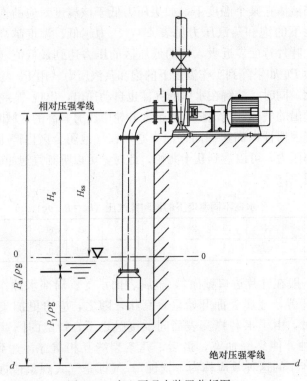

图 4-11　离心泵吸水装置分析图

列 0—0 和 1—1 两断面的能量方程：

$$Z_0+\frac{P_0}{\rho g}+\frac{v_0^2}{2g}=Z_1+\frac{P_1}{\rho g}+\frac{v_1^2}{2g}+\sum h_s \qquad (4\text{-}29)$$

式中　Z_0、Z_1——液面和泵吸入口中心标高，$Z_1-Z_0=H_{ss}$，m；

$\qquad$ H_{ss}——吸升高度，又称泵的安装高度，m；

$\qquad$ P_0，P_1——液面和泵吸入口处的绝对压强，Pa；

$\qquad$ v_0，v_1——液面处和泵吸入口处的平均流速，m/s；

$\qquad$ $\sum h_s$——吸液管路的水头损失，m。

由于吸液池面的流速很小，可认为 v_0 趋近于 0，则有：

$$\frac{P_0-P_1}{\rho g}=H_{ss}+\frac{v_1^2}{2g}+\sum h_s \qquad (4\text{-}30)$$

此式说明吸升高度 H_{ss} 取决于吸液池面与吸入口之间的压强差和吸入管路阻力的大小。

有时水池为闭式水箱，其压力 P_0 可能大于大气压力 P_a，如果吸液池开口于大气中，即 $P_0=P_a$，则 P_1 必然低于大气压强 P_a，此时有：

$$\frac{P_0-P_1}{\rho g}=\frac{P_a-P_1}{\rho g}=H_s \tag{4-31}$$

H_s 恰好是在 $1-1$ 断面处测压孔的真空值，又称为吸上真空高度。

通常，泵是在一定流量下运行的，则管路的水头损失为定值，所以泵的吸上真空度 H_s 将随泵的安装高度 H_{ss} 的增加而增加。如果吸入口真空度增加至某一限值时，即泵的吸入口压强接近液体的汽化压强 P_v 时，泵内就会发生气蚀。为确保泵的正常运行，避免发生气蚀，对于各种泵都给定了一个允许的吸上真空高度，用 $[H_s]$ 表示。在已知某型号泵的允许吸上真空高度的条件下，可由式（4-31）计算出泵的允许安装高度，也称最大安装高度，以 $[H_{ss}]$ 表示，则：

$$[H_{ss}]=[H_s]-\sum h_s-\frac{v_1^2}{2g} \tag{4-32}$$

实际泵安装高度应遵守 $H_{ss}<[H_{ss}]$。

在实际应用中，$[H_s]$ 的确定应注意如下两点：

（1）当泵的流量增加时，吸入管路的阻力损失增加，使叶轮进口附近的压强更低。为防止气蚀发生，$[H_s]$ 应随流量增加而有所降低。水泵厂一般在产品样本中用 $G\sim[H_s]$ 曲线来表示该水泵的吸水性能。

（2）泵的产品样本给出的 $G\sim[H_s]$ 曲线是在大气压强为 10.33mH₂O，水温为 20℃ 时清水条件下试验得出的。当泵的使用条件与上述条件不相符时，应对 $[H_s]$ 值按下式进行修正：

$$[H'_s]=[H_s]-(10.33-h_a)+(0.24-h_v) \tag{4-33}$$

式中　$[H'_s]$——修正后采用的允许吸上真空高度，m；

　　　　h_a——安装地点的大气压强水头，m，可由表 4-5 查得；

　　　　h_v——实际使用水温下的汽化压强水头，m，可由表 4-4 查得。

不同海拔高程的大气压强（绝对压强）　　　　　　　　　　表 4-5

海拔高程（m）	−600	0	100	200	300	400	500	600	700
大气压强（MPa）	0.113	0.103	0.102	0.101	0.100	0.098	0.097	0.096	0.095

海拔高程（m）	800	900	1000	1500	2000	3000	4000	5000	
大气压强（MPa）	0.094	0.093	0.092	0.086	0.084	0.073	0.063	0.055	

吸上真空高度 H_s 是水泵生产厂家给定水泵性能，但有时给定必需的气蚀余量 Δh。当水泵内的最低压力值 P_k 等于工作温度下的汽化压力 P_v 时，液体开始发生汽化，造成气蚀，这是临界状态，根据式（4-28）有：

$$\left(\frac{P_1}{\rho g}+\frac{v_1^2}{2g}\right)-\frac{P_k}{\rho g}=\left(\frac{P_1}{\rho g}+\frac{v_1^2}{2g}\right)-\frac{P_v}{\rho g}=\frac{\Delta P}{\rho g}$$

上式括号内为泵吸入口的总水头，取决于水泵的安装位置、吸液池液面压力及吸水管道阻力；整个等式左端代表泵吸入口所剩下的总水头距发生汽化尚剩余的水头值（实际气蚀余量 Δh）。如果实际气蚀余量 Δh 正好等于泵自吸入口 $1—1$ 到压强最低点 k 的水头降

$\dfrac{\Delta P}{\rho g}$ 时，就刚好发生气蚀，当 $\Delta h > \dfrac{\Delta P}{\rho g}$ 时，就不会发生气蚀。所以把 $\dfrac{\Delta P}{\rho g}$ 又叫作临界气蚀余量 $\Delta h_{\min}$。

在工程实践中，为确保安全运行，规定了一个必需的气蚀余量，以 $[\Delta h]$ 表示。对于一般清水泵来说，为不发生气蚀，又增加了 0.3m 的安全量，故有：

$$[\Delta h] = \Delta h_{\min} + 0.3 = \frac{\Delta P}{\rho g} + 0.3 \tag{4-34}$$

如果产品样本只给出了试验所得的临界气蚀余量为 $\Delta h_{\min}$，则设计者应在此基础上增加一个富裕值，作为必须气蚀余量。

对应给水温度下的汽化压力为 P_{v}，给水泵气蚀余量为 $[\Delta h]$，应有：

$$\frac{P_1}{\rho g} + \frac{v_1^2}{2g} - \frac{P_{\mathrm{v}}}{\rho g} \geqslant [\Delta h] \tag{4-35}$$

代入式（4-30），吸水池液面和水泵进口断面之间，有：

$$H_{\mathrm{ss}} \leqslant \frac{P_0 - P_{\mathrm{v}}}{\rho g} - [\Delta h] - \sum h_{\mathrm{s}} \tag{4-36}$$

实际吸上真空高度和实际气蚀余量之间存在如下关系：

$$\Delta h + H_{\mathrm{s}} = \frac{P_{\mathrm{a}} - P_{\mathrm{v}}}{\rho g} + \frac{v_1^2}{2g} \tag{4-37}$$

可见，用允许吸上真空高度和必须气蚀余量控制水泵的安装位置，在本质上是一致的。

根据式（4-31）和式（4-36）均可计算水泵的安装高度，当计算的水泵安装高度为负值时，水池（水箱）需高于水泵，此时一般水温较高，如凝结水箱、热力除氧水箱需高于水泵安装；当水池与水泵水平安装距离过长时，水泵吸入管阻力过大，也可使水泵形成气蚀，此时需校核水池与水泵的允许水平安装距离。

4.6　泵与风机的选用

泵与风机选择的原则是：所选择的设备在系统中能够安全、经济运行、能够与管网匹配。

选择的主要内容是：确定泵与风机的形式（型号）、台数、规格（大小）、转速以及与之配套的电动机功率。其具体选择程序大致如下：

1. 确定设备类型

充分了解系统、设备装置等的用途、管路布置、地形条件、被输送流体的状况（如被输送流体的温度、密度及当地大气压强）以及运行条件等对设备用途和使用条件方面的资料，作为依据选定设备类型。

2. 确定选用依据

根据管路系统最不利工况要求和水力计算结果，确定最大流量 G_{vmax} 和最大扬程 $H_{\max}$ 或最大全压 $P_{\max}$。然后视用途不同分别加上适当的安全裕量，作为选用泵与风机的依据。暖通空调系统中，考虑计算中的误差及管网漏损等未预见因素，安全裕量为一般为 10%～20%。

泵与风机在管路系统中工作时所需流量根据实际用户要求确定，所需扬程（全压）根据管网系统的结构形式等因素确定。

（1）对开式管网系统水泵扬程选择

泵的扬程与泵和管路系统装置之间的关系如图 4-12 所示。列断面 1—1 和断面 2—2 间的能量方程：

$$Z_1+\frac{P_1}{\rho g}+\frac{v_1^2}{2g}+H=Z_2+\frac{P_2}{\rho g}+\frac{v_2^2}{2g}+h_{w1}+h_{w2} \tag{4-38}$$

输水过程所需水泵扬程为：

$$H=(Z_2-Z_1)+\left(\frac{P_2-P_1}{\rho g}\right)+\left(\frac{v_2^2-v_1^2}{2g}\right)+h_{w1}+h_{w2} \tag{4-39}$$

式中　H——管路中对应的水泵扬程，m；

Z_1、Z_2——1—1、2—2 断面位置高度 m；

P_1、P_2——1—1、2—2 断面压强，Pa；

v_1、v_2——1—1、2—2 流速，m/s；

H_{st}——管路系统静扬程，令 $H_{st}=(Z_2-Z_1)+\left(\frac{P_2-P_1}{\rho g}\right)$，m；

h_{w1}——水泵吸水管路总阻力损失，m；

h_{w2}——水泵压水管路总阻力损失，m。

图 4-12 所示的输水系统，v_1、v_2 均很小，近似取零，设输水系统总阻力损失为 $h_w=h_{w1}+h_{w2}$，则有：

$$H=H_{st}+h_w \tag{4-40}$$

式（4-40）表明，水泵扬程 H 是管路系统静扬程 H_{st} 和管路系统总阻力损失 h_w 之和。

（2）向压力容器供水时水泵扬程的选择

当供水下游断面 2—2 非自由液面（液面压强非大气压 P_a），而是压力容器，如锅炉的补给水泵需将水从开式的补给水箱（液面压强为大气压 P_a）压入到压强为 P 的锅炉内，则在计算水泵扬程时，考虑 $\left(\frac{P-P_a}{\rho g}\right)$ 的附加扬程。如果从低压容器（液面压强为 P_0）向高压容器（液面压强为 P）供水时，所需扬程应附加 $\frac{P-P_0}{\rho g}$，附加扬程计入静扬程中。

（3）闭合循环管网系统水泵扬程选择

闭合循环管网系统不存在上下游液面高差，水泵所需扬程只需克服管网总阻力损失 h_w。

3. 确定设备的型号、大小及台数

根据已知条件，选用适当的泵与风机的类型（并同时考虑选择流量调节方

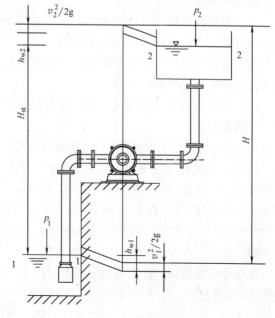

图 4-12　水泵输水系统

式）。泵与风机的类型确定后，根据已知流量、扬程（或压头）及管路系统水力计算，在泵或风机的 $G_v \sim H$ 性能曲线上绘出管路性能曲线，并根据管路性能曲线和泵（风机）的 $G_v \sim H$ 性能曲线相交情况，确定所需泵或风机的型号和台数。然后根据设定的泵或风机实际运行情况（以单台泵运行为主或以串并联运行为主），根据泵或风机串并联运行规律，确定该选定设备的转速、功率、效率及配套电机的功率和型号。

4. 运行经济性分析

对整个系统，包括管道、流量调节方式等进行投资、运行管理费、可靠性、安全性等方面的全面经济和技术比较，确定经济合理的运行方式。

5. 校核

按性能曲线校核泵的额定工作点是否落在泵的高效工作区内（最高效率 90％区间内）；校核泵的装置气蚀余量（NPSH）是否符合要求。当不能满足时，应采取有效的措施加以实现；当符合上述条件的有两种以上规格时，要选择综合指标高的为最终选定的型号。具有可比较以下参数：效率（效率高者为优）、重量（重量轻者为优）和价格（价格低者为优）。

选用泵时还需考虑如下几点：

（1）根据输送液体的物理化学（温度、腐蚀性等）性质和使用情况选取适用的泵。例如：消防水泵、循环水泵、凝结水泵、锅炉送、引风机等都有专用的产品类型可供选择。

（2）当系统所需流量较大，并对应多台设备时（例如对应多台锅炉、换热器或空调制冷机组时），考虑对应选用多台泵的并联运行，但并联台数不宜过多（一般不宜超过 3 台），尽量选用同型号的水泵并联运行。

（3）选择泵时还要考虑系统静压对泵体的作用，注意工作压力应在泵壳体和填料的承压能力范围内，水泵出口处的工作压力最高。

选用风机时还需考虑如下几点：

（1）根据风机输送气体的物理、化学性质不同，如有清洁气体、易燃易爆、粉尘、腐蚀性等气体之分，选用不同用途的风机。

（2）应使风机的工作点经常处于高效率区段，并在流量—压头曲线的右侧下降段上，以保证工作的稳定性和经济性。

（3）对消声有要求的通风系统，应首先选用效率高、转数低的风机，并应采取相应的消声、减振措施。

（4）尽可能避免采取多台并联或串联的方式。不可避免时，应选用同型号的风机并联。

（5）选用风机时应注意，性能曲线和样本上给出的性能，均指风机在标准状态下（一般风机标准状态为：大气压力 101.3kPa、温度 20℃、相对湿度 50％、密度 $\rho = 1.2\text{kg/m}^3$；锅炉引风机标准状态为：大气压力 101.3kPa、温度 200℃、相应重度 $\gamma = 0.745\text{kN/m}^3$）的参数。如果使用条件改变，其性能应进行换算，按换算后的性能参数进行选择。

改变介质密度 ρ、转速 n 时，应用式（4-16）、式（4-18）、式（4-19）进行换算；当大气压 P_0 及温度 t 改变时按下式换算：

$$\rho = \rho_0 \frac{P_b}{P_{b0}} \cdot \frac{273+20}{273+t} \tag{4-41}$$

式中　ρ、ρ_0——实际、标准条件下的空气密度，kg/m³；

　　　P、P_0——实际、标准条件下的大气压力，Pa；

　　　　t——实际工作条件下的空气温度，℃。

　　6. 选配电动机及传动部件或风机转向及出口位置

　　采用泵与风机性能表选择机器时，在性能表上附有电动机功率及型号和传动部件型号时，可以一并选用。采用性能曲线选机时，因图上只有轴功率 N，故电动机需计算后另选。

　　配套电机功率见式（4-12），相关参数见表4-1和表4-2。

　　另外，泵或风机的转向及进、出口位置应与管路系统相配合。选用风机时应根据管路布置及连接要求确定风机叶轮的旋转方向及出风口位置。

4.7　泵与风机典型应用分析

4.7.1　水泵的应用

4.7.1.1　闭式管网的循环水泵

　　1. 水泵的选择

　　闭式管网系统的循环水泵主要有供暖循环泵、冷冻水泵。选择水泵应首先确定水泵的设计流量与设计扬程。循环水泵的流量按下式确定：

$$G_v = 3.6 \frac{Q}{c \Delta t} \tag{4-42}$$

式中　G_v——系统所需流量，m³/h；

　　　Q——供暖热负荷或空调热负荷、空调冷负荷，kW；

　　　c——水的比热，4.18kJ/(kg·℃)；

　　　Δt——供回水温差，℃。

　　对管网进行水力计算，计算管网系统的总阻力损失 ΔH，对于供暖系统，阻力损失有热源阻力、管网阻力、末端装置阻力及循环环路的各种配件的阻力（如过滤器、热表等）。根据流量 G_v 与循环阻力 ΔH 初选水泵型号，并确定水泵的特性曲线。

　　计算管网的阻抗 $S = \Delta H / G^2$，然后画出管网的特性曲线Ⅰ，水泵特性曲线1，如图4-13所示，其交点 A 为水泵的运行工况点，其流量 G_A、扬程 H_A 应比设计流量 G_v、设计阻力损失 ΔH 高出 1.05～1.15 倍的安全值，若不满足要求，需重新选择水泵。一般水泵的电机功率由生产厂家直接配套。

　　如果不经过准确的水力计算，水泵的扬程选择过低（例如水泵特性曲线为2），将使系统的流量小于设计流量，见图 4-13 中的 B 点。假如管网的特性曲线为Ⅱ，水泵的特性应为曲线2，设计流量为 G_D，运行工况为 D 点，此时如

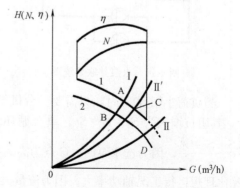

图 4-13　水泵运行工况点及变化

果水泵的扬程选择过高，特性为曲线1，因水泵的电机功率是按水泵在一定的高效率区配套的，此时水泵的特性曲线与管网的特性曲线无交点，水泵处在超流量运行状态，水泵的电机会出现过热或烧毁电机现象。解决的办法：一是更换水泵及配套的电机，选择与管网匹配的水泵；二是调节管网，增大管网的阻抗，此时管网的特性曲线为Ⅱ′，使管网特性曲线与水泵特性曲线有交点（图中的C点），但此时流量G_C小于设计流量G_D，不能满足设计流量要求。

当选择两台水泵或多台水泵并联运行时，应根据水泵并联工作的特性曲线与管网特性曲线的交点来确定水泵运行工况点，当运行的台数控制时，导致水泵处在超流量状态，出现上述的无运行工况点的情况，运行时间长，致使电机过热或烧毁的严重后果。

2. 循环水泵并联运行能耗分析

从节能观点出发，变流量系统优于定流量系统。全年运行的空调系统最大负荷出现的时间一般不超过总运行时间的10%，设备的选择是按照设计工况确定的，而系统大部分时间在50%～70%的负荷率下工作，这就使变流量系统有很大的节能空间。

为了适应系统负荷的变化，水泵并联运行因其设计方法简单的优点，在系统应用中较为普遍（不论供暖水系统还是空调水系统）。图4-14表示两个相同的冷源（或热源）各自配套两个相同的循环水泵，每个冷源（热源）部分的设计流量为G_0、阻抗为S_0，末端管网阻抗为S。系统在设计负荷下，两台机组及循环水泵并联运行，如图4-15所示。曲线Ⅰ为1台水泵的特性曲线，曲线Ⅱ为2台水泵并联的特性曲线。管网的特性曲线为1，其阻抗近似为$S_1=S+S_0/4$，每台水泵的扬程为$H_A=S_1(2G_0)^2=4(S+S_0/4)G_0^2$。选水泵时，每台水泵应在C点的工况点效率（$\eta_C$）最高。系统的轴功率为$N_1=\dfrac{G_A H_A \gamma}{\eta_C}=\dfrac{8(S+S_0/4)G_0^3}{\eta_C}$，单台循环泵功率为$N_C=\dfrac{4(S+S_0/4)G_0^3}{\eta_C}$。

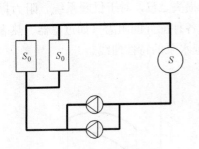

图4-14　水泵并联系统图

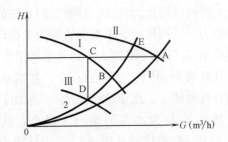

图4-15　并联水泵工作特性图

当负荷小于50%时，只需要一台机组和一台循环水泵运行，此时管网的特性曲线为2，其阻抗增大为$S_2=S+S_0$，单台循环泵的流量为$G_B>G_0$，且$\eta_B<\eta_C$，轴功率$N_B=\dfrac{(S+S_0)G_B^3}{\eta_B}$，因为选水泵时，C点为高效率点，所以$N_B>N_C$，单泵运行时，实际运行工况比理想运行工况轴功率大。因为流量大于设计流量，若调节阀门，增大管网的阻抗，使设计流量为G_0，此时轴功率减小（由于水泵的特性曲线平缓，关小阀门时，一般轴功率减小，并不是人们想象的要增加），但减小的轴功率不大。

3. 变速泵系统能耗

在图 4-15 的形式中，如果采用单台水泵运行负担总流量，并采用变频调速水泵，单台变速泵的特性为曲线 II，满负荷运行时，水泵的运行工况点为 A，当 1 台机组运行时，水泵的运行工况点为 D，此时 $G_D = G_0$，但水泵的轴功率为 $N_D/N_A \neq (G_D/G_A)^3 = 1/8$，D、A 点不是相似工况点，因为管网的阻抗发生了变化。而 D、E 点满足相似条件，即：

$$N_D/N_E = (G_D/G_E)^3 \tag{4-43}$$

又有 $H_A = 4(S + S_0/4)G_0^2$；$H_E = (S + S_0)G_E^2$，所以有：

$$\frac{N_E}{N_A} = \frac{(S + S_0)G_E^3}{8(S + S_0/4)G_0^3} \cdot \frac{\eta_A}{\eta_E} \tag{4-44}$$

将式（4-43）代入式（4-44），可得

$$\frac{N_A}{N_D} = 2 + \frac{6}{1 + S_0/S} \cdot \frac{\eta_E}{\eta_A} \tag{4-45}$$

4. 一台变速泵的并联系统

全变速泵的投资较大，为了减少投资，只考虑其中一台水泵变转速，仍以图 4-14 为例进行分析。设计负荷时两台泵并联运行，在流量未达到满负荷时调节一台变速泵而改变联合运行的总流量，当流量减少至一台泵的流量时则停一台定速泵，同样能够满足系统对流量的变化要求。在运行过程中，变速泵始终处于运行状态。

运行工况见图 4-16，满负荷时，两台泵的转速为 n，两泵在转速 n 下联合运行的特性曲线为 II，管网特性曲线为 1，工况点为 A。一台泵在转速 n 运行时的特性曲线为 I，管网特性曲线为 2，运行工况点为 B。曲线 F-D-D′、E-B-C-C′ 分别为变速泵调整至最小转速 n_0 时一台、两台泵的联

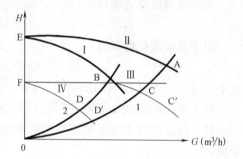

图 4-16 一台变速泵的并联工作特性图

合运行曲线，最小转速 n_0 需根据机组或系统允许的最小流量变化范围确定。

由以上分析可以看出：

（1）通过水泵并联运行调节流量的能耗较大，且水泵单台运行时容易出现前述的烧毁电机现象。

（2）在设计负荷下，两台机组运行时，选择一台大流量循环水泵运行，使该泵在高效率区工作。在 50% 负荷下，根据管网阻抗的变化选择一台小流量泵在高效率区运行，尽量避免水泵在并联工况下运行。

（3）采用设计流量的变频水泵调节流量也可实现上述的节能效果，当机组能够适应变流量的条件下，循环水泵可实现连续变流量调节，节能效果会更好。

空调水系统的循环水泵应按夏季、冬季两种工况进行选择，当采用两管制时，末端管网阻抗不变，但冷、热源阻抗发生变化，所以宜按两种工况分别选择水泵或校核水泵的运行工况点，使水泵在高效率区运行。

4.7.1.2 补给水泵的选择

1. 补给水泵流量的确定

补给水泵的流量应根据正常补水量和事故补给水量确定，事故补给水量为正常补给水量的 4~5 倍。水系统补水泵的流量应补充系统的泄漏水量，泄漏量为系统水容量的 1%，系统小时补水量一般取系统水容量的 5%。

补给水泵应有备用泵，可考虑与备用泵并联运行的总流量来满足事故水量要求。

2. 补给水泵扬程的确定

选择补给水泵的扬程时，需按开式系统计算。采用补水泵定压时，补水泵宜采用变频调速控制，连续补水。补水泵扬程等于系统充水高度加上补水管路的阻力损失，再加上 3~5mH$_2$O 的富裕量。

采用膨胀水箱定压时，补水泵与水箱液位自动控制，补水泵的扬程等于膨胀水箱与补给水箱的最大液位差加上补水管路的阻力损失，再乘以 1.05~1.2 的系数。

采用气压罐定压时，补水泵的启动压力 P_1 大于系统充水高度 2mH$_2$O；补水泵停止压力 P_2 取安全阀开启压力的 0.8 倍，补水泵的扬程按 P_2 选取。

4.7.1.3 冷却水泵

冷却水系统属于开式系统，冷却水量按式（4-42）计算，对于不同的机组，冷却热量值不一样，可大致按如下关系计算：

对于蒸汽压缩式制冷：

$$Q = (1.2 \sim 1.3)Q_0 \tag{4-46}$$

对于双效溴化锂制冷：

$$Q = (1.75 \sim 1.85)Q_0 \tag{4-47}$$

式中 Q_0——冷水机组的制冷量，kW。

对于不同的机型及不同的厂家，其冷却水的供回水温差不一定相同，冷却水的流量也不一致，所以冷却水流量应查阅所选机组的产品技术资料后确定，不应小于产品样本上配套流量。

冷却水泵的扬程应按下式计算：

$$\Delta H = H_1 + H_2 + H_3 + H \tag{4-48}$$

式中 ΔH——冷却水泵扬程，m；

H_1——冷水机组的冷凝器的水阻力，m，可查阅所选机组的产品技术资料获得；

H_2——冷却水管网及其配件水阻力，m；

H_3——冷却水布水装置的出水水头及要求的压力，m，一般为 3~5m；

H——冷却塔集水盘水位至冷却塔布水器的高差（设冷却水箱时，为水箱最低水位距布水器高差），m。

根据所需的流量、扬程选择水泵，并根据水泵特性曲线与管网特性曲线确定运行工况点，并使得工况点的流量、扬程有 1.05~1.15 的富余量。

4.7.1.4 常压热水锅炉的热水泵

在高层建筑的热源设计中，为了考虑锅炉的承压能力及运行的安全性和低成本，有时选用常压热水锅炉，当采用热水直供时，该热水供暖系统为开式系统，可把用于供热循环的水泵称为供暖热水给水泵，如图 4-17 所示。

常压热水锅炉的水泵流量计算方法与承压热水锅炉的循环水泵相同，常压热水锅炉水泵的扬程为：

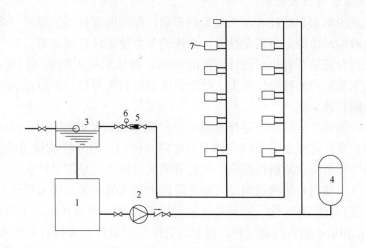

图 4-17　常压热水锅炉供热系统图

1—锅炉；2—供暖水泵；3—回水箱；4—气体定压罐；5—减压阀；6—电磁阀；7—散热器

$$\Delta H = H + \Delta H_1 + \Delta H_2 + \Delta H_3 \tag{4-49}$$

式中　ΔH——水泵的扬程，m；

　　　H——锅炉回水箱距供暖系统的充水高度差，m；

　　　ΔH_1——由回水箱、水泵至供暖系统最不利环路的最远点管路与末端装置阻力损失，m；

　　　ΔH_2——锅炉水阻，m；

　　　ΔH_3——设计富余值，取 3~5m。

由于供暖热水泵的吸口接锅炉，锅炉水温较高，锅炉回水箱的安装高度应考虑水泵吸入口不汽化。

当水泵的技术参数给定允许吸上真空高度 $[H_S]$ 时，膨胀水箱安装高度按式（4-32）计算；当水泵的技术参数给定气蚀余量 $[\Delta h]$ 时，按式（4-36）计算。

4.7.1.5　锅炉给水泵

蒸汽锅炉一般设置一根给水母管。对常年不间断供汽的锅炉房和给水泵不能并联运行的锅炉房，应采用双母管或一泵一炉的给水系统。锅炉给水泵应设置备用泵。锅炉给水泵流量按额定蒸发量加连续排污量并乘以 1.1 的富裕系数确定。锅炉给水泵的扬程按下式计算：

$$\Delta H = k(H_1 + H_2 + H_3) \tag{4-50}$$

式中　ΔH——给水泵的扬程，m；

　　　H_1——锅筒在设计使用条件下安全阀的开启压力，m；

　　　H_2——给水管路及省煤器的阻力损失，m；

　　　H_3——锅筒水位与除氧器或凝结水箱最低水位差，m；

　　　k——裕量系数，一般取 1.15~1.2。

除氧水箱或凝结水箱的安装高度，应考虑锅炉给水泵吸入口的汽化因素。

4.7.1.6 循环水泵管网压差控制

管网流量的减少对水泵能耗有较为显著的影响，但管网流量不能随冷（热）负荷进行线性变化，流量减少对冷源运行安全性及水系统的水力稳定性造成影响。对于集中供热系统，直接连接的用户流量不宜小于设计流量的 60%，即使末端无调节（阻抗不变），总流量变化也不会使末端用户的流量比例发生改变，所以经初调节后，运行过程中随气候变化可调整总循环泵的转速。

随着我国集中供热系统的热计量技术与中央空调系统自动控制技术的发展，对供热、供冷末端进行分户及分室控制方法将得到大力推广和使用，另外空调冷负荷变化不规律。末端装置的调节与控制将会随机性变化，因此管网的特性也会呈随机性变化，根据负荷变化，可以自动调节末端用户的两通阀而大幅度降低水系统的流量。可采用压差控制循环水泵的转速。压差控制方法有三种[5]，即总管恒定压差控制（PD）（见图 4-18）、末端恒定压差控制（PD_1）和最小阻力控制三种。对于总管恒定压差控制方法，由于水泵的总输出扬程不变，使得节能效果受到影响。采用末端恒定压差控制方法的思路是：如果满足最不利环路资用压头的要求，则其他用户的资用压头与流量均能满足要求，但该依据在运行中还有不确定性。对于图 4-18 的管网，如最不利环路流量较小（调节量较大），而干管阻抗不变，在保证末端用户压力不变的情况下，将使次不利环路的资用压头小于设计值，从而形成新的失调。对于集中供热外网系统及异程式管网，易出现这类情况；对于采用集分水器的系统，当最不利用户的两通阀全关时，其所测资用压头为集分水器上总供回水管的资用压头，因此对于同程式系统，难以确定最不利环路。所以末端恒压差控制还有一些不确定因素，而最小阻力控制是根据空调冷热水循环系统中各空调设备的调节阀开度，控制循环泵的转速，使这些调节阀至少有一个处于全开状态。具体控制方法就是通过建筑自动化系统，统计系统内调节阀的平均开度值，根据调节阀的平均开度反馈值与阀位设定值之间的偏差来设定冷水供回水主管间的压差，再对比当前实测的供回水压差，来控制水泵的频率。因此这是一种变压差的控制策略，它是以管路阻力最小化作为控制目标。使得管网的阻抗变化最小，水泵调节量最大，节能效果最好（见图 4-19），0 点为设计运行工况，1 点为总管恒压差控制运行工况，2 点为末端恒压差控制运行工况，3 点为最小阻力的变压差控制工况，该点水泵轴功率最小。

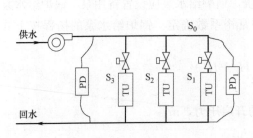

图 4-18　压差控制的管网结构图

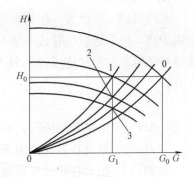

图 4-19　压差控制特性

4.7.2 风机的应用

风机的运行特性和调节特性与水泵类似，但有几点区别。

（1）闭式循环系统循环水泵的扬程不需克服静压，只需克服管网系统的循环阻力，开式给水系统的给水泵需克服静压值。对于风机来说，由于空气密度较小，所以选择风机的全压时，不考虑静高程的影响，只考虑管网的阻力损失。

（2）进行管网调节时，水泵尽量采用出口调节，以防吸入口设调节阀使吸入口压力过低。风机采用吸入口调节不仅改变管网特性，还将改变风机的运行性能。泵和风机的出口调节对其自身性能不产生影响。

（3）水泵应用时需考虑吸入口出现气蚀的问题。风机的全压及功率输出与空气密度关系密切。

4.7.2.1 空气密度对风机性能的影响

风机样本上给定的性能数据，是指在标准状态下的参数，标准状态是指大气压强 $P_0=101.3$ kPa、空气密度 $\rho_0=1.204$ kg/m^3、空气温度 $t_0=20℃$。如果这些参数发生改变，风机的性能也发生改变，根据表 4-3 可以看出，实际状态下的风机性能（P、G、N）与标准状态下的性能（P'、G'、N'）有如下关系：$P/P'=\rho/\rho'$、$N/N'=\rho/\rho'$、$G/G'=1$；在此 $\rho=\rho_0=1.204$ kg/m^3 [见式（4-41）]。当空气温度发生改变或者大气压力发生改变时，由于空气密度发生改变，风机的全压输出、轴功率也发生改变。

如果大气压力不变，对于排烟风机，把烟气近似当作空气，当烟气温度为 200℃时，风机的全压输出及轴功率约降低了 38%。如果空气温度为标准状态（$t_0=20℃$），应用于高原地区的风机（如拉萨地区），风机的全压输出与轴功率约降低了 34.4%。

虽然风机的全压输出降低较大，但管网的阻力损失也发生变化，根据管网阻抗的计算可得：

$$S/S_0=\rho/\rho_0 \tag{4-51}$$

$$\Delta P/\Delta P_0=\rho/\rho_0 \tag{4-52}$$

式中　S、S_0——分别为实际工作条件与标准状态下的管道阻抗，kg/m^7；

ΔP、ΔP_0——分别为实际工作条件与标准状态下的管道阻力损失，Pa。

由此可见，空气密度的降低使风机的全压输出降低，而管网的阻力损失按相同的比例降低。同理，当空气密度增大时（如空气温度降低），风机的全压输出、轴功率将增大。所以在管网水力计算与选择风机时，当实际条件与风机的标准状态条件不符时，水力计算与风机的全压均不需修正。但风机的轴功率发生了变化，需对风机的配套功率进行校核。如果电机配套功率过大，效率降低，能耗增大；如果电机配套功率过小，将使电机因过载而出现烧毁现象。

4.7.2.2 变风量系统节能控制

为了适应室内负荷变化，空调或通风系统可采用变风量控制来满足要求，并实现节能，有效的节能方法是对风机采用变频调速措施。对风量控制可采用静压法，在满足一定静压条件下控制系统风量，主要有定静压控制法和变静压控制法。

定静压系统根据室内负荷的变化调节末端装置的阀门开度，控制送风量。即在送风干管的适当位置设置静压传感器（实际工程应用中，定压测点通常选择在管路阻力为总阻力的 2/3 处），由静压信号控制送风机送风。如图 4-20 所示，在系统运行过程中通过改变风机转速维持总风管静压值不变。当房间负荷下降时，部分房间或送风区域的变风量末端装置阀门开度调小，管道的局部阻力增加，管路性能曲线变陡，风管特性曲线由 1 变为 2，

为保持风管静压 P_0，需调节风机性能曲线下移，二者结合，使风管系统运行工况由 A 点移到 B 点。在静压控制下，由于 $P_A = P_B = P_0$，风机的额定风量由 G_A 减少至 G_B，效率有所下降 $\eta_B < \eta_A$（A 点为设计工况的高效点），所以有 $N_B/N_A = G_B\eta_A/G_A\eta_B > G_B/G_A$，由此可知，在部分负荷工况下，风机功率的下降幅度超过风机风量的下降幅度。因此，定静压控制系统在部分负荷运行时具有较大的节能潜力。

变静压控制法是指管网的静压在风量改变的同时也发生变化。如果各送风部位的负荷按同比例减小，不改变管网特性，管网阻抗不发生改变，此时改变风机的转速，各送风部位的送风量将按同比例减少（根据水力工况分析方法，见 3.7.2 节）。或者各送风部位的负荷变化比例不同，适当改变末端装置的开度，其方法是保持每个变风量末端的阀门开度在 85%～100% 之间，此时管道总阻抗 S 值变化很小，通过调节风机转速来改变空调系统的送风量，系统的静压发生改变，即采用变静压控制方法。此时风机的全压与流量均发生改变，如图 4-21 所示，此时运行工况点为 B′。风机虽会偏离额定工况，但只要选择风机时把额定工作点选在效率变化平缓区，A 点与 B′ 点近似满足相似率，则有 $\eta_A \approx \eta_{B'}$，所以有 $N_{B'}/N_A \approx (G_B/G_A)^3$，由此可见变静压控制方法使风机运行具有更好的节能效果。

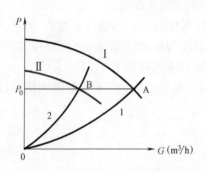

图 4-20　风机定静压变频控制图

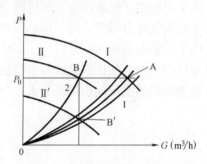

图 4-21　风机变静压频控制图

本章参考文献

［1］ 安连锁主编. 泵与风机. 北京：中国电力出版社，2001.

［2］ 吴民强主编. 泵与风机节能技术. 北京：水利电力出版社，1994.

［3］ 付祥钊主编. 流体输配管网（第二版）. 北京：中国建筑工业出版社，2005.

［4］ 吴自强. 水泵变频运行的图解分析方法. 变频器世界，2005（7）：130-134.

［5］ 徐亦波. 空调冷热水循环泵变转速节能控制方法. 暖通空调，2004，34（9）：32-35.

第 5 章　暖通空调冷热源

在建筑能耗中，暖通空调系统能耗占据主要份额，而暖通空调冷热源设备的能耗又是暖通空调系统能耗的重要组成部分，其设计合理与否，直接影响暖通空调系统的使用效果、运行的经济性等。在空调系统中普遍使用电力驱动或热力驱动的冷水机组作为空调系统的冷源，这两类冷水机组又包括很多具体形式。空调系统热源主要有自备锅炉、热电厂、城市热网供热、热泵等。上述各种不同的冷源和热源形式经过组合，形成了多种空调冷热源方案。

在暖通空调设计中，可供设计人员选用的暖通空调冷热源形式的种类很多。冷热源方案的选择是空调系统设计过程中的一个重要环节。由于冷热源形式不同，暖通空调系统的投资、运行费用和能耗差别很大，而工程设计人员仅依靠工作经验做出可靠的优劣分析和判断是很困难的。根据实际条件正确选择冷热源，是影响工程投资、运行费用及能源消耗等的重要因素。

5.1　空调系统冷源

实现制冷可以通过两种途径：天然冷源和人工冷源。

天然冷源就是用深井水或天然冰冷却物体或空间的低温空气。天然冷源具有廉价和不需要复杂设备等优点，但其受时间、地区等条件限制，且不宜用来大量获取低于 0℃ 的温度。

人工冷源也称人工制冷。人工制冷设备的种类繁多，形式各异，制冷所用的能源方式也各有不同，有以电能制冷的，如利用氨、卤代烃、混合工质等工质实现制冷循环的压缩式制冷机；有以蒸汽为能源制冷的，如蒸汽喷射式制冷机和蒸汽型溴化锂吸收式制冷机等；还有以其他热能为能源制冷的，如热水型溴化锂制冷机、直接燃烧燃气或燃油的溴化锂制冷机以及太阳能吸收式制冷机等。广泛使用的归为两类：制冷设备是消耗电能还是消耗热能实现制冷的。

5.1.1　蒸气压缩式冷水机

5.1.1.1　压缩式制冷机的制冷原理

压缩式制冷机是消耗机械功实现制冷的，机械功可由电动机来提供，也可由发动机（燃气机、柴油机等）来提供。压缩式冷水机组的制冷原理：在图 5-1 中，制冷压缩机将蒸发器内的低压低温的制冷剂气体（氨或氟利昂）吸入压缩机内，经过压缩机的压缩做功，使其成为压力和温度都较高的气体排入冷凝器；在冷凝器内，高压高温的制冷剂气体与冷却水或与空气进行热交换，把热量传给冷却水（水冷方式）或空气（风冷方式），从而使制冷剂气体凝结为高压液体；高压液体再经节流阀降压后进入蒸发器；在蒸发器内，低压制冷剂液体立即汽化，在汽化过程中吸取周围介质（如冷媒水）的热量，从而使冷媒水因失热而降低了温度，这就是所需制取的低温冷水。蒸发器中汽化形成的低压低温制冷剂气体又被制冷压缩机吸入压缩，这样周而复始，不断循环，便能连续制出冷水。

空调制冷系统中，通常将压缩机、冷凝器、膨胀阀和蒸发器四大部件及一些辅助设备在工厂组装成一个整体设备，即称为空调冷水机组。空调冷水机组是按空调工况设计制造的，是一种定型产品。冷水机组结构紧凑，整机出厂产品质量可靠，性能好，安装简单，机组配备有完善的自动控制装置，运行管理十分方便。

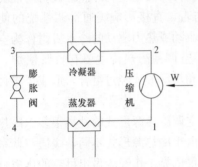

图 5-1　压缩式制冷原理图

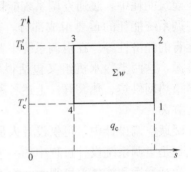

图 5-2　逆卡诺循环 $T\text{-}s$ 图

5.1.1.2　压缩式制冷机的性能

（1）理想制冷循环

理想制冷循环是逆卡诺循环，由 2 个等熵过程（绝热压缩 1→2、绝热膨胀 3→4）和 2 个等温传热过程（等温吸热膨胀 4→1、等温放热压缩 2→3）构成，见图 5-2。理想循环的制冷系数为单位耗功量所获得的冷量，即：

$$\varepsilon = \frac{q_c}{\sum w} = \frac{T_c'}{T_h' - T_c'} \tag{5-1}$$

式中　q_c——从低温热源吸收的热量，kJ/kg；

$\sum w$——压缩机耗功量与膨胀机得功量之差，kJ/kg；

T_c'——低温热源温度，K；

T_h'——高温热源温度，K。

此时单位耗功量所获得的热量（供热系数）为：

$$\mu = \frac{q_h}{\sum w} = \frac{T_h'}{T_h' - T_c'} = \varepsilon + 1 \tag{5-2}$$

因此理想制冷循环可看作无温差传热、无能量损失的可逆过程，其制冷系数和供热系数与制冷剂性质无关，取决于冷源温度（被冷却物温度 T_c'）和热源温度（冷却物温度 T_h'），且冷源温度的影响比热源温度的影响大。

（2）理论制冷循环

与理想制冷循环对比，理论制冷循环是不可逆过程。两个传热过程可看作等压过程，存在传热温差；蒸气的压缩过程在过热区进行，而不是在湿蒸气区内进行；用膨胀阀代替膨胀机存在着两种损失：节流过程使制冷剂吸收了摩擦热，产生无益气化，降低了制冷量；损失了膨胀功。理论制冷循环制冷剂状态参数的变化可用压焓图表示，见图 5-3：1→2 为等熵压缩过程；2→3 为在冷凝器中等压放热过程，其中 2→2′ 放出过热热量，2′→

$3'$ 放出比潜热，$3' \rightarrow 3$ 是液体再冷却放出的热量，T_h 为对应压力工质的冷凝温度；$3 \rightarrow 4$ 为等焓节流过程，该过程由液态进入湿蒸气区；$4 \rightarrow 1$ 为制冷剂在蒸发器内的等压吸热过程，其中 $1 \rightarrow 1'$ 为吸收过热热量，T_c 为对应压力工质的蒸发温度。

蒸气压缩式制冷循环的理论制冷系数为：

$$\varepsilon_{th} = \frac{q_c}{w_c} = \frac{h_1 - h_4}{h_2 - h_1} \qquad (5\text{-}3)$$

在同一工况下，热泵循环的理论供热系数为：

$$\mu_{th} = \frac{q_h}{w_c} = \frac{h_2 - h_3}{h_2 - h_1} = \varepsilon_{th} + 1 \qquad (5\text{-}4)$$

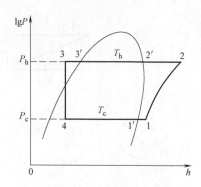

图 5-3 蒸气压缩式制冷
理论循环 $\lg P\text{-}h$ 图

式中　　　w_c——压缩机耗功量，kJ/kg；

q_c——蒸发器的等压吸热量，kJ/kg；

q_h——冷凝器的等压放热量，kJ/kg；

h_1、h_2、h_3、h_4——图 5-3 中 4 个状态点的比焓，kJ/kg。

对于理论制冷循环，蒸发温度 T_c 和冷凝温度 T_h 是影响制冷系数的主要因素，由于传热温差的存在，蒸发温度和冷凝温度又是由低温和高温环境温度决定的。

（3）实际制冷循环

对于实际的制冷循环，蒸发器的吸热过程和冷凝器的放热过程不是等压过程，存在制冷剂的流动阻力；制冷剂流经压缩机时存在进排气阀的损失；在压缩机中，压缩过程也并非等熵过程，制冷剂内部和制冷剂与压缩机气缸存在摩擦，以及制冷剂与外部存在热交换，并且压缩机气缸中存在余隙容积，这些因素都会使压缩机输气量减少，制冷量下降。制冷循环实际的制冷系数为：

$$COP = \varepsilon_{th} \eta_i \eta_m \eta_d \eta_e \qquad (5\text{-}5)$$

式中　ε_{th}——蒸发、冷凝压力分别为压缩机吸、排气压力，再冷度、过热度与实际循环相同的理论制冷循环的制冷系数；

η_i——指示效率，与理论制冷循环制冷系数对比，考虑了压缩过程偏离等熵过程以及存在流动阻力和余隙容积等因素的计算比值；

η_m——摩擦效率，考虑了作用在压缩机轴上功率后，克服机械摩擦和带动油泵等辅助设备消耗的功率所计算的比值；

η_d——传动效率，考虑了压缩机与电动机连接方式不同所计算的比值；

η_e——电动机效率。

蒸气压缩式制冷机的性能系数 COP 与运行工况有关，即与 ε_{th} 有关，还与制冷机的构造与类型有关，即上述效率是不同的。

5.1.2 溴化锂吸收式制冷

溴化锂吸收式制冷机是以溴化锂溶液为吸收剂，以水为制冷剂，利用水在高真空下蒸发吸热达到制冷的目的。图 5-4 所示为吸收式制冷循环流程图。

为使制冷过程能连续不断地进行下去，蒸发后的冷剂水蒸气被溴化锂溶液所吸收，溶

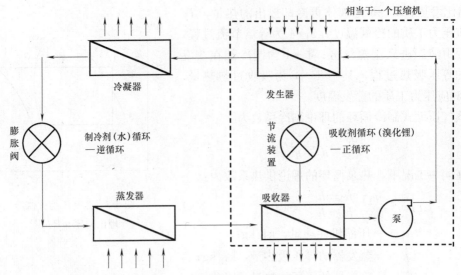

图 5-4　吸收式制冷循环流程图

液变稀，这一过程是在吸收器中发生的，然后以热能为动力，将溶液加热使其中的水分离出来，而溶液变浓，这一过程是在发生器中进行的。发生器中得到的蒸汽在冷凝器中凝结成水，经节流后再送至蒸发器中蒸发。如此循环，达到连续制冷的目的。

在制冷系统中冷凝器的作用就是把制冷过程中产生的气态制冷剂冷凝成液体，进入节流装置和蒸发器中。而蒸发器的作用则是将节流降压后的液态制冷剂气化，吸取冷媒的热负荷，使冷媒温度降低，实现制冷。

在吸收式制冷中，发生器和吸收器两个热交换装置所形成的吸收剂循环所起的作用，相当于蒸气压缩式制冷系统中压缩机的作用。因此，常把溴化锂吸收式冷机中吸收器和发生器及其附属设备所组成的系统称为"热压缩机"。发生器的作用是使制冷剂（水）从二元溶液中气化，变为制冷剂蒸汽。而吸收器的作用则是把制冷剂蒸汽重新输送回二元溶液中去。两热交换装置之间的二元溶液的输送，依靠溶液泵完成。

由此可见，溴化锂吸收式制冷系统必须具备四大热交换装置，即发生器、冷凝器、蒸发器和吸收器。这四大热交换装置，辅以其他设备连接组成各种类型的溴化锂吸收式制冷机。

图 5-4 中左半部分，贯穿四个热交换装置，为制冷剂循环。由蒸发器、冷凝器和节流装置（调节阀）组成，属于逆循环。图 5-4 中右半部分，虚线所示循环回路，是由发生器、吸收器、溶液泵及调节阀所组成的热压缩系统的二元溶液循环（吸收剂循环），属于正循环。以上循环是不考虑传质、传热及工质流动的系统阻力等损失的理论循环。正循环为卡诺循环，具有最大的热效率，逆循环为逆卡诺循环，具有最大的制冷系数。因此，由这样一个正循环与一个逆循环联合组成一个以热力为主要动力，辅以少量电能驱动溶液泵所构成的吸收式制冷机。

制冷剂循环中，高压气态制冷剂在冷凝器中向冷却水释放热量，凝结成为液态制冷剂，经节流进入蒸发器。在蒸发器中液态制冷剂又被气化为低压冷剂蒸气，同时吸收冷媒的热量而产生制冷效应。为了维持制冷剂循环，保证蒸发器内的低压状态，使液态制冷剂连续蒸发吸收热量，而设置吸收器。吸收器内的液态吸收剂，吸收来自蒸发器所产生的低压冷剂蒸气，从而形成了制冷剂—吸收剂组成的二元溶液，经溶液泵升压后进入发生器。二元溶液在发生器内被通过管簇内部低品位热能加热，制冷剂很容易沸腾，因为发生器内的压力不高，其中沸点低的制冷剂（水）汽化形成气态制冷剂，又与吸收剂（溴化锂溶液）分离。气态制冷剂去冷凝器中被冷却水吸热而液化，进入蒸发器完成制冷剂循环。分离出制冷剂的吸收剂，依靠与吸收器之间的压力差和重力作用返回吸收器，再次进入吸收低压气态制冷剂的循环，完成全部溶液循环。

单效制冷机所使用的能源广泛，可以采用各种工业余热，废热，也可以采用地热、太阳能等作为驱动热源，在能源的综合利用和梯级利用方面有着显著的优势。

双效溴化锂吸收式制冷机比单效溴化锂制冷机增加了一个高压发生器，并增加了高温热交换器和凝水回热器，可应用高温热源（如高压蒸汽、直接燃油或燃气），使热力系数有很大提高，有利于节约能源。

直燃吸收式溴化锂冷热水机，被称为"直燃机"，是直接燃烧天然气、煤气、柴油等各种燃料，以水/溴化锂作介质的冷热源设备。由于直燃机不以电为能源（只需极少的电作辅助循环动力），可以大幅度削减电力投资。在电空调广泛采用的国家和地区，直燃机更具有削减夏季峰值电力、填补夏季燃气低谷的综合经济效益，对于电力行业及燃气行业的健康发展都具有举足轻重的影响。尤其是在电力供应出现危机的地区，直燃机具有迅速扭转电力危机的作用。

吸收式制冷机所消耗的能量是热能，故以热力系数作为其经济性评价指标：

$$f = \frac{\phi_c}{\phi_g}$$

式中　ϕ_c——吸收式制冷机的冷量，kJ；

ϕ_g——消耗的热量，kJ。

单效制冷机的驱动热源为低品位热源，其 COP 在 $0.5\sim0.7$。如果具备高品位的热源，可选择直燃机或蒸汽双效制冷机，其 COP 在 1.31 以上。

5.1.3　蓄冷（蓄冷系统冷源)[1]

建筑物空调时间所需要冷量的部分或全部在非空调时间利用蓄冰介质的显热及其相变过程的潜热迁移等特性，通过制冰方式，以相变潜热储存冷量，并在需要时融冰释放出冷量的空调系统称为冰蓄冷空调系统，简称冰蓄冷系统。利用水的显热储存冷量的系统称为水蓄冷系统。蓄冷系统一般由制冷、蓄冷和供冷系统组成。制冷、蓄冷系统由制冷设备、蓄冷装置、辅助设备、控制调节设备四部分通过管道和导线连接组成，将能量以冰的形式蓄存起来，然后根据空调负荷要求释放这些冷量，这样在用电高峰时期就可以少开甚至不开主机。当空调使用时间与非空调时间和电网高峰和低谷同步时，就可以将电网高峰时间的空调用电量转移至电网低谷时使用，达到节约电费的目的。

蓄冷从系统构成上来说只是在常规空调系统的基础上增加了一套蓄冷装置，其他各部分在结构上与常规空调并无不同，它在使用范围方面也与常规空调基本一致。

5.1.3.1　蓄冷系统的特点

蓄冷中央空调之所以得到各国政府和工程技术界的重视，正因为它对电网有卓越的移峰填谷功能，是电力需求侧最有效的电能蓄存方法。蓄冷对于用户还有以下一些突出优点：

（1）空调的出水温度低、制冷效果好，降温速度快。

（2）空调环境相对湿度较低，空调品质提高，有利于防止中央空调综合症。

（3）空调系统智能化程度高，可根据外界温度的变化自动调整冷量输出，冷量的利用率高，节能效果明显。

（4）利用峰谷荷电价差，平衡电网负荷，减少空调年运行费用。

（5）减少冷水机组容量，降低一次性投资。

（6）在主机出现故障或系统断电的情况下，冰蓄冷相当于应急冷源，增强了系统的可靠性。

（7）当因为建筑功能变化或面积增加引起冷负荷增加时，只要增加冰槽内的冰球，即可满足大楼新增冷量需要。

（8）冷冻水温度可降低至 $1\sim4$℃，比常规冷媒的机组的 COP 低，但可以实现低温送风，节省水、风输送系统的投资和能耗。

5.1.3.2 常用蓄冷介质

最常用的蓄冷介质是水、冰和其他相变材料，不同蓄冷介质具有不同的单位体积蓄冷能力和不同的蓄冷温度。

1. 水

显热式蓄冷以水作为蓄冷介质，是利用水温变化可蓄存的显热量，水的比热为 $4.184\mathrm{kJ/(kg \cdot K)}$ ［$1.0\mathrm{kcal/(kg \cdot ℃)}$］。蓄冷槽的体积和效率取决于供冷回水与蓄冷槽供水之间的温差，对于大多数建筑的空调系统来说，此温差可为 $8\sim11$℃。

水蓄冷的蓄冷温度为 $4\sim6$℃，是空调常用冷水机组可适应的温度。此外，空调水蓄冷系统的设计，应异于常规空调系统的设计，就是说应该尽可能提高空调回水温度，以充分利用蓄冷水槽的体积。

2. 冰

蓄冰则是利用冰的溶解潜热 $335\mathrm{kJ/kg}$（$80\mathrm{kcal/kg}$）。蓄冷槽的体积取决于槽中的冰水百分比，一般蓄冰槽的体积为 $0.068\sim0.085\mathrm{m^3/RTH}$（$0.02\sim0.025\mathrm{m^3/kWh}$）。冰蓄冷的蓄存温度为水的凝固点 0℃。为了使水冻结，制冷机应提供 $-3\sim-7$℃温度的冷媒，它低于常规空调用制冷设备所提供 7℃温度的冷冻水。当然，蓄冰装置可以提供低温空调的供水温度，有利于提高空调供回水温差，以减小配管尺寸和水泵电耗。

3. 共晶盐

为了提高蓄冰温度，不改变冷水机组的空调工况运行，可以采用除冰以外的其他相变材料。目前常用的相变材料为共晶盐，即无机盐与水的混合物。对于用做蓄冷介质的共晶盐有如下要求：1）融解或凝固温度为 $5\sim8$℃；2）融解潜热大，导热系数大；3）密度大；4）无毒、无腐蚀。

5.1.3.3 全负荷蓄冷与部分负荷蓄冷

除某些工业空调系统以外，商用建筑空调和一般工业建筑用空调均为非全日空调，空调系统通常每天只需运行 $10\sim14\mathrm{h}$，而且几乎均在部分负荷下工作。如果不采用蓄冷，制冷机组的制冷量应满足瞬时最大负荷的需要，即 q_{max} 为应选制冷机组的容量。

蓄冷系统的设计思想通常有两种，即全负荷蓄冷和部分负荷蓄冷。

1. 全负荷蓄冷

全负荷蓄冷或称负荷转移，其策略是将用电高峰期的冷负荷全部转移到电力低谷期。全天所需冷量均由用电低谷或平峰时间所蓄存的冷量供给，在用电高峰时制冷机不运行。这样，全负荷蓄冷系统需设置较大的制冷机和蓄冷装置。虽然，运行费用低，但设备投资高、蓄冷装置占地面积大，除峰值需冷量大且用冷时间短的建筑以外，一般不宜采用。

2. 部分负荷蓄冷

部分负荷蓄冷就是全天所需的冷量部分由蓄冷装置供给。夜间用电低谷时利用制冷机蓄存一定冷量，补充用电高峰时间所需的部分冷量。

部分负荷蓄冷系统可以按典型设计日制冷机基本为 24h 工作设计，这样，制冷机容量最小，蓄冷系统比较经济合理，是目前常采用的方法，被称为负荷均衡蓄冷。当然，有些地区对高峰用电量有所限制，这时就需要根据峰期可使用的限制电量设计部分负荷蓄冷系统，此时，制冷机容量和蓄冷装置容量均稍大。

5.1.3.4 蓄冷系统装置

1. 水蓄冷装置

为防止和减少蓄冷水槽内因温度较高的水流和温度较低的水流发生混合，引起能量损失，水蓄冷系统中水槽结构和配置时，通常有几种方案可供选择：隔膜或隔板式、复合水槽式、迷宫式、水分层式。水槽可用钢筋混凝土或钢板制作，也可单建蓄冷水槽或利用消防水池等。

2. 蓄冰装置

(1) 冰盘管式蓄冷装置

它是由沉浸在水槽中的盘管构成换热表面的一种蓄冰设备。在蓄冷过程中，载冷剂（一般为重量百分比为 25% 的乙烯乙二醇水溶液）或制冷剂在盘管内循环，吸收水槽中水的热量，在盘管外表面形成冰层。取冷过程则有内融冰和外融冰两种方式，各具特点。

1) 外融冰方式。温度较高的空调回水直接送入盘管表面结有冰层的蓄冰水槽，使盘管表面上的冰层自外向内逐渐融化，故称为外融冰方式。由于空调回水与冰直接接触，换热效果好，取冷快，来自蓄冰槽的供水温度可低达 1℃ 左右。此外，空调用冷水直接来自蓄冰槽，故可不需要二次换热装置。但是，为了使外融冰系统能达到快速融冰放冷，蓄冰槽内水的空间应占一半，也就是说蓄冰槽的蓄冰率（IPF）不大于 50%，故蓄冰槽容积较大。同时，由于盘管外表面冻结的冰层不均匀，易形成水流死角，而使冰槽局部形成永不融化的冰层，故需采取搅拌措施，以促进冰的均匀融化。

2) 内融冰方式。来自用户或二次换热装置的温度较高的载冷剂（或制冷剂）仍在盘管内循环，通过盘管表面将热量传递给冰层，使盘管外表面的冰层自内向外逐渐融化进行取冷，故称为内融冰方式。冰层自内向外融化时，由于在盘管表面与冰层之间形成薄的水层，其导热系统仅为冰的 25% 左右，故融冰换热热阻较大，影响取冷速率。为了解决此问题，目前多采用细管、薄冰层蓄冰。

常用的盘管方式有：蛇形盘管、圆形盘管和 U 形盘管。

(2) 封装式蓄冰装置

将蓄冷介质封装在球形或板形小容器内，并将许多此种小蓄冷容器密集地放置在密封罐或开式槽体内，从而形成封装式蓄冰装置。运行时，载冷剂在球形或板形小容器外流动，将其中蓄冷介质冻结、蓄冷，或使其融解，取冷。

3. 动态制冰装置[2]

上述两种蓄冰装置的蓄冰层或冰球系一次冻结完成，故称为静态蓄冰。蓄冰时，冰层冻结的越厚，制冷机的蒸发温度越低，性能系数也越低。如果控制冻结冰层的厚度，每次仅冻结薄层片冰，而进行高运转率地反复快速制冰，则可提高制冷机的蒸发温度（约 $-4 \sim -8℃$），比采用冰盘管时提高 $2 \sim 3℃$。片冰滑落式蓄冰装置就是在制冷机的板式蒸发器表面上不断冻结薄片冰，然后滑落至蓄冰水槽内，进行蓄冷，此种方法称为动态制冰。

5.1.4 冷源设备的优缺点比较

1. 活塞式冷水机组

根据冷却工质的不同，把活塞式冷水机组分为水冷冷水机组和风冷冷水机组。水冷机组的主要优点：1）结构紧凑、加工容易、造价低；2）制冷系统的流程简单，设备运行安全、可靠、经济等特点。

活塞式冷水机组的主要缺点：1）往复式运动的惯性力大，转速不能太高，振动较大；2）单机容量不宜过大；3）单位制冷量重量指标较大；4）当单机头机组不变转速时，只能通过改变工作气缸数来实现跳跃式的分级调节，部分负荷下的调节特性较差。

2. 螺杆式冷水机组

螺杆式冷水机组是提供冷冻水的大中型制冷设备。与活塞式冷水机组相比，它具有结构紧凑、体积小、重量轻、占地面积小、操作维护方便、运行平稳等优点，因而获得了广泛应用。

其主要缺点是：1）单机容量比离心式小；2）转速比离心式冷水机组低；3）耗油量大；4）噪声比离心式冷水机组高；5）要求加工精度和装配精度高，部分负荷下的调节性能较差，特别是在 60% 以下负荷运行时，性能系数 COP 急剧下降，只宜在 $60\% \sim 100\%$ 负荷范围内运行（指目前国内机组）。

3. 离心式冷水机组

主要优点是：1）性能系数 COP 高，单机制冷量大，占地面积小；2）运行可靠、操作方便，维护费用低，为活塞式冷水机组的 1/5；3）可使机组的负荷在 $30\% \sim 100\%$ 范围内高效调节，易于实现多级压缩和节流，达到同一台制冷机多种蒸发温度的操作运行。

其缺点是：1）单机制冷量不宜过小；2）不宜采用较高的冷凝压力；3）变工况适应能力不强以及制造加工精度要求较高。

该类机组以前使用的氟利昂（CFC）为制冷剂，破坏臭氧层，现在采用替代物氢氯氟烃（HCFC），虽然对臭氧层破坏能力较低，但温室效应很强，会对大气环境造成不利影响。

4. 溴化锂吸收式冷水机组

以溴化锂溶液为吸收剂，与其他类型的冷水机组相比，具有如下的优点：1）以热能为动力，对热源要求不高，故耗电少；2）以水为制冷剂，溴化锂溶液作吸收剂，安全、无公害、运行平稳、噪声低，因此它对人体无危害，对大气臭氧层无破坏作用，符合环保要求；3）制冷量可在 $20\% \sim 100\%$ 的范围内进行无级调节，而且在部分负荷时，机组的热力系数并不明显下降，有利于部分负荷时的运行调节；4）外界条件变化的适应性强；5）整个装置基本上是换热器的组合体，除泵外，没有其他运动部件，结构简单，制造方便，操作简单，维护保养方便，易于实现自动化运行；6）有利于热源的综合利用，可利用各种低质热能和废气、废热等，如高于20kPa饱和蒸气、高于75℃的热水、地热水和太阳能等。

在今后一个时期，随着社会对空调需求的不断增长，溴化锂吸收式冷水机组的推广使用将取得较大发展。原因如下：1）城市公共建筑电力供应季节性峰谷差，需要用能结构的调整。采用溴化锂吸收式冷水机组对缓解城市供电十分有利，同时用户可以节省昂贵的电力增容费；2）国际上氯氟烃化合物的禁用对压缩式冷水机组的应用带来许多问题，可以充分利用余热、废热等低位热能；3）除屏蔽泵外，没有其他运动部件，噪声为75～80dB；4）维护简便，同时不必作防振基础，安装简单。

其缺点是：1）溴化锂溶液对金属，尤其是黑色金属有强烈的腐蚀性，因此对金属的密封性要求非常严格，密封要求较高；2）与压缩式冷水机组相比，溴化锂吸收式机组节电不节能；3）机房占地面积较大且较高，设备重量也较重，溴化锂价格较贵，机组充灌量大，初投资较高；4）由于系统以热能作为补偿，加上溴化锂溶液的吸收过程是放热过程，故对外界的排热量大，所需的冷却水量较大，冷却塔和冷却水系统容量大；5）一般只能制取5℃以上的冷水，多用于空气调节及一些生产工艺用冷冻水。

5. 燃气（油）直燃式溴化锂吸收式机组

与蒸汽式溴化锂吸收式制冷机组相比，具有以下优点：1）自备热源，无需另建锅炉房或依赖城市热网，节省占地及热源购置费用；2）可采用燃油或燃气，其燃烧热效率高，燃料消耗量少，且对大气环境污染小，即使在有严格环境保护限制的地区也可采用；3）主机负压运转（无爆炸隐患），机房可设在建筑物内的任何位置；4）制冷主机与燃烧设备一体化，只存在一次传热温差，传热损失小，可根据负荷变化实现燃料耗量的调节，并避免了能量的输送损失，提高了能源利用率；5）一机多能，可供夏季空调、冬季供暖，也可兼顾提供生活用热水，可满足诸如宾馆、高级写字楼或公寓等各类用户的要求；6）可平衡城市燃气与电力的季节耗量，有利于城市季节能源的合理使用，如夏季是城市用电高峰及用气低谷的季节，燃气（油）直燃式溴化锂吸收式机组耗电少，可起到削减用电峰值、增加利用低谷用气量的作用；7）结构紧凑、体积小；8）热源稳定，制冷机出力容易保证，易实现自动化控制。

主要缺点是：使用寿命比压缩式短；耗汽量大，一次能源利用率低于压缩式制冷系统。

6. 蓄冷空调

蓄冷空调，这里是指冷热源系统设备众多类型中的一种。当空调负荷峰谷差大，当地已实行分时电价政策时采用冰蓄冷有突出优点：1）平衡电网峰谷负荷，减缓电力和输变设备设施的建设；2）减少制冷主机容量，减少空调系统供配电设施；3）利用电网峰谷电力差价，降低运行费用；4）相当于增设了应急电源，空调可靠性提高；5）加大送回水温差，采用低温送风，还可降低空调能耗，降低造价；6）蓄冷空调合理利用能源，改善城市大气环境和符合可持续发展策略。

蓄冷空调系统特别适合用于负荷比较集中、变化较大的场合，如体育馆、影剧院、音乐厅等。应用蓄冷空调技术，可扩大空调区域使用面积。适合于应急设备所处的环境，如医院、计算机房、军事设施、电话机房和易燃易爆物品仓库等。

5.2 暖通空调系统热源

5.2.1 暖通空调热源设备的分类

暖通空调热源设备可按如下方法分类：

（1）按热媒可分为蒸汽锅炉和热水锅炉；

（2）按能源燃料种类可分为燃煤锅炉、燃油锅炉、燃气锅炉、电锅炉和热泵设备；

（3）按设备承压能力可分为常压热水锅炉、真空锅炉、承压锅炉；

（4）按热源的来源可分为热电联产、区域集中锅炉房、分户燃气炉、电供暖、商业公共建筑自备热源和工厂余热和废热等；

（5）可利用低品位能量的热源——热泵；

（6）其他可再生热源——太阳能。

5.2.2 暖通空调热源设备原理及性能

冬季供热介质一般为55℃～95℃的热水，可供选择的热源设备很多，设计时应根据工程的具体情况，经过全面分析比较，并要求符合国家安全、环保以及能源政策的要求。

5.2.2.1 蒸汽锅炉

蒸汽锅炉可供应一定压力的饱和蒸汽和过热蒸汽，将压力不超过2.5MPa的锅炉称为工业锅炉，用于建筑中的锅炉属于工业锅炉中压力低的部分，而直接用于散热器供暖系统中的蒸汽，供汽表压高于0.07MPa时称为高压蒸汽供暖：小于或等于0.07MPa时，称为低压蒸汽供暖。

通常大多数暖通空调用户以热水作为热媒，当选用蒸汽锅炉作热源时，需要进行二次换热，将蒸汽通过热交换器加热空调循环水。供热用蒸汽锅炉供给的饱和蒸汽，其压力一般为0.2～0.8MPa，经过汽水换热器换热后成为凝结水，经疏水器排出。为了防止高压凝结排出时产生的二次蒸汽，一般应通过水—水换热器，将凝结水过冷，然后排至凝结水箱，再由水泵送回到锅炉房。空调回水先经过水—水换热器预热后，进入汽—水换热器被加热后成为空调供水供各用户使用。

蒸汽锅炉可以是燃煤锅炉，也可以是燃油、燃气锅炉。从环保角度而言，燃煤锅炉污染严重，尤其是在城市里，其使用受到很大的限制。燃油、燃气锅炉能满足环保要求，但燃料价格比较贵，蒸汽成本也比较高。另外，蒸汽锅炉房属于压力容器，在锅炉房地址选择时，应严格遵守有关安全规程、规范，而且还要满足消防安全的要求。

5.2.2.2 常压热水锅炉

常压热水锅炉是指锅炉在运行时所承受的压力相当于大气压，即锅炉本体不承受压力。常压热水锅炉分开式与闭式两种。

开式系统使用户系统与锅炉直接连接，并使末端用户的回水通过锅炉间的水箱流入锅炉，循环水泵出口接逆止阀，使系统压力不能作用在锅炉上，参见图4-17。开式系统的水泵扬程需克服静压，能耗大，且系统运行可靠性差。

闭式系统的供暖、空调供水通过二次换热进行加热，循环水可以按设计要求承受不同的压力，与锅炉本体无关。闭式系统通常可分为内置式换热器与外置式换热器两类。

内置式换热常压热水锅炉的原理：燃料与空气混合经燃烧机喷嘴进入炉膛燃烧，产生高温烟气，高温烟气经换热管与水换热后经排烟口排出，锅炉本体内装满水，水的损失从锅炉补水箱供给，补水箱设有水位控制器（电信号液位控制器或浮球阀）保持一定的水位，水箱与大气相通，因而锅炉本体承压为常压。锅炉本体内的水被称为一次水，水温一般为95℃，供暖或空调循环水通过设在锅炉本体内一次水中的内置换热器进行热交换后被加热至所需要的温度。

内置换热器常压热水锅炉结构紧凑、安全可靠，而且安装使用方便。如果有两种不同水温要求的用户时（如供暖空调循环水和卫生热水），锅炉内可以设置两组内置换热器来分别满足要求。内置换热器的缺点是换热效率比较低，因为一次水是在自然对流状态下进行传热的，二次水的水温受换热面积和水温差的限制不能太高，一般空调供水的水温为60℃左右，卫生热水供水水温为60℃左右，供暖系统供水温度一般为70℃～95℃。在目前的工程实践中，内置换热器常压热水锅炉是常用的空调热源设备。

外置换热器常压热水锅炉与内置换热器常压热水锅炉不同之处在于将锅炉本体内的内置换热器设在锅炉本体外面，一次水通过水泵循环，经外置换热器换热。

当有两种不同水温要求的用户时，可以设两组外置换热器，而且在热负荷比较大时可以选用多台热水锅炉并联，共用外置换热器，运行调节方便灵活。外置换热器常压热水锅炉的缺点是其一次水设有循环水泵，需要耗电和维护，不如内置式换热器简单。

5.2.2.3 真空热水锅炉

真空热水锅炉在我国是近几年来才得到推广应用，一般为燃油或燃气锅炉。

真空热水锅炉的燃烧系统和传热系统与常压热水锅炉基本相同，锅炉内只装部分水，上部留出一定的蒸汽空间，并在此空间内设置有内置式换热器用以加热空调循环水。

真空热水锅炉的锅炉本体内保持真空，在燃烧机燃烧供热时，热媒水在真空中蒸发变成蒸汽，炉膛内真空度随着蒸汽压力的升高而下降，当热媒水蒸气温度达到94℃左右时，真空度保持在200Pa，此时利用锅炉内的内置换热器加热空调循环水，所以锅炉内的真空度最高时为1013Pa，最低时为200Pa，随着温度的变化而变化，锅炉本体也处于负压下工作，运行安全可靠。

5.2.2.4 承压热水锅炉

锅炉本体可以承受压力，锅炉生产出的热媒不必经过二次换热直接供用户。锅炉所承受的压力可以随用户要求而定。承压热水锅炉属于压力容器，受锅炉监察规程监督。

承压热水锅炉可以提供较高温度的热水，多用于供暖地区的高温热水供暖、城市供热等。

5.2.3 热泵

蒸气压缩式热泵和吸收式热泵就是以冷凝器放出的热量来供热的制冷系统。从热力学或工作原理上说，热泵就是制冷机，它们都是从低温热源吸取热量并向高温热源排放，在此过程中消耗一定的有用能。两者的不同在于使用的目的：制冷机利用吸取热量而使对象变冷，达到制冷的目的，而热泵则利用排放热量向对象供热。因此，从原理上讲所有制冷机都可用作热泵。目前，热泵已成为暖通空调系统主要冷热源形式之一，上述制冷循环的驱动方式及原理同样适用于热泵。作为暖通空调用热泵可区分为三种情况：单纯供热；供热、供冷两用；供热、供冷同时进行。一般对于夏季需要供冷冬季需要供热，或同时需要供冷与供热的场合，热泵的应用前景十分广阔。

按热泵的热源与供热介质的组合方式不同可分为空气源热泵、太阳能热泵、水环热泵和地源热泵。地源热泵包括水源热泵（地下水源、地表水源）和土壤源热泵。

5.2.3.1 空气源热泵机组

空气源热泵系统包括空气—水式热泵机组（热源为外界空气，热分配系统为热水供暖系统）和空气—空气式热泵（热源为外界空气，热分配系统为热空气供暖系统）。

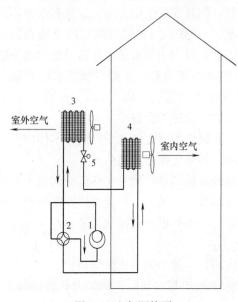

图 5-5 空气源热泵

1—压缩机；2—四通阀；3—室外冷凝器/蒸发器；
4—室内冷凝器/蒸发器；5—膨胀阀

空气源热泵的冷凝器采用风冷方式，通过一个四通阀的转换，夏季制取冷风，冬季制取空调热风，其工作原理见图 5-5。

制热工况时，压缩机压出的高温、高压制冷剂蒸气经四通阀进入蒸发器（此时作冷凝器用），放热后变成高压液态制冷剂再经节流阀进入风冷冷凝器（此时作蒸发器用）从室外吸取热量后，经四通阀又回到压缩机完成一个制热循环。制冷工况时，将四通阀旋转90°，压缩机压出的高温、高压制冷剂蒸汽经四通阀进入风冷冷凝器，冷凝成高压液态制冷剂再经节流阀进入蒸发器蒸发冷却空调回风后，变成低温、低压的制冷剂蒸气，又回到压缩机完成一个制冷循环。

空气源热泵机组的性能受室外气候条件变化影响较大。夏季，随着室外空气温度的升高，制冷负荷增大，但热泵系统冷凝温度升高，热泵温差增加，机组整体效率降低；冬季，随着空气温度的降低，供热负荷增大，而蒸发温度随之降低，热泵温差增大，导致机组整体效率降低。

空气源热泵机组在制热工况下能效比较高，一般可达 2.0 以上，因此它提高了电能供暖的经济性。对于温湿地区，空气源热泵机组在使用中最突出的问题是结霜，即蒸发器表面温度低于室外空气露点温度时，空气中的水蒸气就会在蒸发器上冷凝，出现"结露"，当蒸发器表面温度低于 0℃时，凝结水就会结冰，这也就是通常所说的"结霜"。"结霜"会增大蒸发器表面的热阻，同时也增加了空气流经蒸发器的阻力，从而使空气量减少，随着机组的不断工作，霜层越结越厚，要保持热泵机组的产热量就只能依靠降低蒸发温度，因而越发加重了"结霜"的现象，如此恶性循环，当蒸发温度（蒸发压力）降低到低压保护开关的压力设定值时，机组就会被迫停机。因此，空气源热泵机组在冬季供暖时如果霜层结到一定厚度，应及时将霜除去，即所谓"除霜"。

5.2.3.2 地源热泵机组

地源热泵机组以岩土体、地下水或地表水为低温热源，由水源热泵机组、地热能交换系统组成的供热空调冷热源设备。根据地热能交换系统形式的不同，地源热泵系统分为地埋管地源（土壤源）热泵、地下水地源热泵和地表水（江、河、湖、海）地源热泵。

（1）水源热泵机组。水源热泵机组是以水或添加防冻剂的水溶液为低温热源的热泵，是利用了地球水体所储藏的太阳能资源作为冷热源，进行能量转换的供暖空调系统。其中可以利用的水体包括地下水或河流、湖泊以及海洋。

水源热泵机组可利用的水体温度冬季为 12～22℃，水体温度比环境空气温度高，所以热泵循环的蒸发温度提高，能效比也提高。而夏季水体温度为 18～35℃，水体温度比环境空气温度低，所以制冷的冷凝温度降低，使得冷却效果好于风冷式和冷却塔式，从而提高机组运行效率。

（2）地埋管地源（土壤源）热泵

土壤源热泵空调系统通过中间传热介质（水或以水为主要成分的防冻液）在封闭的地下埋管中流动，实现系统与大地之间的传热。土壤源热泵空调系统一般有三个环路组成（见图 5-6）。

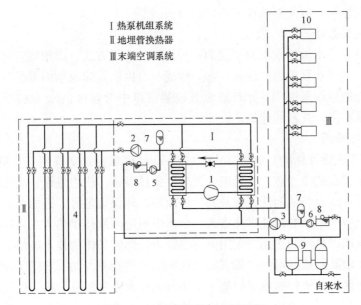

图 5-6　土壤源源热泵空调系统

1—压缩机组；2—地源侧循环泵；3—室内侧循环泵；4—地埋管换热器；5—地源侧定压泵；
6—室内侧定压泵；7—膨胀罐；8—补水箱；9—水处理装置；10—空调末端装置

1）地热换热器环路。在地下，有高强度塑料管组成的封闭环路，其中传热介质为水或防冻液。冬季从周围土壤（地层）吸收热量，夏季向土壤（地层）释放热量。室外环路中的中间介质与热泵机组之间通过换热器交换热量，其循环由一台或几台循环泵来实现。

2）制冷剂环路。即热泵机组内部的制冷循环环路，与空气源热泵相比，只是将空气—制冷剂换热器换成水—制冷剂换热器，其他结构基本相同。

3）室内环路。室内环路是将热泵机组的制热（冷）量输送到建筑物，传递热量的介质有空气、水或制冷剂等。

有的土壤源热泵系统还设有生活热水环路。将水从生活热水箱送到冷凝器进行循环的封闭加热环路，是一个可供选择的生活热水环路。对夏季工况，该循环可充分利用冷凝器排放的热量，基本不消耗额外的能量而得到热水供应；在冬季或过渡季，其耗能也大大低于电热水器。

土壤源热泵空调系统与水源热泵空调系统的主要差别是增加了地热换热器，这种换热器不是两种流体之间的换热，而是埋地管中的流体与固体（土壤）的换热，这种换热过程是非稳态换热，涉及的时间跨度很长，条件也很复杂。设计过程中需要对埋地管材的选择、传热介质的选择、埋管方式（水平埋管、竖直埋管）、埋管的连接方式以及土壤的热物性等诸多因素加以细致分析和测试。

地热换热器的设计计算需要满足的最主要条件是要保证在地热换热器的整个寿命周期中，循环介质的温度都在要求的范围内，其设计计算包括土壤源热泵系统形式的方案决策与选择、设计计算材料的收集和准备以及具体的设计计算。设计者按此程序选择地热换热器的布置形式并确定埋管总长度，同时进行地热换热器的运行测试模拟计算，即在给定地热换热器布置形式和长度以及负荷的情况下，计算循环液温度随时间的变化，进而确定系统的性能系数和能耗，以便对系统进行能耗分析。

（3）水环热泵系统

水环热泵系统是水源热泵空调系统的一种特殊的应用方式，即用双管封闭式循环水环路将小型的水—空气热泵机组并联在一起，构成一个以回收建筑物内部余热为主要特征的热泵供暖、供冷的空调系统[3]。水环热泵系统通常以中等温度的水为水源，更适合同时有冷、热负荷及有内、外区的建筑。

5.2.4　热源主要特点

《公共建筑节能设计标准》（GB 50189—2015）[4]中规定：空气调节与供暖系统的冷、热源宜采用集中设置的冷（热）水机组或供热、换热设备。机组或设备的选择应根据建筑规模、使用特征，结合当地能源结构及其价格政策、环保规定等，经综合论证后确定。

不同燃料对应于不同的最佳供热方式，如燃煤对应的最佳供热方式为热电联产和集中供热；远离热电联产热网的热用户采用何种热源方式要做具体的技术经济分析；对夏热冬冷地区，环保要求高的地区可推广带有辅助热源的空气源热泵方式和蓄热式电暖气方式；对电力不充足地区应严格控制电锅炉集中供热方式；大力发展直燃机、燃气轮机和燃气热泵冷热电三联供技术，实现高效供热或发展相变蓄热技术以缓解用电峰谷差。

各种热源设备运行都是以消耗能源为基础的，电动冷水机组和电动热泵消耗电力，但本质上还是煤的消耗，其他冷热源设备也是直接以煤、天然气和油为能源消耗的。这些能源的消耗，或多或少都会产生一定的污染物排放到大气中去，主要包括二氧化硫、氮氧化物、可吸入颗粒（TSP）以及灰渣，其结果使大气污染严重，空气质量下降。一般情况下，天然气燃烧后对环境产生的污染程度是较轻的，1t 煤燃烧后的污染物排放量是同等热值天然气的 89～1701 倍[5]。

5.2.4.1　燃煤锅炉的污染

燃煤锅炉对环境的污染主要表现在烟尘的排放和灰渣。其中，烟尘是造成大气悬浮物的主要污染源，大气中造成酸雨的二氧化硫（SO_2），90％来自燃煤，造成地球温室效应的二氧化碳（CO_2），大部分来自燃煤，还有氮氧化物（NO_x）等。另外燃煤锅炉的灰渣，如果处理不当，可造成扬尘；除去脱硫的废水会造成酸性污染等。

我国的城市供热主要以燃煤为主，燃煤锅炉容量小、数量大、分布广、效率低，对环境污染危害大，能源利用率低。为改善对环境的污染，改善城市空气质量，燃油、燃气锅炉已成为空调冷热源的主要设备。

5.2.4.2 燃油、燃气锅炉的主要特点

（1）燃气锅炉能改善城市的污染。采用燃气锅炉后，烟尘排放量为零；SO_2 排放量为零；NO_x 排放量燃气比燃煤减少 63.6%，比燃油减少 33%；CO_2 排放量燃气比燃煤减少 52%，比燃油减少 26%。燃气锅炉效率可达 90%，如燃煤锅炉改为燃气锅炉，热效率可提高 18%～20%，出力可提高 20%～30%，采用燃气锅炉对环保和节能有显著效果。

在电力生产方面，根据美国世界观察研究所的报道[6]：燃气蒸汽联合循环电站造价可降低到燃煤凝汽式电站的一半左右；小型的可作为冷热电联产的发电装置。用天然气作燃料的发电，对环境也有极大改善，NO_x 可消减 90%，SO_2 排放量可以减少为零，CO_2 排放量可减少 60%。

（2）燃烧器的优劣决定燃气燃油锅炉的效率。燃烧器必须具有最佳的燃料和空气的比例分配，燃料和空气混合良好，燃烧最完全；燃烧器燃烧要稳定，不回火，不脱火；要有良好的适应性，当锅炉负荷在 30% 以下时，燃烧器应能稳定燃烧；对燃气成分变化的适应性要强；自动控制调节、程序控制、安全保护系统要完全可靠。

燃烧器主要有 3 种类别，即燃油燃烧器、燃气燃烧器和油气两用燃烧器。按使用情况来区别，又分为单段火力、双段火力、三段火力、双段滑动式和比例式等自动燃烧器。单段火力燃烧器是指燃烧器点火后，只有 1 级出力，不能调节大小；双段火力燃烧器是指燃烧器有两级出力，可根据负荷进行两级调节；双段滑动式燃烧器，只有一个喷油嘴，油枪喷嘴内有针阀可调节，根据负荷调节针阀开度，实现出力调节。对气体燃烧器，一般均为连续调节，即无级调节。

油气两用燃烧器即可使用气体燃料，亦可使用燃油。在燃料转换时，进行相应转换，不可同时使用两种燃料。

燃气燃烧器亦可按排放的氮氧化物（NO_x）来分类：普通燃烧器，氮氧化物（NO_x）浓度一般为 120mg/kWh；低 NO_x 排放燃烧器，氮氧化物（NO_x）浓度一般为 60～80mg/kWh，其内部有废气循环系统减少 NO_x 排放量；双燃料燃烧器（燃气、燃油）。

5.2.4.3 电锅炉的发展概况及特点

（1）电力发展概况。过去我国用电紧张，供不应求，新建项目用电不但受到限制还需缴纳大量增容费。我国电力工业经过几十年的发展，已经达到相当大的规模，包括水电、火电、核电、风力发电、地热能发电和潮汐能、太阳能、生物质能等可再生能源发电技术都有长足发展。

现在我国用电紧张局面已逐步缓和，作为生活和供暖用电的电热锅炉也越来越多地用作供热设备。随着我国电力供求的变化，近些年各地电锅炉发展迅速，特别是有蓄热功能的电锅炉应用，对解决用电结构性供不应求，削峰填谷具有优越性。电力是洁净、效率高的利用化石燃料的部门，在能源利用密度大的城市，用电力替代化石燃料，可直接解决空气、水等的污染问题，是解决城市污染的较好办法。

（2）电锅炉的特点。电锅炉通过加热元件加热水，电能转化热能效率高，在使用地不排放有害气体和烟尘，不会产生灰渣，对应用场所无污染；能源转化效率高，换热系数高，损失小，一般电锅炉热效率可达 98% 以上；锅炉启停快，运行负荷调节范围大，调

节速度快，操作简单；锅炉本体结构简单，安全性好；体积小，重量轻，布置灵活，占地小，基建投资费用低；采用计算机控制，完全实现自动化。

其缺点是：在电价较高的地区，采用电锅炉的运行费用较高；电锅炉适用于电价较低、环保要求较高的地区（或实行峰谷电价地区）和电价低收费时段。我国的电力主要来自燃煤热电厂，实际上存在燃烧污染问题，尤其是将高质能低用，存在巨大的有用能的损失。

5.2.4.4 热泵机组

（1）空气源热泵按室内侧换热可分为冷剂式、空气—水热泵机组。冷剂式系统单体机组规格小，适用于小型系统及分散式空调系统，布置灵活、噪声低，常用于居住建筑或改造工程，其 COP 较低。

空气—水热泵机组的优点：1）安装在室外，不占机房面积，节省土建投资；2）省去冷却塔、冷却水泵和冷却水系统，节省投资与空间，还可避免冷却塔军团菌的危害与冷却水系统水处理的麻烦；3）夏季供冷，冬季供热，不需另设锅炉房；4）冬季供暖节电，热泵获得的热能是消耗电能热当量的 2～3 倍；5）不污染空气，有利于环境保护。空气—水热泵机组，适用于室外空调计算温度−10℃以上的城市和建筑面积 1 万～1.5 万 m² 以下以及冬季单位面积热负荷不太大的建筑。对于长江以南而冬季相对湿度不过高的地区尤为适用。对于夏季冷负荷小而冬季热负荷较大的地区或对于夏季冷负荷很大而冬季热负荷很小的地区不宜单独采用热泵。

空气源热泵机组除了具有空气—水热泵机组的众多优点外，其运行可靠性高、噪声低，且部分负荷的效率也高，便于容量调节，节能显著。

我国京津地区、黄河中下游、长江中下游及中南各省区的小型空调工程均可使用这种"一机两用"的热泵机组。热泵机组的选用原则是分别以冷、热负荷选择设备，然后取较大容量的设备作为所要选用的设备。

空气源热泵型冷热水机组的主要缺点是造价较高，以热泵型冷热水机组为冷热源的空调系统的投资约为以水冷式冷水机组加锅炉为冷热源的空调系统的投资的 1.2～1.3 倍多，如只算冷热源设备方面的投入，热泵的价格比水冷式冷水机组加锅炉的方案贵 50%～70%。

运行费用方面，额定制冷工况下热泵型冷热水机组空调系统热泵加水泵的能耗约为 1.24kW/RT（每冷吨制冷量耗电 1.24kW），而根据水冷机组的大小及其 COP 不同，水冷式冷水机组额定工况下主机、水泵、冷却塔的能耗约为 0.9～1.2kW/RT。冬季额定工况下热泵、水泵的能耗约为 0.35kW/kW，而锅炉加循环泵的额定工况下能耗情况约为 1.26kW/kW（每千瓦供热量所消耗的电能及热能）。

（2）地源热泵的优点：1）属可再生能源利用技术。地源热泵主要是利用季节蓄能，冬季取热，夏季蓄热，最终需满足冷、热量的平衡。一般以浅层岩土层作为地源热泵的热源和热汇。2）属经济有效的节能技术。地能或地表浅层地热资源的温度一年四季相对稳定，冬季比环境空气温度高，夏季比环境空气温度低，是很好的热泵热源和空调冷源，这种温度特性使得地源热泵比传统空调系统运行效率要高 40%，因此要节能和节省运行费用 40% 左右。另外，地能温度较恒定的特性，使得热泵机组运行更可靠、稳定，也保证了系统的高效性和经济性。据美国环保署 EPA 估计，设计安装良好的地源热泵系统，平均来说可以节约用户 30%～40% 的供热制冷空调的运行费用；3）环境效益显著。地源热泵的污染物排放，与空气源热泵相比，相当于减少 40% 以上，与电供暖相比，相当于减少 70% 以上，如果结合其他节能措施节能减排会更明显。虽然也采用制冷剂，但比常规空调装置减少 25% 的充灌量；属自含式系统，即该装置能在工厂车间内事先整装密封好，因此，制冷剂泄漏几率大为减少。该装置的运行没有任何污染，可以建造在居民区内，没有燃烧，没有排烟，也没有废弃物，不需要堆放燃料废物的场地，且不用远距离输送热量；4）一机多用，应用范围广。地源热泵系统可供暖、空调，还可供生活热水，一机多用，一套系统可以替换原来的锅炉加空调的两套装置或系统；可应用于宾馆、商场、办公楼、学校等建筑，更适合于别墅住宅的供暖、空调；5）维护费用低。在同等条件下，采用地源热泵系统的建筑物能够减少维护费用。地源热泵非常耐用，它的机械运动部件非常少，所有的部件不是埋在地下便是安装在室内，从而避免了室外的恶劣气候，其地下部分可保证 50 年，地上部分可保证 30 年，因此地源热泵是免维护空调，节省了维护费用，使用户的投资在 3 年左右即可收回。

此外，机组使用寿命长，机组紧凑、节省空间；自动控制程度高，可无人值守。

土壤源热泵的缺点：采用土壤源热泵系统的初投资较大，其地埋管换热器的费用一般是主机费用的 2 倍以上，另外需考虑长年运行的地温冷热平衡问题，由于取热量和冷量不平衡造成土壤温度冷堆积或热堆积，使机组性能下降；采用地下水的利用方式，会受到当地地下水资源的制约，地下水要求全部回灌，可能会对水质产生污染。

（3）水环热泵机组的主要优点：便于分户计费与能量管理；性能系数高于空气源热泵。最适宜用于有洁净的江河水或废水作为低位能源，以及气候适中的地区、面积较大的商场、办公楼等内区要求供冷、外区要求供热的建筑物。

综上所述，热泵空调系统较其他形式的空调系统更节能，有诸多优点，但现在的能源价格和产品价格相对较高，使热泵空调系统投资、运行维护方面的综合费用较高。

5.3　冷热源性能

5.3.1　锅炉的额定热效率

根据《公共建筑节能设计标准》GB 50189—2015[4]，锅炉的额定热效率应符合表 5-1 的规定。

5.3.2　蒸气压缩循环冷水（热泵）机组制冷性能系数

电驱动压缩机的蒸气压缩循环冷水（热泵）机组在额定制冷工况和规定条件下，性能系数（COP）与气候环境有很大关系，不应低于表 5-2 的规定，且水冷变频离心式机组的性能系数（COP）不应低于表 5-2 中数值的 0.93 倍；水冷变频螺杆式机组的性能系数（COP）不应低于表 5-2 中数值的 0.95 倍。

5.3.3　蒸气压缩循环冷水（热泵）机组综合部分负荷性能系数

蒸气压缩循环冷水（热泵）机组的综合部分负荷性能系数（IPLV）不宜低于表 5-3 的规定，且水冷变频离心式机组的综合部分负荷性能系数（IPLV）不应低于表 5-3 中数值的 1.3 倍；水冷变频螺杆式机组的综合部分负荷性能系数（IPLV）不应低于表 5-3 中数值的 1.15 倍。

锅炉额定热效率（%）　　　　　　　　　　　　　　　表 5-1

锅炉类型及燃料种类		锅炉额定蒸发量(t/h)/额定热功率(MW)					
		$D<1/$ $Q<0.7$	$1\leqslant D\leqslant2/$ $0.7\leqslant Q\leqslant1.4$	$2<D\leqslant6/$ $1.4<Q\leqslant4.2$	$6<D\leqslant8/$ $4.2<Q\leqslant5.6$	$8<D\leqslant20/$ $5.6<QQ\leqslant14.0$	$D>20/$ $Q>14.0$
燃油燃气锅炉	重油	86	88				
	轻油	88	90				
	燃气	88	90				
层状燃烧锅炉		75	78	80		81	82
抛煤机链条炉排锅炉	Ⅲ类烟煤	—	—			82	83
流化床燃烧锅炉				84			

冷水（热泵）机组制冷性能系数　　　　　　　　　　　表 5-2

类　型		名义制冷量 CC(kW)	性能系数 COP(W/W)					
			严寒 A、B 区	严寒 C 区	温和地区	寒冷地区	夏热冬冷地区	夏热冬暖地区
水冷	活塞式/涡旋式	$CC\leqslant528$	4.10	4.10	4.10	4.10	4.20	4.40
	螺杆式	$CC\leqslant528$	4.60	4.70	4.70	4.70	4.80	4.90
		$528<CC\leqslant1163$	5.00	5.00	5.00	5.10	5.20	5.30
		$CC>1163$	5.20	5.30	5.40	5.50	5.60	5.60
	离心式	$CC\leqslant1163$	5.00	5.00	5.10	5.20	5.30	5.40
		$1163<CC\leqslant2110$	5.30	5.40	5.40	5.50	5.60	5.70
		$CC>2110$	5.70	5.70	5.70	5.80	5.90	5.90
风冷或蒸发冷却	活塞式/涡旋式	$CC\leqslant50$	2.60	2.60	2.60	2.60	2.70	2.80
		$CC>50$	2.80	2.80	2.80	2.80	2.90	2.90
	螺杆式	$CC\leqslant50$	2.70	2.70	2.70	2.80	2.90	2.90
		$CC>50$	2.90	2.90	2.90	3.00	3.00	3.00

冷水（热泵）机组的综合部分负荷性能系数　　　　　　表 5-3

类　型		名义制冷量 CC(kW)	综合部分负荷性能系数 $IPLV$					
			严寒 A、B 区	严寒 C 区	温和地区	寒冷地区	夏热冬冷地区	夏热冬暖地区
水冷	活塞式/涡旋式	$CC\leqslant528$	4.90	4.90	4.90	4.90	5.05	5.25
	螺杆式	$CC\leqslant528$	5.35	5.45	5.45	5.45	5.55	5.65
		$528<CC\leqslant1163$	5.75	5.75	5.75	5.85	5.90	6.00
		$CC>1163$	5.85	5.95	6.10	6.20	6.30	6.30
	离心式	$CC\leqslant1163$	5.15	5.15	5.25	5.35	5.45	5.55
		$1163<CC\leqslant2110$	5.4	5.5	5.55	5.60	5.75	5.85
		$CC>2110$	5.95	5.95	5.95	6.1	6.2	6.2
风冷或蒸发冷却	活塞式/涡旋式	$CC\leqslant50$	3.10	3.10	3.10	3.10	3.20	3.20
		$CC>50$	3.35	3.35	3.35	3.35	3.40	3.45
	螺杆式	$CC\leqslant50$	2.90	2.90	2.90	3.00	3.10	3.10
		$CC>50$	3.10	3.10	3.10	3.20	3.20	3.20

水冷式电动蒸气压缩循环冷水（热泵）机组的综合部分负荷性能系数（$IPLV$）宜按下式计算和检测条件检测：

$$IPLV=1.2\%\times A+32.8\%\times B+39.7\%\times C+26.3\%\times D \qquad (5-6)$$

式中　A——100％负荷时的性能系数（W/W），冷却水进水温度30℃/冷凝器进气干球温度35℃；

　　　　B——75％负荷时的性能系数（W/W），冷却水进水温度26℃/冷凝器进气干球温度31.5℃；

　　　　C——50％负荷时的性能系数（W/W），冷却水进水温度23℃/冷凝器进气干球温度28℃；

　　　　D——25％负荷时的性能系数（W/W），冷却水进水温度19℃/冷凝器进气干球温度24.5℃。

5.3.4　单元式机组能效比（EER)

单元式机组能效比（EER）是指空调、供暖设备的能效比（Energy Efficiency Ratio），在额定（名义）工况下，空调、供暖设备提供的冷量或热量与设备本身所消耗的能量之比。

名义制冷量大于7100W、采用电机驱动压缩机的单元式空气调节机、风管送风式和屋顶式空气调节机组时，在名义制冷工况和规定条件下，其能效比（EER）不应低于表5-4的规定。

单元式机组能效比　　　　　　　　　　　表5-4

类型		名义制冷量 CC(kW)	能效比 EER（W/W）					
			严寒 A、B区	严寒 C区	温和 地区	寒冷 地区	夏热冬 冷地区	夏热冬 暖地区
风冷	不接风管	7.1<CC≤14.0	2.70	2.70	2.70	2.75	2.80	2.85
		CC>14.0	2.65	2.65	2.65	2.70	2.75	2.75
	接风管	7.1<CC≤14.0	2.50	2.50	2.50	2.55	2.60	2.60
		CC>14.0	2.45	2.45	2.45	2.50	2.55	2.55
水冷	不接风管	7.1<CC≤14.0	3.40	3.45	3.45	3.50	3.55	3.55
		CC>14.0	3.25	3.30	3.30	3.35	3.40	3.45
	接风管	7.1<CC≤14.0	3.10	3.10	3.15	3.20	3.25	3.25
		CC>14.0	3.00	3.00	3.05	3.10	3.15	3.20

5.4　冷热源能源效率分析

能源使用的效率是衡量一个国家现代化程度的重要指标。我国的能源利用率只有32％左右，比国际先进水平平均低10％左右，单位国民生产总值能耗是发达国家的3～4倍。

我国中央空调的冷热源大多选择压缩式冷水机组（包括活塞式、离心式及螺杆式）、热泵机组（包括空气源热泵、水源热泵）、溴化锂吸收式冷水机组或冷温水机组、锅炉及近来讨论比较多的燃气驱动热泵等。这些冷热源的驱动能源（如压缩式机组采用的是电，溴化锂吸收式制冷机采用的是蒸汽、燃气与燃油）效率、能耗和对环境的影响各不相同。现就几种在我国常用的空调冷热源作一次能源效率的比较。

5.4.1　能源利用比较基准的确定

通常认为电动压缩式制冷机的性能系数COP值较高，比直燃型溴化锂吸收式制冷机组的热力系数高得多。这是因为两者的比较基准不一样，电动压缩式制冷机的性能系数为制冷量与消耗的电量之比，没有考虑发电机组在发电过程中的效率损失、输配电过程的损失等。对于溴化锂吸收式制冷机组来说，热力系数这个指标仅仅表明产生一定的冷量时需要消耗的热量，它没有反映出这些热量是怎样来的。如果是蒸汽驱动的溴化锂吸收式制冷机，其热量就为蒸汽的热量，而没有考虑锅炉产生这些蒸汽的损失；如果是直燃型溴化锂吸收式制冷机，其热量即为消耗的燃料（燃油、燃气）所提供的热量。

为了比较电动压缩式制冷机与蒸汽型（直燃型）溴化锂吸收式制冷机以及各种冷热源设备的能源利用情况，将比较的基准统一为"一次能源利用率"，即单位制冷量或制热量所消耗的一次能源量，用 PER（Primary Energy Ratio）表示，单位为 kW/kW[7]。

5.4.2 制冷机与热泵的一次能源利用率

5.4.2.1 主机的一次能源利用率比较

对于电动压缩式制冷机或热泵的一次能源利用率为：

$$PER = \frac{Q_0}{W} \times \eta_f \times \eta_W \times \eta_y \tag{5-7}$$

式中　Q_0——制冷机或热泵的制冷（热）量，kW；

　　　W——制冷机或热泵的额定功率，kW；

　　　η_f——电厂的供电效率，取 30.4%～35.2%（国家统计局统计我国供电煤耗 404g 标准煤/kWh，2008 年我国发电企业供电煤耗 349g 标准煤/kWh）；

　　　η_W——电网的输送效率，取 91%～93%；

　　　η_y——电机效率，取 90%。

对于溴化锂吸收式制冷机来说，其驱动形式大体上有两种：当驱动为蒸汽时，其一次能源利用率为：

$$PER = \frac{Q_0}{\dfrac{Q_g}{\eta_g \times \eta_{sg} \times \eta_{gd}} + \dfrac{W_{rb}}{\eta_f \times \eta_W \times \eta_y}} \tag{5-8}$$

式中　Q_0——溴化锂蒸汽吸收式制冷机的制冷（热）量，kW；

　　　Q_g——吸收式制冷机所消耗的热量，kW；

　　　W_{rb}——溴化锂吸收式制冷机溶液泵、冷剂泵、真空泵等的耗电量，kW；

　　　η_g——锅炉效率，一般为 78%～89%；

　　　η_{sg}——室内外输送管道等的热效率，一般为 93%～94%；

　　　η_{gd}——锅炉房内管道热效率，一般为 90%～95%。

式中分母的第二项为蒸汽型溴化锂吸收式制冷机溶液泵、冷剂泵、真空泵等的耗电量转换成一次能源利用的情况。

对于直燃型溴化锂吸收式制冷机，由于燃气（天然气或煤气等）、燃油（重油或轻质油）均属于一次能源，故它的一次能源利用率为：

$$PER = \frac{Q_0}{\dfrac{Q_g}{\eta_g} + \dfrac{W_{rb}}{\eta_f \times \eta_W \times \eta_y}} \tag{5-9}$$

5.4.2.2 考虑系统其他设备能耗的一次能源利用率比较

风冷热泵机组是用空气冷却，没有冷却水系统。而溴化锂吸收式制冷机组以及水冷的电动压缩式冷水机组则需要冷却水系统（包括水泵、输送管道、冷却塔等）。冷却水泵及冷却塔风机均要消耗一定的电能。冷却水泵消耗的电能按下式估算：

$$W_{lb} = \frac{1.05LH}{0.102\eta_b} \qquad (5\text{-}10)$$

式中　W_{lb}——冷却水泵的耗电，kW；

　　1.05——富裕系数；

　　　L——泵的流量，m^3/s；

　　　H——泵的扬程，mH_2O。

　　　η_b——泵及电机效率，一般取 0.6～0.7，大系统可取高值。

而冷却塔风机的耗电 W_{lf} 可按表 5-5 取用[8]。

冷却塔风机的耗电 W_{lf} （kW）

表 5-5

项目	压缩式制冷系统	溴化锂吸收式制冷系统
冷却塔耗电	0.0047～0.008	0.007～0.012

对于水冷式电动压缩式冷水机组，考虑冷却水泵、冷却塔风机的耗电，其一次能源利用率为：

$$PER = \frac{Q_0}{W + W_{lb} + W_{lf}} \times \eta_f \times \eta_w \times \eta_y \qquad (5\text{-}11)$$

对于风冷热泵机组，考虑风机耗电，其一次能源利用率为：

$$PER = \frac{Q_0}{W + W_{lf}} \times \eta_f \times \eta_w \times \eta_y \qquad (5\text{-}12)$$

式中　W_{lf}——风冷热泵风机的耗电，kW。

对于直燃式溴化锂吸收式制冷机，由于燃气（天然气或煤气等）、燃油（重油或轻质油）均属于一次能源，考虑冷却水泵、冷却塔风机的耗电，其一次能源利用率 PER 为[9]：

$$PER = \frac{Q_0}{Q_g/\eta_g + \dfrac{W_{rb} + W_{lb} + W_{lf}}{\eta_f \times \eta_w \times \eta_y}} \qquad (5\text{-}13)$$

对于蒸汽式溴化锂吸收式制冷机，考虑冷却水系统耗电的一次能源利用率为：

$$PER = \frac{Q_0}{\dfrac{Q_g}{\eta_g \times \eta_{sg} \times \eta_{gd}} + \dfrac{W_{rb} + W_{lb} + W_{lf}}{\eta_f \times \eta_w \times \eta_y}} \qquad (5\text{-}14)$$

5.4.3　冷热源系统一次能源利用率的影响因素

影响一次能源利用率的因素有很多，比如电厂的发电效率、机组的部分负荷特性、机组非额定工况下的特性等。

1. 发电效率对冷源系统一次能源利用率的影响

从以上各式可以看出，依靠电力为驱动能源的空调机组的一次能源利用率受发电效率的影响很大。随着发电效率的提高，以电力为主要能源的电动压缩式制冷系统的 PER 值将大大上升，当发电效率达到一定水平后，电动热泵冷水系统的 PER 将接近或超过直燃型溴化锂吸收式冷水系统。可以预见，今后随着发电效率的提高以及制冷剂替换研究的成功，电动压缩式制冷机组仍然是空调行业的主流。有资料显示，目前日本新研制了一种以燃料电池、燃气轮机和蒸汽轮机组合在一起的发电机组，发电效率可以达到 59%，这为电动压缩式制冷机组提供了广阔的前景。

另外，对于如何提高热泵运行效率的研究也在进行，现已研制出 COP 值可以达到 6 甚至 7 的超级热泵，如果这种热泵能投入生产使用的话，热泵的一次能源利用效率将大大提高。

2. 部分负荷特性对冷源机组的一次能源利用率的影响

上面分析的一次能源利用率，都是以冷水机组满负荷运行为基础进行分析比较的。事实上，冷水机组不可能一直处于满负荷下运行，而实际工程当中，大部分时间都是处于部分负荷情况下。机组部分负荷运行时间与总运行时间的比值，就是部分负荷率。

当机组在部分负荷的状态下运行时，它的性能系数并不等于满负荷时的值，是随负荷的大小不断变化的。因此，部分负荷下机组的 PER 值也是个变化的动态值，对冷源机组运行时的真实 PER 产生重要的影响，必须加以分析比较。

部分负荷特性（IPLV）指标值体现的是单台冷水机组应用在全国各种情况下的平均性能水平，不是实际能效值，在式（5-6）中，$IPLV$ 值计算的 4 个特定部分负荷，100%、75%、50% 和 25% 是对应 4 个负荷段内的当量平均部分负荷值（累计负荷/累计运行时间），因为是统计数据，可近似按表 5-6 表示建筑物的冷负荷率分布，因此在能耗评估时，可参考不同负荷率所运行时间进行计算。

建筑物冷负荷率分布表 表 5-6

冷负荷率(%)	占总运行时间的百分数
87.5～100	1.2%
62.5～87.5	32.8%
37.5～62.5	39.7%
小于 25	26.3%

因此，建筑物冷负荷率处于 62.5%～87.5% 的时间占总运行时间的 32.8%、处于 37.5%～62.5% 的时间占总运行时间的 39.7%。这就意味着冷源机组每年有近 35% 的运行时间都是处于部分负荷率为 62.5%～87.5% 之间、有近 40% 的运行时间都是处于部分负荷率为 37.5%～62.5% 之间。因此，使冷源机组的性能系数或 PER 值在其部分负荷率为 37.5%～87.5% 时达到最大，就可以最大限度的节省能耗，充分发挥冷源机组的性能。

5.5 暖通空调冷热源能耗分析

5.5.1 空调冷源能耗分析

空调是一种高能耗设备，占建筑能耗的 50% 以上。空调驱动方式的选择与一个国家的能源政策、基础设施的建设和用户的具体条件有关。目前，我国 70% 左右的中央空调机组为电力驱动的机组。电力驱动的空调机组比例的增加导致了电网峰谷差增大，降低了电网的安全性；同时由于环境保护压力加大及能源结构的调整，燃气空调（包括直燃机组和燃气机机组）的应用将迎来发展时期。

空调冷源主要有电力驱动的蒸气压缩式制冷机组（包括往复式、螺杆式和离心式机组）、溴化锂吸收式制冷机组（包括热水型、蒸汽型和直燃型机组）和燃气机制冷机组。

1. 电制冷机的一次能源利用率

由式（5-7）可得：

$$PER = \frac{Q_0}{W} \times \eta_f \times \eta_W \times \eta_y = COP_e \times \eta_f \times \eta_W \times \eta_y \tag{5-15}$$

若电厂的供电效率 η_f 取 35%，电网的输送效率 η_W 取 93%，压缩机的电机效率 η_y 取 90%，并根据我国《公共建筑节能设计标准》GB 50189—2019[4] 规定，由表 5-2 所示的参数（以寒冷地区为例），可得电驱动压缩机的蒸气压缩循环冷水（热泵）机组在额定制冷工况和规定条件下一次能源利用率，见表 5-7。

冷水（热泵）机组额定制冷工况和规定条件下一次能源利用率（寒冷地区）　　表 5-7

类 型		额定制冷量（kW）	一次能源利用率（W/W）
水冷	活塞式/涡旋式	<528	1.20
	螺杆式	<528	1.38
		528~1163	1.49
		>1163	1.61
	离心式	<528	1.52
		528~1163	1.61
		>1163	1.70
风冷或蒸发冷却	活塞式/涡旋式	≤50	0.76
		>50	0.82
	螺杆式	≤50	0.82
		>50	0.88

2. 溴化锂吸收式制冷机的一次能源利用率

溴化锂吸收式制冷机有热源（热水和蒸汽）型和直燃型两种。溴化锂吸收式制冷机消耗的能源有热量和电量，但耗电量和耗热量相比可忽略不计。热源型机组的一次能源利用率由式（5-9）计算，忽略溶液泵、冷剂泵等耗电量可得：

$$PER = \frac{Q_0}{Q_g} \times \eta_g \times \eta_{sg} \times \eta_{gd} = \zeta \times \eta_g \times \eta_{sg} \times \eta_{gd} \tag{5-16}$$

式中　ζ——溴化锂吸收式制冷机的热力系数。

忽略溶液泵、冷剂泵等耗电量，直燃机的一次能源利用率为：

$$PER = \frac{Q_0}{Q_g} \cdot \eta_g = \zeta \cdot \eta_g \tag{5-17}$$

燃气机组是以燃气内燃机直接驱动的蒸气压缩制冷＋余热型溴化锂吸收式制冷机联合系统。引入燃气机废热回收率 α 的概念。α 被定义为所回收的燃气机废热量与燃气机总废热之比，按照此定义有：

$$PER = \frac{Q_{01} + Q_{02}}{Q_g} = \eta_G COP + \alpha(1 - \eta_G)\zeta \tag{5-18}$$

式中　Q_{01}、Q_{02}——燃气机制冷系统中蒸气压缩部分的制冷量和溴冷机制冷量，kW，其中：$Q_{01} = COP \times \eta_G Q_g$，$Q_{02} = \alpha(1 - \eta_G)\zeta \cdot Q_g$；

　　　　η_G——燃气机的效率；

　　　　α——燃气机废热回收率；

若锅炉效率 η_g 取 89%，室内外输送管道等的热效率 η_{sg} 取 94%，锅炉房内管道热效率 η_{gd} 取 95%，蒸汽双效溴化锂吸收式制冷机热力系数取 1.3，蒸汽单效溴化锂吸收式制冷机热力系数取 0.65，燃气机热泵供冷的 COP 取 3.6，燃气内燃机效率取 32%，燃气内燃机的热回收效率为 60%，直燃机热效率为 92%。并根据《公共建筑节能设计标准》GB 50189—2015 的规定，可得溴化锂吸收式制冷机在名义工况下的一次能源利用率，见表 5-8。

计算结果表明，大型电制冷机组的一次能源利用率最高，其次为燃气机驱动联合循环制冷机组和直燃型溴化锂吸收式制冷机，单效溴化锂吸收式制冷机的一次能源利用率最低，仅为燃气机驱动联合循环制冷机组的 34%，是电制冷机组的 35%。虽然燃气机驱动联合循环制冷机组的一次能源利用率最高，但其设备的投资也最高。

溴化锂吸收式制冷机在名义工况下的一次能源利用率　　　　　　　　　　表 5-8

制冷方式	一次能源利用率
蒸汽单效溴化锂吸收式制冷机	0.52
蒸汽双效溴化锂吸收式制冷机	1.03
直燃型溴化锂吸收式制冷机	1.20
燃气机联合循环机	1.42

在我国目前的能源体系下，从一次能源利用率、初投资和机组运行经济性的角度看，在没有余热利用和在电力供应有保障的场所可优先选择电制冷作为空调冷源。而对电力供应紧张地区，如有燃气管网供气，可考虑使用燃气机驱动联合循环制冷机组或直燃溴化锂吸收式制冷机作为空调冷源。对建有城市供热（蒸汽）管网的地区可考虑使用蒸汽型双效溴化锂吸收式制冷机；只有在有余热利用的场所才考虑使用单效溴化锂吸收式制冷机作空调冷源。

5.5.2　空调热源能耗分析

空调供热的热源方式主要有锅炉供热和热泵供热。城市常见的供热空调能源为煤、电、油、气，其中天然气是有发展前景的城市气源，在供热空调领域，以天然气为能源，用燃气机驱动压缩机并充分利用发动机废热、工业余热以及低品位环境热量的供暖、空调装置为低污染的环保装置。另外，由于部分地区电量的相对过剩，加上一些地区电力部门鼓励用电措施的出台，电锅炉供热也占据了一定的市场份额。目前，有待进一步明确的是各种不同供热空调方案的能量利用及经济性如何。

结合 5.4.2 节中一次能源利用率公式进一步整理供热的一次能源利用率公式为：

$$PER=\frac{Q_h}{Q_p} \tag{5-19}$$

式中　Q_h——供热供暖热量，kW；

　　　Q_p——系统消耗的一次能源量，kW。

锅炉供热的一次能源利用率为：

$$PER=\frac{Q_h}{Q_p}=\eta_g \tag{5-20}$$

对电热锅炉供热有：

$$PER = \frac{Q_{\text{h}}}{Q_{\text{p}}} = \frac{Q_{\text{h}}}{W} \frac{W}{Q_{\text{p}}} = \eta_{\text{eg}} \times \eta_{\text{f}} \times \eta_{\text{W}} \qquad (5-21)$$

式中 W——电锅炉的耗电量，kW；

η_{eg}——电热锅炉的效率。

空调供热热泵机组有电动热泵、直燃溴化锂冷热水热泵机组和燃气机热泵（GHP）。直燃型冷热水热泵机组供热时其作用相当于锅炉，一次能源利用率的计算方式可参见锅炉供热的一次能源利用率计算式。电动热泵的一次能源利用率为：

$$PER = COP_{\text{e}} \times \eta_{\text{f}} \times \eta_{\text{w}} \qquad (5-22)$$

式中 COP_{e}——蒸汽压缩热泵的制热性能系数。

供热供暖的一次能源利用率计算时，电热锅炉效率取 98%，蒸汽压缩热泵的供热性能系数为 4.1，溴化锂冷热水机组供热效率为 92%。供热的一次能源利用率的计算结果见表 5-9。

供暖的一次能源利用率 表 5-9

供热方式	一次能源利用率
燃气（燃油）锅炉	0.89
电热锅炉	0.32
直燃型溴化锂冷热水机组	0.92
电动热泵	1.32
燃气机热泵	1.72

燃气机热泵的一次能源利用率最高，其次为电动热泵。电热锅炉的一次能源利用率最低，仅为燃气机热泵的 18.6%，为电动热泵的 24.2%。初投资以燃气机热泵为最高，其次为直燃溴化锂冷热水机组、电动热泵。从能源的有效利用和初投资角度看，结合当地的能源供应和用户的情况可选择燃气机热泵或电动热泵机组作为供暖的热源，其次使用锅炉供暖，不提倡电热锅炉供暖。

5.6 㶲（Exergy）分析

热力学第一定律在"量"上描述热能转化过程的热量平衡关系，但不能从"质"上反映用能水平，从热力学第二定律出发，采用热力学状态参数㶲的概念，表达了热能转化过程中热能的可用性及热能在数量上与质量上的关系。

5.6.1 㶲与炕的概念

在周围环境条件下，任一种形式的能量中，理论上能够转变为有用功的那部分能量称为该能量的㶲或有效能（Exergy），用 Ex 表示，单位为 kJ（或 J），单位工质的㶲称为比㶲，用 ex 表示，单位为 kJ/kg。能量中不能转变为有用功的那部分称为该能量中的炕或无效能（Anergy），用 An 表示，单位质量的炕称为比炕，用 an 表示。从而可以将任何一种形式的能量都看成由㶲或炕所组成，即：

能量＝㶲＋炕

可以完全转换的能量，如机械能、电能等，理论上可以百分之百地转换为其他形式的能量，这种能量的"量"与"质"完全统一，它的转换能力不受约束。有些能量（如热能、内能）属于可部分转换的能量，这种能量的"量"与"质"不完全统一。有些能量不能转换，如环境内能，这种能量只有"量"没有"质"。

1. 热量㶲

当热源温度（T）高于环境温度（T_0）时，从热源取得热量 Q，通过可逆热机可能对外界作出的最大功称为热量㶲，可逆循环所作最大功：

$$Ex_Q = \int_{(Q)} \delta W_{max} = \int_{(Q)} \left(1 - \frac{T_0}{T}\right)\delta Q = Q - T_0 S_f \tag{5-23}$$

式中 $S_f = \int_{(Q)} \dfrac{\delta Q}{T}$——随热流携带的熵流，kJ/K。

热量㶲除与热量有关外，还与温度有关，在环境温度 T_0 一定时，T 越高，转换能力越强，热量中的㶲值越高。

$$\text{热量㶲：} An_Q = Q - Ex_Q = T_0 S_f \tag{5-24}$$

上式表明，在 T_0 一定的情况下，热量（㶲）与熵流成正比。㶲是不可用能（或称无效能），因此，熵从能量转换的角度可以理解为不可用能的度量。对系统加热，既增加了系统的可用能，也增加了系统的不可用能。

单位质量物质的热量㶲与热量㶲在 T-s 图上表示，如图 5-7 所示。

2. 冷量㶲

当系统温度 T 低于环境温度 T_0 时，在制冷循环中，从系统（冷源）获取冷量 Q_0，外界消耗一定量的功，将 Q_0 连同消耗的功一起转移到环境中去。在可逆条件下，外界消耗的最小功即为冷量㶲。

按逆卡诺循环：$\varepsilon_0 = \dfrac{\delta Q_0}{\delta W} = \dfrac{T}{T_0 - T}$，则有：

$$Ex_Q = W = \int_{(Q_0)} \frac{T_0 - T}{T}\delta Q_0 = T_0 S_f - Q_0 \tag{5-25}$$

式中 $S_f = \int_{(Q_0)} \dfrac{\delta Q_0}{T}$——冷量中携带的熵流，kJ/K。

由于 $Q = Q_0 + Ex_{Q_0} = T_0 S_f$，该能量是为获取制冷量 Q_0 而必须传给环境的能量，此能量不能再转化为㶲，称为冷量㶲，即：

$$An_{Q_0} = T_0 S_f \tag{5-26}$$

单位质量物质的冷量㶲与冷量㶲在 T-s 图上表示，如图 5-8 所示。

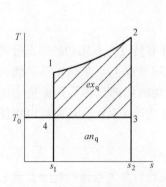

图 5-7　热量㶲和热量㶲图

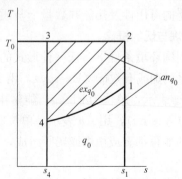

图 5-8　冷量㶲和冷量㶲图

3. 内能㶲及焓㶲

（1）内能㶲

闭口系统从给定状态（p，T）可逆地过渡到与环境温度（p_0，T_0）相平衡，对外所作最大有用功称为内能㶲。为了保证系统与环境之间实现可逆换热条件，首先经历一个定熵过程，然后是定温过程。

$$Ex_u = W_{max,u} = (U-U_0) - T_0(S-S_0) + p_0(V-V_0) \tag{5-27}$$

式中　U、U_0——系统所处状态与环境状态的内能，kJ；

　　　S、S_0——系统所处状态与环境状态的熵，kJ/K；

当环境状态一定时，内能㶲仅取决于系统状态，因此，内能㶲是状态参数。内能㶲的微分形式为：

$$dEx_u = dU - T_0 dS + p_0 dV \tag{5-28}$$

内能㷓为：$An_u = (U-U_0) - Ex_u = T_0(S-S_0) - p_0(V-V_0) \tag{5-29}$

如图 5-9 所示，系统首先进行定熵过程（AB），然后进行定温过程（BO）可逆过渡到环境状态。图中带有斜影线的面积为内能㶲，A—C 为定容线，C—O 为定压线。

（2）焓㶲

开口系统稳态稳流过程中，若忽略动能、位能变化。工质流从初态（p，T）可逆过渡到环境状态（p_0，T_0），单位工质焓降（$h-h_0$）可能作出的最大技术功便是工质流的焓㶲。

$$ex_h = W_{max,t} = (h-h_0) - T_0(s-s_0) \tag{5-30}$$

稳态稳流工质所携带的能量焓中，不能转换为有用功㶲的那部分能量即为焓㷓：

$$an_h = (h-h_0) - ex_h = T_0(s-s_0) \tag{5-31}$$

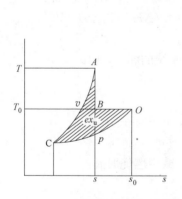

图 5-9　内能㶲 T-s 图

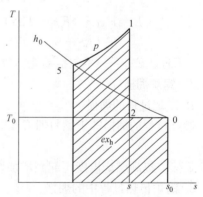

图 5-10　焓㶲和 T-s 图

同样，为了使系统与环境之间进行可逆换热，工质首先必须进行一个定熵过程，使温度达到 T_0，然后再与环境进行定温换热，斜影线的面积为焓㶲，如图 5-10 所示。

图中 1 为工质流的初态（p，T），0 为环境状态（p_0，T_0），1—2 为定熵线，2—0 为定温线，5—0 为定焓线，5—1 为定压线。

5.6.2　㶲方程

对能量系统进行分析时，需确定能量利用效率与㶲效率，效率的大小反映了能量损失与功损失的大小。对于能量效率，等于获得的能量与输入能量的比值。对于㶲效率，等于获得的㶲与输入㶲的比值。二者的数值有着本质的区别，例如，现代化的热电厂，锅炉的热效率高达 90％以上，然而按㶲分析，其㶲效率约 40％左右，锅炉燃料燃烧及温差传热过程造成了很大的不可逆㶲损失。

在对能量系统进行㶲分析时，需确定系统的㶲损失，其一般形式为：

$$㶲损＝输入㶲－输出㶲－系统㶲变$$

1. 闭口系统㶲损

闭口系统中，气体由初态（p_1，T_1）膨胀到终态（p_2，T_2），系统与外界有热量和功量交换，环境状态为 p_0，T_0，系统的㶲效率与㶲损为：

$$\eta_{ex}=\frac{W-p_0\Delta V}{Ex_Q}=\frac{Ex_Q-\Delta Ex-L}{Q-T_0S_f} \tag{5-32}$$

$$\Delta Ex=(U_2-U_1)-T_0(S_2-S_1)+p_0(V_2-V_1) \tag{5-33}$$

$$L=T_0[(S_2-S_1)-S_f]=T_0S_g \tag{5-34}$$

式中　η_{ex}——系统㶲效率；

Ex_Q、ΔEx——输入系统的热量㶲与系统㶲变，kJ；

L——系统㶲损，kJ；

S_g——系统熵产，kJ/K；

$p_0\Delta V$——系统对环境做功但不能被有效利用部分，kJ。

2. 开口系统㶲损

对于开口系统稳态流动，若忽略进口与出口的动能、位能变化，系统的㶲效率与㶲损为：

$$\eta_{ex}=\frac{W}{Ex_1+Ex_Q} \tag{5-35}$$

$$L=Ex_Q-(Ex_2-Ex_1)-W=(Q-T_0S_f)-(\Delta H-T_0\Delta S)-W$$
$$=T_0(\Delta S-S_f)=T_0S_g \tag{5-36}$$

式中　Ex_1、Ex_2——不包括动能与位能的流入、流出系统的㶲流，kJ。

5.6.3　锅炉㶲损

1. 燃烧过程的㶲损

燃烧过程的㶲损等于燃料㶲 Ex_r 与烟气 Ex_{yw} 之差，可用下式计算：

$$L_r=Ex_r-Ex_{yw} \tag{5-37}$$

显然，提高燃烧温度可起到增加燃烧产物㶲，从而减少燃烧㶲损。

2. 锅炉传热过程中的㶲损

对于热水锅炉，在没有尾部受热面时，可用下式计算传热过程的㶲损：

$$L_{cs}=Q_{yx}\left[\frac{T_0}{T_2-T_1}\ln\frac{T_2}{T_1}-\frac{T_0}{T_H-T_{py}}\ln\frac{T_H}{T_{py}}\right] \tag{5-38}$$

式中　T_1、T_2——工质的初温和终温，K；

T_H——炉膛的理论燃烧温度，K；

T_{py}——排烟温度，K；

Q_{yx}——工质的有效吸热量，kJ。

对于尾部有受热面的锅炉，其传热㶲损可分段计算。锅炉通过炉墙散失到环境中的㶲损可用下式计算：

$$E_{sr} = Q_{sr} \left[1 - \frac{T_0}{T_H - T_{py}} \ln \frac{T_H}{T_{py}} \right] \tag{5-39}$$

式中　Q_{sr}——通过炉墙散热损失量，kJ。

3. 排烟㶲损

由于锅炉排烟具有较高的温度，所以烟气带走了㶲，而造成的损失称为排烟㶲损，可用下式计算：

$$l_{py} = c_p \left[(T_{py} - T_0) - T_0 \ln \frac{T_{py}}{T_0} \right] \tag{5-40}$$

式中　c_p——烟气的比热，kJ/(kg·K)。

4. 换热过程㶲损

在换热器中，冷、热流体进行非接触热交换时并在略去壳体的散热及冷、热流体的流动阻力损失的情况下，对于一级逆流换热过程，热流体与冷流体的熵增及换热过程的总熵增分别为：

$$\Delta s_r = \int_{T_{r1}}^{T_{r2}} \frac{\delta q}{T} = \int_{T_{r1}}^{T_{r2}} c_{rp} \frac{dT}{T} = c_{rp} \ln \frac{T_{r2}}{T_{r1}} \tag{5-41}$$

$$\Delta s_l = c_{lp} \ln \frac{T_{l2}}{T_{l1}} \tag{5-42}$$

$$\Delta s = \Delta s_r + \Delta s_l = c_{rp} \ln \frac{T_{r2}}{T_{r1}} + c_{lp} \ln \frac{T_{l2}}{T_{l1}} \tag{5-43}$$

换热过程的㶲损为：

$$l_{hs} = T_0 \Delta s = T_0 \left(c_{rp} \ln \frac{T_{r2}}{T_{r1}} + c_{lp} \ln \frac{T_{l2}}{T_{l1}} \right) \tag{5-44}$$

式中　T_{r1}、T_{r2}——热流体的进出口温度，K；

T_{l1}、T_{l2}——冷流体的进出口温度，K；

c_{rp}、c_{lp}——热、冷流体的比热，kJ/(kg·K)。

5.6.4　制冷系统的㶲分析

1. 㶲分析

评价制冷设备的能量利用或转换的效率用以反映热工设备的收益能量与消耗量之比，它应用于制冷机时即是制冷机的制冷系数 $COP = Q_0/W$。

COP 作为制冷系统的性能指标，是考察制冷空调系统运行状况的主要性能指标。但采用 COP 作为性能指标，Q_0 与 W 虽然都属于能量形态，但其"质"不同，W 比 Q_0 质量高，因而 COP 这个指标存在着把不同"质"的能量 Q_0 与 W "等量齐观"的缺陷，不能科学地反映装置的真实性能。COP 只能反映系统外部损失的影响，并不能反映装置内部环节的不可逆损失，因而不能科学地揭示出装置的薄弱环节。

2. 制冷系统㶲效率

㶲效率可以表示为收益㶲与输入㶲的比值，对于热力学上可逆变化的热工设备，其㶲效率均等于 1，而实际设备的㶲效率小于 1，对于压缩式制冷系统可以表示为冷量㶲与消耗的功的比值：

$$\eta_{ex} = \frac{Ex_{Q0}}{W} \tag{5-45}$$

式中 Ex_{Q_0}——冷量㶲，kJ，$Ex_{Q_0} = \left(\dfrac{T_0}{T} - 1\right)Q_0 = T_0 S_f - Q_0$。

这里的 T 不是制冷工质的温度，而是载冷剂的温度，若 T 是变化的，可以用热力学平均温度来代替，Q_0 是制冷量，对于稳定流动的制冷系统如图 5-2 所示，有：

$$\eta_{ex} = \left(\dfrac{T_0}{T} - 1\right)(h_1 - h_3)/(h_2 - h_1) \tag{5-46}$$

式中 T_0——环境温度，K；

  h_1——进入压缩机工质的焓值，kJ/kg；

  h_2——流出压缩机工质的焓值，kJ/kg；

  h_3——冷凝器出口工质的焓值，kJ/kg。

3. 压缩式制冷系统的㶲损失

蒸汽压缩时制冷装置中的㶲损失大致可分为压缩机㶲损失、节流㶲损失和换热㶲损失。

(1) 压缩机㶲损失

在完全理想的条件下，压缩机中工作的压缩过程可经历各种不同的可逆过程，其中以环境温度下进行的可逆定温压缩过程的功耗为最小，这是从 P_1 压缩到 P_2 所需的最小功。以此作为比较标准，压缩机实际压缩过程多消耗的㶲由外部㶲损失和内部㶲损失两部分组成，外部㶲损失表示制冷剂气体被压缩时温度升高而向外放热的热量㶲损失，是随着向外散热而损失的，它的大小取决于过程中的多变指数 n，若 $n = k$（等熵指数）则为绝热压缩过程，此时㶲损失值为零；如果 $1 < n < k$，则此时㶲损失值大于零。内部㶲损失是由于压缩机内实际进行的不可逆压缩过程造成的不可逆损失，其值主要取决于压缩比和压缩机制造技术，压缩比越小，不可逆㶲损失越小。压缩机内部摩擦阻力越小，这种不可逆㶲损失越小。压缩机的㶲损失为：

$$L_{12} = T_0(S_2 - S_1) \tag{5-47}$$

(2) 节流㶲损失

工质流经膨胀阀是一个绝热节流过程，该过程的㶲损失与节流前后的压力差有关，压力差越小，则㶲损失也越小，其关系可由下式表示：

$$L_{34} = T_0(S_4 - S_3) \tag{5-48}$$

节流阀损失是黏性流体绝热流动过程中因摩擦阻力引起的，绝热节流压降增大，其㶲损失就越大。减小节流压降，或者是在冷凝器中采取过冷措施，使工质在节流前处于过冷状态，都可以减小节流阀的㶲损失。

(3) 传热㶲损失

传热㶲损失主要是指冷凝器和蒸发器中的㶲损失，为了减少这种㶲损失，必须减少传热温差，降低不可逆㶲损失，在流体温度较低时更要减少传热温差。从传热知识可知，减小传热温差的有效途径是采取强化传热措施，增大单位体积的换热面积，提高传热系数。例如，提高冷却水流量，采用高翅化系数的螺纹管换热器，尽量防止水垢和油垢以减小传热热阻，采用新型的板式换热器等措施都可有效地减小换热温差，从而减小冷凝器的内部㶲损失。在环境温度和制冷温度不变的情况下，为了减小传热温差，在蒸发器内就要求提高蒸发温度（相应地提高蒸发压力）。随着冷凝压力的下降，会附带减少压缩机和膨胀阀的㶲损失。当工质温度发生变化时，冷凝器内工质的平均温度主要取决于冷凝器进口处的过热温度，所以设法降低过热温度是减少冷凝器内㶲损失的一种重要措施。在单级压缩制冷装置中提高压缩机的相对效率和降低冷凝压力，就能相应地降低过热温度。在冷凝器和蒸发器中，发生相变的介质是恒温的，而冷却介质是变温的，两种介质的温差越大，则传热㶲损失也越大。

5.7 冷热源技术经济分析

经济性评价主要是考虑系统的初投资和运行费用，从而拟定出不同方式的比较指标，花费最少者即为最优的系统形式。经济性评价仅考虑了系统投资方面的关系，而没有对能源的利用效果、空调舒适程度及对环境的影响作考虑。空调系统的经济分析是一个专门的课题，ASHRAE 手册有一章专门介绍空调系统的经济分析。由于很多不确定因素的影响，使得经济分析变的相当复杂。

5.7.1 技术经济分析方法

经济比较的方法很多，包括净现值法[10]、投资回收期法[11]、追加投资回收期法和年费用法[12]等比较方法，各种方法都有其优缺点。运用较多的有现值法、投资回收期法以及年费用法。但是，投资回收期法没有考虑资金的时间价值，也没有考虑寿命期内的经济效益，具有片面性。现值法虽然考虑了资金的时间价值，但是没有全面兼顾投资费用并且一些现金流入量很难确定。而年费用法，不仅考虑了资金的时间价值，而且概念明确，计算方法通用简便。尽管该方法也存在合理性程度的问题，但总体来说其优点比较突出，所以这种比较方法的应用非常广泛。下面就年费用法作简要的介绍。

年费用法是在规模或效益相同条件下常用的比较方法，其计算要点是采用资本回收公式把方案的初投资额等价折算到每一年并与该年的运行费用求和即可。根据对初投资年分摊方式的不同，年费用法又可分为如下两种计算方法计算：

1. 不考虑资金的时间价值（静态法）

$$AC=C+K/n \tag{5-49}$$

2. 考虑资金的时间价值（动态法）

$$AC=C+K\left[\frac{i(1+i)^n}{(1+i)^n-1}\right] \tag{5-50}$$

式中　AC——寿命周期内年费用；

　　　C——年运行费用；

　　　K——初投资；

　　　n——设备寿命周期；

　　　i——折现率。

因为冷热源系统的运行寿命都比较长，一般采用考虑资金的时间价值的方法进行经济计算。各方案比较时，以 AC 越小为越优。年费用法是一个考虑了资金时间价值的动态的比较科学有效的评价与选择方法，具有以下特点：

（1）年费用的大小受方案现金流的影响，不同的现金流有不同的费用。

（2）年费用的大小与标准折现率有关，它的数值变化不能改变相比方案的相对经济性。

（3）年费用的大小与计算基准年无关。

（4）年费用法用于方案比较时，可不受使用年限相同这一条件的约束。换句话说，不管所参加比较的方案使用年限是否相等，被选方案中费用小的方案是经济性好的方案。

（5）当参加比较的各方案的年运行费用为常数时，应用年费用法筛选几种方案更为简便。

对上面所涉及到的参数作如下说明：

（1）初投资

不论是何种形式的冷热源组合方案，其初投资主要包括冷热源设备的购置费和安装费，电力、燃气等使用能源的增容费，管道系统的材料费和安装费以及机房土建费用等。

（2）年运行费用

冷热源系统的运行费用主要有：消耗的能源费用，比如电费、燃气费、油费，这是运行费用的主要部分；另外的运行费用就是设备及系统的维护管理等。

（3）折现率的处理

实际工程中，各种材料费、设备费、电气费、人工费以及其他各种费用都处于不停的变化波动之中，所以在进行初投资方案的分析比较时，必须考虑物价的变动对方案的影响，考虑资金的时间价值。对此目前还没有制定统一的评价标准，本书折现率采用现行银行固定资产贷款利率计算，取 8%。

（4）使用年限

使用年限一般可按照下述原则选取：对于维护保养较好的热泵机组和冷水机组，其使用寿命均可达到 20 年或以上，吸收式机组要短一些，一般取为 15 年；对于附属设备，水泵寿命取 6 年左右，冷却塔的寿命一般在 10 年左右，冷热源管道系统的寿命取值同机组，即取 20 年；对于锅炉，统一取 15 年使用寿命；电力增容费的折旧年限取值同建筑物，一般为 50 年。

（5）残值

预测建设投资的未来残值，通常按下式计算：

达到耐用年限时：

$$C_D = I(1-r) \tag{5-51}$$

当使用年限 n 小于耐用年限时：

$$C_D = \frac{m-n}{m}[I + I(1-r)] \tag{5-52}$$

式中　C_D——残值，元；；

　　　I——分期建设时的建设费，元；

　　　r——达到耐用年数时的价值降低率；

　　　m——耐用年数，年。

一般情况下，除了使用年限比耐用年限短的情况下，大部分的情况是把残值看作与拆除费用相抵消而不加计算。

5.7.2　初投资、年折旧费和年运行费用计算

影响冷热源方案经济性的两个主要因素是初投资和年运行费用，要分析冷热源方案的经济性，首先要做的就是建立初投资年折旧费与年运行费用的数学模型。比较时，作两点假设：

（1）假设各种冷热源系统冷冻水部分及末端换热设备均相同，不计算在内；

（2）由于风冷热泵机组及水冷系统中的冷却塔均置于建筑物顶，假设其结构特殊处理

费用相同。

初投资年折旧费计算如下：

（1）对于水冷式冷水机组系统，初投资包括机组购置费 K_{a1}，冷却水泵和冷却塔购置费 K_{a2}，K_{a3}，冷却水管道系统初投资及其安装费 K_{a4}，机房的土建费用 K_{a5}，电力增容费 K_{a6}，相对应的寿命取 n_1 至 n_6，则初投资年折旧费为：

$$K_a = K_{a1}\left[\frac{i(1+i)^{n_1}}{(1+i)^{n_1}-1}\right] + K_{a2}\left[\frac{i(1+i)^{n_2}}{(1+i)^{n_2}-1}\right] + K_{a3}\left[\frac{i(1+i)^{n_3}}{(1+i)^{n_3}-1}\right] + K_{a4}\left[\frac{i(1+i)^{n_4}}{(1+i)^{n_4}-1}\right]$$
$$+ K_{a5}\left[\frac{i(1+i)^{n_5}}{(1+i)^{n_5}-1}\right] + K_{a6}\left[\frac{i(1+i)^{n_6}}{(1+i)^{n_6}-1}\right] \tag{5-53}$$

（2）对于电动风冷热泵机组冷热源系统，主机设备投资为 K_{b1}，设备寿命取 m_1 年；电力增容费为 K_{b2}，折现年限取 m_2 年。则风冷热泵系统寿命周期内的初投资年折旧费为：

$$K_b = K_{b1}\left[\frac{i(1+i)^{m_1}}{(1+i)^{m_1}-1}\right] + K_{b2}\left[\frac{i(1+i)^{m_2}}{(1+i)^{m_2}-1}\right] \tag{5-54}$$

（3）对于直燃型溴化锂吸收式机组冷热源系统（燃气或燃油），其初投资基本上与水冷式冷水机组系统一样，它们的年折旧费 K_c 和 K_d，表示方法同上。

（4）热源系统的电锅炉具有电力增容费，燃气和燃油锅炉则不存在，年折旧费用分别为：

电锅炉 $\qquad K_e = K_{e1}\left[\frac{i(1+i)^{p_1}}{(1+i)^{p_1}-1}\right] + K_{e2}\left[\frac{i(1+i)^{p_2}}{(1+i)^{p_2}-1}\right] \qquad (5\text{-}55)$

燃气/燃油锅炉 $\qquad K_f = K_g = K_{f1}\left[\frac{i(1+i)^{q}}{(1+i)^{q}-1}\right] \qquad (5\text{-}56)$

（5）对于燃气驱动热泵机组冷热源系统，计算公式同式（5-55），设为 K_h。

5.7.3 年运行费用的计算

冷热源系统设备运行能耗的计算采用当量满负荷运行时间法。

（1）水冷式冷水机组冷源系统的年运行费用 C_a 由以下几个部分组成：

1）水冷式冷水机组的年运行费用 C_{a1}；

2）冷却水泵的年运行费用 C_{a2}；

3）冷却塔的年运行费用 C_{a3}；

4）冷却水的年补水费用 C_{a4}。

$$C_a = C_{a1} + C_{a2} + C_{a3} + C_{a4}$$

（2）风冷热泵机组冷热源系统由于是用风机冷却，而风机的能耗已经计算在机组的能耗中，因此它的年运行费用就是机组的年运行费用，设为 C_b。

（3）直燃型溴化锂吸收式机组冷热源系统的计算公式与水冷冷水机组冷热源系统相同，只是运行消耗的是燃气或燃油，而不是电力，分别设为 C_c 和 C_d。

（4）锅炉的年运行费用就其年能耗费用，电锅炉是年电费，燃气锅炉和燃油锅炉虽然也有电力的消耗，但是相对于燃气或燃油的能耗费用，电费的比例是非常小的，可忽略不计，年运行费用分别为 C_e、C_f 和 C_g。

（5）燃气驱动热泵系统的年运行费用由两部分组成，一部分是燃气的能耗费用 C_{h1}，另一部分是风机的电力消耗费用 C_{h2}，则其年运行费用 C_h 为：

$$C_h = C_{h1} + C_{h2} \text{。}$$

5.7.4 年经营费用计算

把上述的两部分费用叠加起来，即为冷热源机组的年经营费用，根据上述的式（5-50）、式（5-53）～式（5-56），并代入折现率和各设备的使用年限有：

水冷冷水机组系统：

$$AC_a = C_a + 0.102K_{a1} + 0.216K_{a2} + 0.149K_{a3} + 0.102K_{a4} + 0.082K_{a5} + 0.082K_{a6}$$

(5-57)

电动风冷热泵系统： $\quad AC_b = C_b + 0.102K_{b1} + 0.216K_{b2}$ (5-58)

直燃型吸收式机组系统：

$$AC_c = C_c + 0.117K_{c1} + 0.216K_{c2} + 0.149K_{c3} + 0.102K_{c4} + 0.082K_{c5} + 0.082K_{c6}$$

(5-59)

电热锅炉： $\quad AC_e = C_e + 0.117K_{e1} + 0.082K_{e2}$ (5-60)

燃气/燃油锅炉： $\quad AC_f = C_f + 0.117K_{f1}$ (5-61)

燃气驱动热泵系统： $\quad AC_h = C_h + 0.102K_{h1}$ (5-62)

5.7.5 年负荷与复合冷热源

如果要对冷热源系统进行初投资和运行费用进行分析与比较，需绘制负荷年运行图，并计算年负荷。对于热负荷，因其主要随室外温度变化，可以按稳定方法计算，绘制供暖热负荷延续时间图[13]；对于冷负荷，其影响因素较多且复杂，需按不稳定方法计算，用模拟软件如 DeST、Energy Plus 进行负荷模拟计算。

在供暖热负荷延续时间图中（见图 5-11），横坐标的左方为室外温度 t_o，纵坐标为供

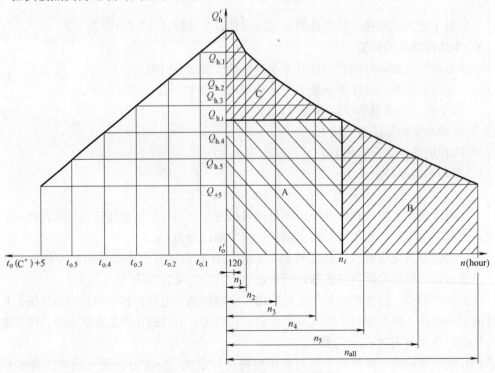

图 5-11 供暖热负荷延续时间图

暖热负荷 Q_h，横坐标的右方表示供暖小时数；n' 代表供暖期中室外温度 $t \leqslant t_o'$（t_o' 为供暖室外计算温度）出现的小时数，根据供暖室外计算温度的定义应为 5d（120h）；n_1 代表供暖期室外温度 $t \leqslant t_{o.1}$ 出现的总小时数，n_{all} 代表整个供暖期供暖的小时数，我国供暖期启停于室外日平均温度为 +5℃。

热负荷延续时间图的绘制，需要有热负荷随室外温度变化曲线和室外气温变化规律的资料才能绘出。因为热负荷与室外温度呈线性关系，对于图 5-11 左侧，按下式绘出：

$$\overline{Q} = \frac{Q_h}{Q_h'} = \frac{t_i - t_o}{t_i - t_o'} \tag{5-63}$$

式中　Q_h、Q_h'——分别为供暖热负荷和供暖设计热负荷，kW；

$\overline{Q}$——供暖相对热负荷比。

对于图 5-11 右侧，可以根据热负荷随时间与气候的变化规律，用最小二乘法或无因次综合公式法绘制，横轴与纵轴的乘积表示年供热量（kWh），即曲线下的阴影面积。选择热源设备时，需按设计热负荷 Q_h' 选择热源的容量，而该负荷运行时间仅为 120h，大部分时间为非满负荷运行，对于某些热源如土壤源热泵，其初投资非常高，而其运行费用很低，希望其运行时间长且又投资少，则可选用复合热源，如采用土壤源热泵+燃气锅炉，燃气锅炉作为调峰的辅助热源，土壤源热泵容量按某分界负荷 $Q_{h,i}$ 选择，燃气锅炉按 $Q_h' - Q_{hi}'$ 选取。如图 5-11 中所示，A 为联合运行时，土壤源热泵满负荷运行区域；B 为土壤源热泵部分负荷下的独立运行区域；C 为辅助热源部分负荷运行的联合运行区域。该复合热源既减少了初投资又节省了运行费用，调峰热源选择的分界负荷点 $Q_{h,i}$ 需经详细对比计算确定。图 5-12 为某建筑全年瞬时冷热负荷图，纵轴为瞬时冷、热负荷（kW），横轴为时间（h），图中阴影面积即为年供冷、热负荷（kWh），其中年热负荷为 Q_h'（1.592×10^6 kJ），年冷负荷为 Q_c'（3.444×10^6 kJ）。其设计热负荷与冷负荷分别为 Q_h'（2020kW）、Q_c'（3080kW）。

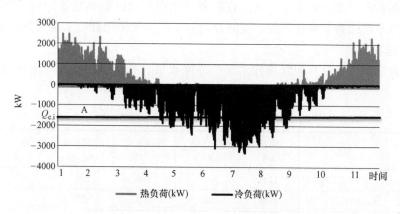

图 5-12　年冷、热负荷延续时间图

该建筑全年均有较大的冷热负荷，且设计冷负荷、年冷负荷均分别大于设计热负荷、年热负荷，如场地允许，可考虑采用土壤源热泵系统作为冷热源，可全年供冷、供暖。如按设计冷负荷 3080kW 选择热泵机组，其初投资太高，一般地埋管换热井的费用为主机设备的 2~3 倍，所以可考虑采用复合冷源：土壤源热泵+冷水机组，其分界点负荷线为图

5-12 中的 A 线 $Q_{c.i}$，则辅助冷水机组的容量为 $Q'_c - Q_{c.i}$。为了保证土壤源热泵能够长年稳定运行，需要满足土壤年蓄热量等于年取热量，即：

$$Q'_h = Q_{c.i}\left(1 + \frac{1}{COP_{c.i}}\right) \tag{5-64}$$

式中　Q'_h——供暖年负荷，kJ；

　　　$Q_{c.i}$——低于分界点负荷的年冷负荷，kJ；

　　$COP_{c.i}$——土壤源热泵制冷工况的平均性能系数。

因为机组 COP 随运行的工况和负荷率变化，所以上式为近似计算。

5.7.6　冷热源技术经济分析算例

以长春市某宾馆空调设计为例进行技术经济分析。

1. 工程概况

建筑面积约 30516m²，高 101m，地上 26 层，地下 1 层；地上 1~3 层为裙房，用作公共建筑，包括餐厅、会议室、多功能厅、办公室等各种功能房间；4~26 层为宾馆标准客房，地下一层为制冷机房等各种设备间，是一座集住宿、餐饮、娱乐为一体的大型高档宾馆。

长春地区的气象参数为：夏季空调室外计算干球温度 30.4℃；夏季空调室外计算湿球温度 24.0℃；夏季日平均干球温度 26.1℃；冬季空调室外计算干球温度 -24.3℃；室外相对湿度为 77%；冬季室外平均干球温度 -8.3℃；冬季供暖天数为 174 天；夏季空调天数为 75 天。大气压力：冬季 99.653kPa；夏季 97.680kPa。室外平均风速：冬季 3.1m/s；夏季 3.5m/s。夏季室内设计温度为 25℃，冬季室内设计温度为 20℃。

通过冷负荷系数法计算得出建筑物设计冷负荷为 2191.5kW，计算得出建筑物空调设计热负荷为 2154.04kW。建筑物的冷指标为 71.8kW/m²，热指标为 70.58kW/m²。

该建筑空调设计采用两种方案，方案一：夏季为电制冷机组制冷，利用集中供热管网热水作为空调系统热源；方案二：利用直燃型溴化锂双效机组（燃油型），夏季制冷，冬季供热。冷冻水系统为变水量系统、变频控制，定压系统采用补给水泵变频控制。

2. 设备选择

选择两台冷源设备及其配套冷却水泵、冷冻水泵、补给水泵及冷却塔，见表 5-10 和表 5-11。

制冷机性能参数　　　　　　　　　　表 5-10

性能 名称	型号	冷量 (kW)	供热量 (kW)	冷冻水量 (m³/h)	冷却水量 (m³/h)	功率 (kW)	数量 (台)
冷水机组	PFS-330.3	1141		196	228	200	2
溴化锂直燃机	BZ100VII(K)-B	1163	897	200	322	5.4	2

3. 两种方案经济比较如下：

方案一：

（1）冬季供热

冬季供暖需要缴纳的费用：总供暖面积为 $F = 30516$m²，长春市供暖收费额为 29 元/m²，年需要交供暖费为 $M = 30516 \times 29 = 884967$ 元。

冷却塔、水泵性能 表 5-11

名称 ＼ 性能	流量(m³/h)	扬程(m)	功率(kW)	效率	数量
冷冻水泵	210	27.6	30	0.75	2
冷却水泵(电制冷机)	232	24	30	0.75	2
冷却水泵(直燃机)	324	24	30	0.75	2
供暖循环泵(直燃机)	100	18	11	0.75	2
补给水泵	4.0	110	4	0.51	2
冷却塔(电制冷机)	250		7.5	0.75	2
冷却塔(直燃机)	300		11	0.75	2

（2）夏季供冷

长春地区夏季空调运行天数为 75d，该建筑每天设计运行时间为每天 24h。根据表 5-6 所统计的部分负荷运行时间比例，可计算冷水机组、冷冻水泵、冷却水泵、冷却塔等运行能耗。参考表 5-2，螺杆冷水机组的性能近似取 $COP=5.0$（因无厂家确切数据，并且两台机组并联运行，不能用单台机组的 IPLV 计算），年冷负荷计算方法如下：

2191.5kW×75d×24h×（100%×1.2%+75%×32.8%+50%×39.7%+25%× 26.3%）＝2060120kWh

系统采用变水量系统，泵、冷却塔风机运行能耗参考第 4 章式（4-8）、式（4-9）、式（4-20）、式（4-21）进行计算。冷冻水泵的运行能耗按下面方法计算：

9.807kN/m³（210m³/h×27.6m/0.75×3600）×75d×24h×2 台×（100%×1.2%+ 75%×32.8%+50%×39.7%+25%×26.3%）³＝10795.40kWh。补给水系统采用变频控制，其运行能耗可忽略。

方案二：

（1）冬季供热

采用直燃机供热由于冬季供暖期，随着室外温度的变化，热负荷将随之变化，该工程采用变流量调节法。采用室外平均温度法用下式计算冬季空调供热期的平均热负荷：

$$\overline{Q}=\frac{Q_m}{Q_h'}=\frac{t_i-t_m}{t_i-t_o'} \tag{5-65}$$

式中　$\overline{Q}$——平均热负荷比例；

　　Q_m——建筑计算平均总热负荷，W；

　　Q_h'——建筑计算总热负荷，W；

　　t_m——冬季空调室外平均计算温度，℃；

　　t_o'——冬季空调室外计算温度，℃；

　　t_i——冬季空调室内计算温度，℃。

由以上公式计算建筑物计算平均热负荷，其中，$t_m=-8.3$℃、$Q'=2154.04$kW、$t_i=20$℃、$t_o'=-24.3$℃。计算得出供暖期平均空调热负荷 $Q_m=1376$kW，平均热负荷比 $\overline{Q}=0.639$，供暖期年热负荷为：

$$Q_h^t=Q_m×n×24×3600 \tag{5-66}$$

上式计算所得年耗热量为 $2.069×10^{10}$kJ，天然气热值取 35590kJ/N·m³，直燃机的热效率为 88%，依此数据可计算溴化锂直燃机耗气量；泵的运行能耗需根据平均热负荷比，参考第 4 章式（4-8）、式（4-9）、式（4-20）、式（4-21）进行计算。

（2）夏季制冷

制冷工况采用双效溴化锂直燃机，热力系数取 $\zeta=1.5$，其部分负荷运行时间比例和泵、冷却塔风机等运行能耗算法与方案 1 相同。两种方案的年运行费用（电费、燃料费）汇总见表 5-12、表 5-13。

4. 经济比较

（1）初投资费用。直燃机单台价格为 131.4 万元，螺杆机组的单台价格为 82.125 万元，对于其余的设备，两种方案的初投资基本相同。因此两种方案设备初投资分别为：$K_1=183.65$ 万元，$K_2=282.20$ 万元。

（2）电制冷机及其设备使用年限取 20 年，溴化锂直燃机及其设备的使用年限取 15 年，由（静态法）年计算费用［式（5-49）］计算两种方案的年费用：$AC_1=134.44$ 万元，$AC_2=269.80$ 万元。

通过以上计算可以得出：在长春地区用直燃机供冷和供热的费用要远远大于电制冷和一次网供热的空调系统费用，其余费用高出 2 倍，因此应优先选用第一种方案。

电制冷机与集中供热年运行费用　　　　　　　　　　　　　　　　　　　表 5-12

		一次网供热	电量(kWh)	单价(元/度)	热网收费（元/m²）	面积(m²)	运行费用（元）
电制冷机与集中供热	冬季	供暖面积			29	30516.00	884964.00
		总运行费用					884964.00
	夏季	冷水机组	412023.92	0.82			337859.61
		冷冻水泵	10795.40	0.82			8852.23
		冷却水泵	19857.80	0.82			16283.40
		冷却塔风机	5664.71	0.82			4645.06
		机组总用电量	448341.83	0.82			367640.30
		合计					1252604.30

溴化锂直燃机年运行费用　　　　　　　　　　　　　　　　　　　表 5-13

			电量(kWh)	用气量(Nm³)	单价(元/度)	单价(元/Nm³)	运行费用（元）
直燃机	冬季	热水循环泵耗电量	14247.48		0.82		11682.93
		机组用电量		660693.68		3	1982081.03
		总运行费用					1993763.96
	夏季	机组用气		157867.60		3	473602.80
		冷冻水泵	10795.40		0.82		8852.23
		冷却水泵	27732.44		0.82		22740.60
		冷却塔	8308.24		0.82		6812.76
		机组用电量	5076.27		0.82		4162.54
		总运行费用	51912.35		0.82		42568.13
		合计					2509934.89

5.8 制冷剂性能及环保

制冷剂是在制冷机中进行状态变化的工作流体，也是制冷循环中赖以进行能量转换与传递的介质，以实现制冷（制热）的目的。

5.8.1 制冷剂评价

1. 换热性质

制冷的主要目的是将热量从低温热源转移到高温热源，此过程换热是关键。制冷剂因其较强的换热性能，而使得理论效率很高。好的换热效果使得换热器的传热温差小，从而使压缩机耗功减小，效率提高。

有许多因素影响换热，如管路设计、材料和流量（雷诺数）和制冷系统等。制冷剂有三个关键性质影响系统的总体换热能力，分别是黏度（μ）、比热（c_p）和导热系数（λ）。这些参数在换热器设计时用于计算普朗特数（$Pr = \mu \cdot c_p / \lambda$）。制冷剂的选择目标是单位制冷剂能够携带大量热量（比热大）且热传递快（导热系数高），还包括增加紊流（低黏度）而减小运送流体时的功耗。

2. 压力适中

制冷剂蒸发压力（温度）、冷凝压力（温度）的选择是由冷热源温度决定的，制冷剂在低温状态下的饱和压力宜略高于大气压力，既可避免空气渗入，又可减少压缩功；制冷剂的冷凝压力也不宜过高，既可减少设备的承压能力，又可减少压缩功。

3. 安全性

制冷剂的安全性分类包括毒性和可燃性，毒性分类由低到高排序为 A、B、C；可燃性由低到高分 1、2、3；因此共可分 9 个等级，如 A1 为低毒性、不可燃，C3 为高毒性、有爆炸性。

4. 臭氧消耗潜值（ODP）

地球被同温层中的臭氧层包裹，保护生命免遭太阳紫外线（UV-B）的辐射。地球表面 UV-B 水平的升高可能导致皮肤癌和其他不利健康的影响。植物、水中其他生命也会受影响。

CFC 制冷剂是同温层中氯原子的来源，随着用量的增加，制冷剂对同温层臭氧消耗存在潜在威胁，1985 年发表的观察结果表明南极洲上空的臭氧层在几年来的南半球春天变薄，这就是著名的"臭氧空洞"。从那时起每年都观察到出现臭氧空洞，空洞的尺寸有变化但持续时间不断延长。

CFC 族和 HCFC 族物质分子稳定，和其他物质不易起反应，因此大气寿命长。长的寿命使得 CFC 族和 HCFC 族物质能够上升到同温层，在同温层被紫外线照射分解，产生游离氯原子。

臭氧却非常活泼，其一旦与游离氯原子接触，就会因游离氯原子的催化作用而分解成氧。臭氧分解后氯原子又会和其他臭氧分子反应，结果使臭氧层变薄。

大气中的 CFC 族和 HCFC 族物质并不都来源于制冷剂的制造或排放。CFC 族物质中大约有 27% 来源于制冷剂排放，剩下的来源于溶剂、发泡剂和气雾剂等的排放。大气中的 HCFC 族物质约有 83% 来源于制冷剂排放。到 1996 年为止，人为臭氧消耗作用中制冷剂占 28%。在 21 世纪，制冷剂将占到人为臭氧消耗的 24%。制冷剂已是并仍将是臭氧消耗的主要因素。

ODP 是指某种物质破坏大气臭氧层指数。表 5-15 列出了许多常用制冷剂的 *ODP* 值。其中 *R*-11 和 *R*-12 的破坏潜值最大（1.0）。制冷剂的 *ODP* 不影响制冷剂的性能，但却是一个关键性质。所有具有臭氧破坏潜值的制冷剂都已经或将要按照蒙特利尔议定书的要求淘汰。任何新的制冷剂或制冷产品的开发都要求对臭氧层无破坏作用。

R-22 是一种 *HCFC*，*ODP* 为 0.055。R-22 在发达国家已被限量生产，在美国要求在 2010 年停止在新设备中的使用。当前，R-22 是最常用的制冷剂，仍然没有清晰的替代物。R-22 的低 *ODP* 值使其在整个制冷工业中的应用更为广泛。

5. 全球变暖潜值（*GWP*）

气候改变，也称为全球变暖，是 HVAC 工业面临的第二个主要环境挑战。地球被来自太阳的辐射加热，地面和大气中的空气吸收约 2/3 的太阳辐射，剩余的 1/3 太阳辐射被云层、空气尘埃和地表面大部分以红外辐射的形式反射回去。大气层中的某些气体能够捕捉能量并阻止其逃脱，这使得地球的名义温度升高，此过程常称为温室效应，能捕捉能量的气体被称为温室气体，全球变暖是一个严重问题，温室气体在此过程中扮演了一个关键角色。

许多气体都是温室气体，包括甲烷、一氧化二氮、氯氟碳族（CFC）、氢氯氟碳族（HCFC）、氢氟碳族（HFC）、全氟碳族（PFC）、六氟化硫（SF6）和二氧化碳（CO_2）。对于 CFC 族、HCFC 族，和 HFC 族，现在大部分用作制冷剂。驱动制冷系统的电能大部分来自化石燃料的燃烧，燃烧会排放 CO_2。

制冷剂以两种方式影响气候变化。第一种方式是直接向大气排放，目前使用的大部分制冷剂都有一些 GWP 效应，有些还很高。好的消息是制冷剂向大气的实际排放量很小（特别是与 CO_2 排放相比），所以总的直接影响有限。在 2000～2100 期间，CFC、HCFC 和 HFC 制冷剂的制造和排放的总体气候改变影响只占长期人为温室气体的 3%。

GWP 是指某种物质产生温室效应的一个指数。*GWP* 是在 100 年的时间框架内，制冷剂的温室效应对应于相同效应的二氧化碳的质量。二氧化碳被作为参照气体，是因为其对全球变暖的影响最大。烃类制冷剂的 *GWP* 值一般比二氧化碳高，但排放量小很多。

R-134a 是一种 HFC 制冷剂。HFC 族是京都议定书中关于温室气体清单中六类化学制品中的一类。这意味着试图满足京都议定书的国家必须仔细考虑如何使用 HFC 族制冷剂，但就京都议定书的要求而言，并没有说要淘汰 HFC 族制冷剂。现在或将来都不能说 HFC 族物质不是一个可行的替代方案。

5.8.2 常用制冷剂及替代

1. 水（R-718）

水无毒、不可燃、来源丰富、价格低廉，且臭氧消耗潜能值（ODP）和全球变暖潜能值（GWP）为 0，是一种天然制冷剂。目前常见的制冷循环多数是吸收循环或蒸气压缩循环。吸收循环一般用水作为制冷剂，溴化锂为吸收剂。

2. 氨（R-717）

氨（NH_3）被认为是一种效率最高的天然制冷剂，它是一种目前仍在广泛使用的

"原始"制冷剂。多用于容积式压缩机的蒸气压缩过程。ASHRAE 标准 34 将其分类为 B2 制冷剂（毒性高、低可燃），ASHRAE 标准 15 要求对氨制冷站有特殊的安全考虑。尽管在民用空调使用很多，但氨在工业制冷上的应用更广泛些。

氨的性能优良，ODP 值为 0 且 GWP 值很小，但因为氨对人体健康的影响和易燃问题，限制了其应用。

3. 二氧化碳（R-744）

二氧化碳（CO_2）是一种天然制冷剂，它无毒、不可燃，且 ODP 等于 0，GWP 较低。在 19 世纪末 20 世纪初停止使用，现在正在研究重新对它的使用。用于蒸气压缩循环容积式压缩机，在 32℃时 CO_2 的冷凝压力超过 6MPa。而且，CO_2 的临界点很低，能效差，在典型的商用工况下的性能也差。尽管如此，二氧化碳制冷剂在复叠制冷中仍有应用。目前正在进行超临界工况使用的研究，将来可能应用于汽车空调和复叠式制冷系统中。

4. 烃类物质

丙烷（R-290）和异丁烷（R-600a）以及其他氢碳物质，能够在蒸气压缩过程中作为制冷剂使用。丙烷和异丁烷毒性低、性能好且能效高、无 ODP 值且 GWP 值低，但容易燃烧。在北欧，大约有 35％的制冷机使用氢碳物质，已经将它们用于冰箱中。但在美国，受现今安全规范的制约，更加关注可燃性引起的安全问题。

研究报告显示，丙烷和异丁烷比传统的 R-22 干式系统效率要低些。目前在世界上只有不到十处安装了大型可燃制冷剂制冷设备。可燃制冷剂有可能继续用于家用和小型系统上。

5. 氯氟碳族（CFC 族）

氯氟碳族（CFC 族）有许多物质，但在空调中最常用的是 R-11、R-12、R-113 和 R-114。CFC 族到 20 世纪中叶时已经普遍使用。发达国家在 1995 应蒙特利尔议定书的要求停止了 CFC 族的生产，其淘汰进程已基本结束。它们用于蒸气压缩过程的所有形式的压缩机中。常用 CFC 族物质都稳定、安全（从制冷剂标准的角度看）、不可燃且能效高，但它们对臭氧层破坏严重。

6. 氢氯氟碳族（HCFC 族）

氢氯氟碳族（HCFC 族）几乎和 CFC 族同时出现。R-22 是目前世界上使用最广泛的制冷剂，R-123 是 R-11 的过渡替代制冷剂，它们用于蒸气压缩过程的所有形式的压缩机中。

R-22 能效高，被分类成 A1（低毒性不可燃）类制冷剂，但作为一种 HCFC 物质而将被淘汰。在美国，R-22 已被限产并将在 2010 年被完全淘汰（除了少量用于维修）。R-22 非常通用，它被用于超市冷冻、溜冰场、各种形式的压缩制冷机、单元屋顶机组和大部分家用空调中。

R-22 没有直接的替代物，不同制冷剂将替代 R-22 的不同应用需要。表 5-14 列出了 R-22 的几种替代物及它们的相对性能。

离心机中使用的 R-22 已经大部分转换成 R-134a，现在螺杆机也正向 R-134a 转换，所有新一代螺杆压缩机都将用 R-134a 为工质。R-404A 和 R-507 正用于替代冷冻装置中的 R-22。

	R-290	R-134a	R-404A	R-407C	R-410A	R-507
制冷量	85%	67%	106%	95%	141%	109%
效率	99%	100%	93%	98%	100%	94%
吸气压力 (绝压)	94%	59%	121%	91%	159%	125%
冷凝压力 (绝压)	90%	68%	120%	115%	157%	122%
温度滑差	0	0	0.5℃	4.4℃	0.5℃	0

R-22 替代物的相对性能　　　　　　　　表 5-14

R-123 能效高，ASHRAE 标准 34 将其分类成 B1（毒性较高不可燃）类制冷剂。和 CFC 族一样，这些制冷剂按蒙特利尔议定书的要求将逐步被淘汰。在发达国家已被限量生产且很快将减产。发展中国家也有一个淘汰时间表，但淘汰时限比发达国家有所延长。在美国，R-123 已经被限产，并将在 2020 年产量减少到 0.5%，在 2020～2030 年之间只准用于维修。R-123 特别适合于负压离心式制冷机。

R-123 没有清楚的替代物。实际上 R-601（N-戊烷）或 R-601a（异戊烷）有条件用于替代 R-123，但这两种物质易燃，在离心机中的充注量很大而极可能发生爆炸，而且，运行时的负压将漏入空气，极易在机组中聚集爆炸混合物，要替代 R-123 似乎不可能。

两种最接近的 HFC 物质是 R-245ca 和 R-245fa（两者互为同分异构体——原子种数一样但排列不同）。最初，人们集于 R-245ca 的研究，但后来发现它易燃。而 R-245fa 是一种 B1 类制冷剂（毒性较高、不可燃），其工作压力比 R-123 要高些。R-123 不需作为压力容器设计（常压容器），但 R-245fa 的冷凝器是压力容器。R-245fa 不能置换原有 R-123 制冷机，除非原制冷机符合压力容器规范。

7. 氢氟碳族（HFC 族）

氢氟碳族（HFC 族）是相对较新的制冷剂，因 CFC 族的淘汰日益受到关注。HFC 族制冷剂无臭氧消耗潜值（$ODP=0$），如 R-134a 是 R-12 和 R-500 的替代制冷剂，ODP 值为 0，但其 GWP 为 1300，常用的 HFC 族制冷剂能效高，被分类成 A1（低毒不燃）类制冷剂，但对全球变暖有影响。它的换热性能很好，是螺杆和离心压缩机的一种好的备选制冷剂，它在汽车空调上已被广泛接受。它们用于蒸气压缩过程的所有形式的压缩机中。

CFC 族和 HCFC 族物质是臭氧消耗的主要物质（占人为臭氧消耗的 28%），但 HFC 族、CFC 族和 HCFC 族对气候改变的影响非常小（占人为全球变暖的 4%）。

所有新一代离心和螺杆制冷机都已经围绕 R-134a 展开设计，在可预见的未来，R-134a 将继续是大型空调工业的主要制冷剂。

8. 其他制冷剂

(1) R-407C

R-407C 是一种由 R-32、R-125 和 R-134a 组成的非共沸混合物，其性质已被调配到很接近 R-22，但有 4～6℃的温度滑差。温度滑差是随着非共沸制冷剂如 R-407C 和 R-410A 的使用而出现的一个新名词，非共沸制冷剂由几种制冷剂混合而成，其性质不像单组分制冷剂。温度滑差定义为在蒸发器或冷凝器中制冷剂相变开始和结束时的温度差值，单位为℃，此差值中不包含过冷度或过热度。R-407C 能方便地置换原有制冷系统的 R-22，虽然性能有些损失，只要将制冷系统的部件做一些细微的改变（如将冷凝器面积加大些），就可增强性能。

较大的温度滑差将 R-407C 限制在只能用于干式系统（如屋顶机组）和温度滑差可忽略的场合。R-407C 常被看作是将原有系统升级为 HFC 系统的一种临时替代物，有限的几种新产品是基于 R-407C 开发的。R-407C 将是原有 R-22 系统的一种临时替代物，是新产品开发出来之前原有产品升级的一种过渡方案。

（2）R-410A

R-410A 是一种由 HFC-32 和 HFC-125 组成的非共沸混合物，温度滑差小（小于 0.5℃），且容积制冷量大，工作压力比 R-22 高（为 3MPa），它不能直接置换原有 R-22 系统而必须进行全新设计。

R-410A 具良好的传热特性和流动特性，制冷效率较高，目前是房间空调器、多联式空调机组等小型空调装置的替代制冷剂。

常用制冷剂性质见表 5-15。

常用制冷剂性质 表 5-15

制冷剂	化学名称	化学式	分子量	安全分组	大气寿命（年）	ODP	GWP
R-11	三氯一氟甲烷	CCl_3F	137.4	A1	50	1	3800
R-12	二氯二氟甲烷	CCl_2F_2	120.9	A1	102	1	8100
R-22	一氯二氟甲烷	$CHClF_2$	86.5	A1	12.1	0.055	1500
R-32	二氟甲烷	CH_2F_2	52	A2	5.6	0	650
R-123	二氯三氟乙烷	$CHCl_2CF_3$	153	B1	1.4	0.02	90
R-125	五氟乙烷	CHF_2CF_3	120	A1	32.6	0	2800
R-134a	1,1,1,2-四氟乙烷	CF_3CH_2F	102	A1	14.6	0	1300
R-245fa	1,1,2,2,3-五氟丙烷	$CHF_2CH_2CF_3$	134.05	B1	8.8	0	820
R-290	丙烷	$CH_3CH_2CH_3$	44	A3	<1	0	～0
R-404A	R-125/143a/134a(44/52/4)			A1			3260
R-407C	R-32/125/134a(23/25/52)			A1			1530
R-410A	R-32/125(50/50)			A1			1730
R-500	R-12/152a(73.8/26.2)			A1		0.74	6010
R-507a	R-125/143a(50/50)			A1			
R-600	丁烷	$CH_3CH_2CH_2CH_3$	58.1	A3	<1	0	～0
R-717	氨	NH_3	17	B2	N/A	0	0
R-718	水	H_2O	18	A1	N/A	0	<1
R-744	二氧化碳	CO_2	44	A1	N/A	0	1

尽管制冷剂对气候改变的直接影响只有 3%～4%，但制冷系统的能耗问题将使人们更加追求高效制冷系统的设计。制冷剂满足其他所有标准但如果性能很差将对环境没有改善意义。

5.9 热媒与冷媒温度

对于供暖水系统和空调水系统，热媒与冷媒的温度是系统重要的设计参数，它一方面影响末端装置的传热特性从而影响换热面积；另一方面影响流量的大小进而影响输送能耗和管道造价，同时冷、热媒温度又影响输送过程的能量损失。

5.9.1 热媒温度

对于热媒温度，《民用建筑供暖通风与空气调节设计规范》GB 50736—2012[14]规定："散热器供暖系统应采用热水作为热媒，散热器集中供暖系统宜按 75℃/50℃ 连续供暖进行设计，且供水温度不宜大于 85℃，供回水温差不宜小于 20℃"；而《严寒和寒冷地区居住建筑节能设计标准》JGJ 26—2010[15]规定："一次水设计供水温度宜取 115～130℃，回水温度应取 50～80℃；采用散热器的集中供暖系统的供水温度，宜符合下下列规定：采用金属管道时，$t \leqslant 95℃$、供回水温差 $\Delta t \geqslant 25℃$；采用铝塑复合管时，$t \leqslant 90℃$；供回水温差 $\Delta t \geqslant 25℃$；采用热塑性塑料管时，$t \leqslant 85℃$；供回水温差 $\Delta t \geqslant 25℃$"。显然我国现行的两本规范的规定不一致。根据前几节的介绍的内容，可以从能源利用效率、初投资与运行费用进行分析。

5.9.1.1 能源利用效率

从㶲利用效率分析，对于热泵供暖系统，热媒温度对系统能耗影响明显，应尽量降低供水温度，提高热泵的供热的 *COP*；对于以锅炉为热源的供热系统，用户侧的室内空气温度维持在 20℃ 左右，而理论燃烧温度可达 1500℃ 以上，其㶲损很大，所以从㶲效率角度分析，95℃ 和 70℃ 热媒供水温度针对供热系统，其有用能损失是一样的。

从一次能源利用率分析，对锅炉来说一次能源利用率即锅炉的热效率，降低热媒温度可提高锅炉热效率。对于燃煤锅炉，当排烟温度低于烟气的酸露点温度时，将产生结露、腐蚀、积灰等一些问题，一般锅炉排烟温度约为 150℃，所以可以认为热媒温度对燃煤锅炉的热效率几乎没有影响。对于燃气锅炉，尤其是燃气真空锅炉，热媒温度对排烟温度和锅炉的热效率有一定的影响。

从输送能耗与管网热损失方面分析，热媒温度越高，越可能采用大温差输送，则输送功减少，其输送能耗与温差变化率呈线性关系（管道根据同一比摩阻变化）；对于管网的热损失，由于管网热损失占总输热量的 5% 左右，所以热媒温度的变化对管网热损失所占份额影响不大。

5.9.1.2 初投资

初投资主要体现在管材、换热站的板式换热器、用户末端装置上。

对于管材费用，热媒温度越高，其供回水温差越大，则管径越小，尤其是对于供热半径大的一次网，热媒温度对其管材费用影响较大。

对于板式换热器，它的最大优势是高效传热，传热系数一般都能达到 5000～6000W/($m^2 \cdot ℃$)，而常用的铸铁散热器传热系数一般在 6～9W/($m^2 \cdot ℃$) 之间，两者传热系数相差近千倍，则两者所需换热面积相差近千倍；而且板式换热器的传热系数受温度影响小，主要受流速的影响大，散热器与空气换热是自然对流的，其传热系数主要受热媒温度影响。如一次网热媒温度为 130℃/80℃，二次网热媒温度为分别为 95℃/70℃、75℃/50℃，因为传热温差的变化，使两种二次网热媒温度所采用的板式换热器面积比值约减少 2 倍；而对于用户侧，因为热媒温度的变化，两种二次网热媒温度变化使散热器面积比值约增加 1.6 倍。显然因为热媒温度的变化，所需的散热器面积与板式换热器面积比值在供热系统所占份额是巨大的，从初投资角度看，与散热器投资比较，板式换热器投资可忽略。

从运行费用角度分析，如果能源利用效率高，则运行费用低。从上述分析可看出，对于集中供热系统，高热媒温度可显著减少初投资并减少输送能耗，所以对于以燃煤锅炉为热源的供热系统，应尽量提高用户系统的热媒温度[16]；对于以燃气锅炉为热源的供热系统，其用户的热媒温度需根据上述分析方法经计算后确定。

5.9.1.3 热媒温度与热舒适

根据本书第1章的内容可知，影响热舒适的4个环境因素有空气温度、平均辐射温度、空气湿度和空气流速，如果后2个因素不变，在供暖条件下，提高室内平均辐射温度，可提高室内热舒适，因此可相应降低空气温度而获得同等的热舒适。低温地板辐射供暖系统因提高室内平均辐射温度而提高了热舒适性，该系统热媒供水温度一般小于60℃，主要是通过增加辐射板的换热面积来提高平均辐射温度的。对于散热器供暖，通过降低热媒温度、增大换热面积，不能显著改变室内平均辐射温度，而初投资却有明显的增加；所以说对于散热器供暖系统，热媒温度对热舒适性没有明显的影响。即使对于辐射板供暖系统，也可使用高热媒温度获得大面积的低温表面来提高室内平均辐射温度。因此，热媒温度对热舒适没有显著影响。

5.9.1.4 大流量低温差运行方式分析

在传统的教材与设计手册中，一次网热媒供水温度为高温水；二次网的供/回水温度通常采用95℃/70℃。但是实际运行中，采用的热媒参数很低。以长春地区为例，集中供热一次网的热媒参数都以低温水运行，而二次网的额定供水温度一般为60℃。供热系统采用低供水热媒温度造成大流量低温差运行方式。

（1）大流量、小温差运行方式的形成

造成这种大流量、小温差的运行方式，主要原因是供暖系统的输配管网存在着水力失调，即流量分配不按实际热负荷需要分配，偏离设计水力工况运行，造成冷热不均的热力失调。为了解决失调问题，供暖用户增大系统的循环流量，以满足末端流量的需要，造成流量增大，温差减小现象。

另外供热系统输配管网可调性能差，无论是干管或支路或是各建筑物的热力入口等处的阀门，不分其功能如何，一律采用普通阀门，调节效果不好，使用户采用大流量、小温差运行方式。

热媒设计温度只是供暖系统实际运行过程中对应于最不利室外气象条件的一个状态点，在供暖期内，需要随室外气象条件变化进行热媒温度的质调节。例如，按照热媒温度95℃/70℃（或85℃/60℃）设计的系统，真正需要供水温度达到95℃（或85℃）的时间，从理论上讲是十分短暂的，用户与设计人员经常以实际运行的水温作为设计依据，致使管网及末端装置过大。例如设计者接受设计任务去调查现状时，运行管理人员会告之供水温度只有70℃，如不深入分析就直接采用这样的低温参数作为设计温度进行设计计算，散热器数量必然会增加，导致实际运行水温进一步降低，以致陷入了恶性循环的怪圈，这种恶性循环更加剧了系统的失调度。

对于设计水温95℃/70℃的系统，当散热面积偏大10%时，运行水温约可为90℃/65℃；当偏大20%时，运行水温约可为85℃/60℃；当偏大30%时，运行水温约可为82.5℃/57.5℃；当偏大40%时，运行水温约可为80℃/55℃。由于考虑安全裕量和设计保守等原因，一般系统的散热面积均会偏大 30％以上[17]。

（2）大流量运行方式的弊端

维持大流量运行，必然增大循环水泵的功率，因而增加了电能消耗。另外，大流量、小温差运行方式使系统的可调性增大，缓解了系统的水平失调。如果系统的阻抗没有变化，总流量的增大，使系统各用户的流量按等比例增加，解决了个别用户流量不足的问题，但系统并没有从根本上解决水力失调的问题，形成不均匀热损失，造成能量的巨大浪费。

大流量、小温差运行方式增大了管网管径和末端装置的换热面积，使供热系统初投资增大。

5.9.2 冷媒温度与空调系统

中央空调冷水机组的冷水供水温度为 5～9℃，一般为 7℃；供回水温差为 5～10℃，一般为 5℃，该系统的冷水温度是由除湿空气的露点温度和换热器的传热温差决定的。由式（5-1）、式（5-3）、式（5-5）可知，空气的露点温度越低、传热温差越大，则蒸发温度越低，制冷工况的 COP 越低。

有时对于超高层建筑，为了降低系统工作压力，采用冷水间接换热形式，使得高区冷水温度升高。冷媒温度不同，对制冷机的性能、系统的输送能耗、末端装置换热及空气处理工况产生一定的影响。

5.9.2.1 小流量、大温差水系统能耗

当系统采用小流量大温差运行时，制冷机的性能及水系统的输送能耗发生变化。常规空调水系统夏季采用的供/回水温度为 7℃/12℃；冷却水为 32℃/37℃，若针对同一空调水系统，采用水冷式冷水机组，改变其供回水温差，分析系统总能耗随水流量和水温差的变化，在表 5-16 中 4 种不同的流量/温差方案进行了计算。以流量（2.4/3.0gpm/RT）为基准方案（ARI 的标准额定工况）逐步减少水流量。

水流量对系统总能耗的影响[18]　　　　　　　　　　　　　　　　　表 5-16

水流量方案			43/54	36/54	23/54	23/36
冷冻水	流量	L/s	43	36	23	23
	温差	℃	5.5	6.6	10	10
	进口温度	℃	12.2	12.2	15.6	15.6
	出口温度	℃	6.7	5.6	5.6	5.6
冷却水	流量	L/s	54	54	54	36
	温差	℃	5.6	5.6	5.6	8.4
	进口温度	℃	29.4	29.4	29.4	29.4
	出口温度	℃	35	35	35	37.8
年耗电量（kWh）	压缩机		477231	494871	492466	516277
	冷却塔		147963	148756	148648	114928
	冷冻水水泵		218894	126731	37725	37725
	冷却水水泵		329508	329508	329508	97534
系统总能耗			1173596	1099866	1008347	766564
基准方案百分比			100％	94％	86％	65％

由表 5-16 可以看出，前 3 种方案的冷却水温度与流量相同，在相同的回水温度下，供水温度越高，压缩机功耗越低；在相同供水温度下，回水温度越高，压缩机功耗越低，

这是因为冷媒平均温度提高将使蒸发温度提高而减少压缩机功耗。从这 4 种方案的综合能耗对比可以看出，随着水流量的减小，冷却水泵、冷冻水泵及冷却塔的能耗是逐渐降低的，整个系统的总能耗是逐渐减小的。这个变化趋势与水流量减小而水温差增大有关。

大温差、小流量空调水系统中，典型的冷水机组冷水温度为 5℃/13℃，冷却水温度为 32℃/40℃，进出口水温差为 8℃，与冷冻水供/回水温度 7℃/12℃、冷却水供/回水温度 32℃/37℃ 的 5℃ 温差相比，相应的冷冻水和冷却水流量减少 37.5%，如果管路系统不变，水泵输送能耗的减少将远大于 37.5%。

因此，如果冷媒供水温度不变，大温差、小流量对冷源侧节能是有利的，但会增加末端装置的换热面积。

5.9.2.2 温差变化对末端装置的影响

如果进入表冷器的空气流速不变、表冷器进水温度不变，供回水温差增大，进水量减少，表冷器的出风温度将升高。这是因为：一方面表冷器表面的平均温度上升；另一方面，表冷器的传热系数降低使得表冷器的传热能力下降。表冷器的传热系数降低是由两个因素造成的：一个因素是流经表冷器管束内流速的降低，另一个因素是表冷器析湿系数 ξ 降低 [见第 2 章式（2-39）]。因此若要处理到相同的空气状态点，小流量、大温差运行方式需增加表冷器的换热面积。实际上，供回水温差的改变，使表冷器与所处理空气传热的对数平均温差发生改变，热工计算较为复杂，应该对表冷器进行详细热工计算，不能原封不动地使用原来的表冷器，通常因不同生产厂家的表冷器性能参数不同，选择表冷器时，将所需不同参数提供给生产厂家，由生产厂家来配套选型。表 5-17 为不同的供回水温度对表冷器性能的影响。

供回水温度与表冷器性能　　　　　　　　　　　　表 5-17

供回水温度（℃）	5/10	7/12	9/14	5/15	7/17	9/19
供回水温差（℃）	5	5	5	10	10	10
传热量 Q（kW）	83.8	78.1	77.7	79.1	77.8	62.3
水量 G_w（L/s）	4.0	3.7	3.7	1.9	1.9	1.5
表冷器排数	6R-8F-4TPC		6R-8F-6TPC	6R-10F-8TPC	6R-10F-12TPC	6R-12F-12TPC
水阻力 ΔP（kPa）	5.4	4.8	10.7	7.3	18.5	12.8
机器露点干球温度/湿球温度（℃）	13.95/13.37	14.32/13.88	14.38/13.92	14.20/13.77	14.37/13.89	15.82/15.28

注：送风量 $G=12000\mathrm{m^3/h}$，空气初状态点的干/湿球温度 27℃/20.3℃。

由表 5-17 可知，冷媒温度提高，供回水温差不变，机器露点的干球温度略有提高；供回水温差增大，流量降低，需通过增加表冷器的换热面积，也可以接近小温差所处理的机器露点温度。图 5-13 为 4 排、6 排、8 排表冷器下的机器露点干球温度与热媒温度的关系，表现出表冷器处理后空气的干球温度随冷冻水冷媒温度的提高及温差的增大而提高。图 5-13 中数据的条件是送风量为 12000m³/h，空气初状态点的干/湿球温度为 27℃/20.3℃，为了使表冷器能够处理到机器露点，各种排数的表冷器面积略有增加。

5.9.3 独立新风系统与低温送风系统

一个通风空调的新概念"独立新风系统"（dedicated outdoor air systems）在 20 世纪

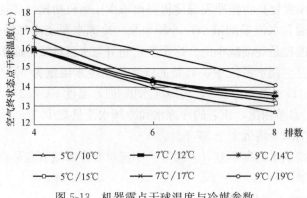

图 5-13　机器露点干球温度与冷媒参数

末在美国被提出，引起了全美暖通空调界的极大关注。该系统被美国能源部 2001 年 4 月出版的《商业建筑能耗手册》列为美国当今和未来在经济上最有优势的 15 项暖通空调节能技术之一[19]。近年来清华大学研究人员作了深入的研究，并提出了温湿度独立控制系统的理论与应用[20]。联想起 20 世纪末兴起的低温送风空调技术，两者在冷媒温度要求上有本质的区别，同时作为新的空调技术，在节能、保护室内环境等方面均有其各自的特点。

5.9.3.1　独立新风系统

在独立新风系统中，潜热（湿）负荷由新风承担，末端装置采用高温冷冻水仅用于去除显热负荷，因而夏季冷冻水的供水温度可从常规冷凝除湿方式的 7℃提高到使空气不结露的温度。此温度的冷源一方面为人工冷源，采用高温冷水机组；另一方面为很多天然冷源的使用提供了条件，如土壤源换热、深井回灌、间接蒸发冷却装置等。土壤源换热与深井回灌的冷水温度与使用地的年平均温度有关，我国很多地区可直接利用该方式供应冷水，甚至可提供低于空气露点温度的冷水。间接蒸发冷却方式是冷水机组不运行，仅利用冷却塔的冷却作用，将冷却水直接或间接地送到空调末端装置，适用干燥地区和许多过渡季节，空气湿球温度较低，使冷却塔出水温度能够满足吸收室内显热冷负荷的需要，达到节能的目的。传统的空调系统存在的问题：

（1）能源品位的问题

传统空调系统的表冷器同时排除室内显热负荷（余热）与潜热负荷（余湿），需要冷冻水温低于空气的露点温度，一般为 5～7℃的低温冷源。而在空调系统中，显热负荷约占总负荷的 50%～70%；潜热负荷约占总负荷的 30%～50%，占总负荷一半以上的显热负荷，原本可由高温冷源排走的热量，却随潜热负荷一起由低温冷源进行处理，造成能源品位上的浪费。如果采用高温冷源处理显热负荷，不仅使制冷装置的 COP 提高，同时也为使用低品位的天然冷源提供了条件。

（2）难以同时满足室内温湿度设计要求

利用表冷器排除室内的余热、余湿，空气处理的状态点只能在一定的范围内，冷凝除湿的本质就是靠降温使室内空气冷却到空气露点以下而实现除湿，因而降温除湿必须同时进行，两者之比很难随意改变。而室内的实际热湿比却在较大的范围内变化。一般室内的湿负荷来源于人体，当室内人数不变时，潜热量不变，但是显热量却随气候等条件的变化而大幅度变化，这种热湿比的变化难以与表冷器有限的空气处理状态点的变化相适应，造成室内相对湿度偏高或偏低现象。当室内热湿比线过小时，要满足室内湿度在允许范围内，需对空气进行再热处理，则造成冷热量的抵消，严重浪费了能量。

（3）室内空气品质的问题

近年来国外大量文献报道了湿度控制与健康问题，研究人员广泛地研究了室内空气的生物性污染，包括病毒、细菌和放线菌、真菌、微生物成分、植物体碎片等，并证实这些污染绝大多数源于空调系统污染和室内湿度失控，不适宜的空调导致室内致病、致敏因子增加，使空气质量下降。空调室内温湿度适宜，是病原微生物生存的良好环境，大多致病因子均能以不同的形式形成气溶胶。在全年的空调环境中，过去一些只有在春夏季才能生长良好的微生物会在这样人为的环境中长期存在，由此引起的感染性疾病的季节性减弱了，可能全年均会发生。

大多数空调依靠空气通过冷表面对空气进行降温除湿，使冷表面成为潮湿表面并可能产生积水。这些潮湿表面就成为霉菌繁殖的场所，尤其是空调停机后。空调的任务之一就是降温除湿，对空气除湿不可避免地要产生潮湿表面，若避免空调在湿工况运行，或减少空气与湿表面接触的机会，就降低了因为空调的广泛使用而产生的健康问题。

另外，空调系统的空气过滤器，是改善空气品质的最有效措施。空气过滤器本身不是污染源，真正的污染源是其上滤集的颗粒物。这些颗粒物不仅积聚在过滤器表面，还会深入过滤器内部，在晚间通风系统关闭或以最小新风量运行的状态下，过滤器表面的空气处于相对静滞的状态，污染物积聚到一定浓度，如果再飘过一些冷凝水，则成为各种微生物繁殖的最好场所。在早晨刚开机时，随送风进入室内。形成一段时间的高污染物浓度。如果要求新风去消除室内余湿，对室内空气处理到更低的焓值来消除所有的湿负荷，而室内末端装置只是消除余热。由于新风中几乎没有致病菌，深度除湿应在集中新风系统完成，冷凝水不必作太多处理，室内各自循环，只作等湿降温处理（干盘管），使室内有致病菌也不会在空调系统中繁殖，各房间独立又不会发生交叉感染。

（4）输送能耗

在中央空调系统中，风机、水泵消耗了整个空调系统的大量能量，采用不同的输配介质，输送效率存在着明显的差异，由于空气的比热比水的比热约小 4.19 倍，则输送质量流量要高于水系统输送的 4.19 倍，采用空气作为媒介的输送系统能耗远比以水为介质的输送能耗大，所以对于空调系统的能量输送应尽量减少采用空气系统的输送，尽可能以水作为输送冷量的媒介。

5.9.3.2　低温送风系统

低温送风系统是相对于常规空调送风系统而言的，常规空调送风系统设计温度一般为 12~18℃，而低温送风系统的一般送风温度为 4~12℃。从 20 世纪 80 年代中期开始，低温送风技术在美国商业建筑中得到应用。1996 年美国供暖制冷空调工程师学会（ASHRAE）出版的《低温送风空调系统设计指南》[21]，为低温送风空调系统设计提供了方向。低温送风系统的特点体现在以下几个方面：

（1）节省了建筑空间与系统费用

低温送风系统主要用于全空气空调系统，因其加大了送风温差，可以减小送风量和风管尺寸；降低了建筑的层高，使建筑结构、围护结构及一些建筑系统费用降低，因而带来显著的经济效益。送风量减小，使空气处理设备的体积减小，同时风管及其配套系统设施及规格减小，节省了初投资。

(2) 节省了输送能耗和电力需求

由于低温送风系统采用大温差送风，送风温差增大约 40%，则采用新的系统设计条件下，送风机风量及能耗可降低 40% 左右。在当前提倡"削峰填谷"的电力政策下，峰谷电价差别越来越大。通过冰蓄冷技术夜间使用便宜的低谷电价，采用低温送风系统减小白天尖峰时段高价需电量，并减小了制冷机的容量。由于从冰蓄冷槽那里可得到 $1\sim4℃$ 的冷媒温度，使低温送风系统很容易的获得 $4\sim9℃$ 的低温送风，所以冰蓄冷技术与低温送风技术相结合使得空调系统设计得到了优化，可以大幅度减少运行费用。

(3) 降低了室内相对湿度，提高了室内热舒适性

低温送风系统的去湿能力强，通常在比常规空调系统更低的相对湿度和露点温度下运行。随着送风温度降低，气流中有更多的水分将在冷却盘管处凝结出来，降低了室内含湿量，导致室内较低的相对湿度和露点温度。

低温送风系统的相对湿度一般为 30%～40%，约比常规空调系统低 10%～20%。湿度是影响人体热舒适的重要因素之一，相对低一点的室内相对湿度对热舒适有一定的影响。研究证明，在一定的室内温度下，随着空气湿度的降低，会使人感觉空气较新鲜。室内空气的温度和湿度不仅影响人体的热感觉，而且影响人体对室内空气品质的感觉，随着室内空气温度和湿度的降低，人体对室内空气品质的可接受程度增加，新风量可以相应减少。

低温送风时，室内风速对人体舒适感的影响，依然可以采用国际上通用的有效吹风感温度 (EDT) 和空气分布性能系数 (ADPI) 进行评价。采用低温送风空调系统时，合理的气流组织设计和计算，可以确保低温送风系统的 ADPI、空气龄、空气扩散效率、通风效率与常规空调系统相同，不受风口形式的影响，因此可以采用常规风口直接送风，诱导风口可以避免空调房间空调系统启动以及湿负荷突然增加时可能出现的凝露现象。当采用向房间直接送低温冷风的送风口时，应采取措施使送风温度能够在系统开始运行时逐渐降低。

根据新有效温度 (ET*) 的概念，相对湿度降低时，室内干球温度可提高，并可获得同等舒适度。例如室内温度为 25℃、相对湿度为 50% 的室内空气状态约与室内温度 26℃、相对湿度 30% 的室内空气状态的热感觉相同，而室内设计温度提高，不仅降低了室内冷负荷，也降低了空气处理能耗。

5.9.3.3 温湿度独立控制系统与低温送风系统的对比

独立新风系统与低温送风系统作为空调新技术有着共同的目标，即以最小的能耗与经济代价创造舒适的室内环境。

在室内环境方面，独立新风系统对室内显热和潜热分别进行控制，能满足不同热湿比变化的室内热湿环境，尤其是减少了由于空气湿表面造成的室内空气生物性污染，提高了室内的空气品质。低温送风系统从降低了室内湿度方面提高了人体热舒适和室内空气品质。

在节能方面，独立新风系统主要体现在两方面：一个是采用高温冷冻水，提高了制冷机的性能系数，并且为采用天然冷源创造了有利条件；另一方面，采用了冷冻水作为输送介质，减少了输送能耗。低温送风系统强调采用大温差、小流量输送空气减少输送能耗，但低温冷冻水的制备使制冷机的性能系数降低而使节能受到影响，当采用冰蓄冷系统时，使低温送风系统的优势得到充分的发挥，并缓解了电力高峰需求。

在运行费用方面，独立新风系统因为制冷机性能系数的提高、天然冷源的应用及输送能耗的降低而减少；低温送风系统因输送能耗降低而节省了运行费用，尤其是采用冰蓄冷的低温送风系统，利用"峰—谷"电价差而减少了运行费用。

如果采用以冰蓄冷作为冷源的独立新风系统，由于同时采用了低温送风大温差技术，使两者有机地结合在一起，将会焕发出新的更加强大的生命力。

本章参考文献

[1] 彦启森，赵庆珠著. 冰蓄冷系统设计. 北京：清华大学资料.
[2] 陆耀庆主编. 实用供热空调设计手册（第二版）. 北京：中国建筑工业出版社，2008.
[3] 马最良，姚杨等编著. 水环热泵空调系统设计. 北京：化学工业出版社，2005.
[4] GB 50189—2015 公共建筑节能设计标准. 北京：中国建筑工业出版社，2015.
[5] 李吟天. 改善我国大气环境加快开发利用天然气资源，中国能源. 1997（7）：22-25.
[6] 杨宏志著. 供热系统论. 徐州：中国矿业大学出版社，2001.
[7] 王长庆，龙惟定，丁文婷. 各种冷源的一次能耗及对环境影响的比较. 节能技术，2000（6）：14-19.
[8] 杨昭，赵义，李丽新，马一太. 五种供热空调系统的技术经济分析及建议. 制冷学报，2000（4）：43-48.
[9] 王长庆，龙惟定，丁文婷等. 直燃型溴化锂吸收式机组与风冷热泵机组的一次能耗比较. 流体机械，2001，29（7）：54-58.
[10] 姚文涛. 净现值法在空调冷热源方案比较中的应用. 建筑热能通风空调，2004，23，（6）：57-60.
[11] 张华，王宜义. 冰蓄冷空调系统的评价方法. 节能技术，1997（4）：17-19.
[12] 魏钧，张维亚. 空调冷热源方案经济技术比较. 华北科技学院学报，2004，1（3）：52-54.
[13] 贺平，孙刚，王飞等. 供热工程（第四版）. 北京：中国建筑工业出版社，2009.
[14] GB 50736—2012. 民用建筑供暖通风与空气调节设计规范. 北京：中国建筑工业出版社，2012.
[15] JGJ 26—2010. 严寒和寒冷地区居住建筑节能设计标准. 北京：中国建筑工业出版社，2010.
[16] 葛凤华，于秋生，刘春菊等. 基于热媒参数的供热系统境济性及㶲分析. 暖通空调，2009，39（9）：77-81.
[17] 张锡虎，刘飞. 关于散热器热水供暖系热媒设计温度的商榷. 暖通空调，2006，36（11）：39-41.
[18] 全国民用建筑工程设计技术措施节能专篇-暖通空调. 动力. 北京：中国计划出版社，2007.
[19] James Brodrick. Energy consumption characteristics of commercial building HVAC systems. Volume III：energy savings potential DOE，July，2002.
[20] 江亿，刘晓华等. 温湿度独立控制系统. 北京：中国建筑工业出版社，2006.
[21] Kirkpatrick A T，Elleson J S. 低温送风系统设计指南. 汪训昌译. 北京：中国建筑工业出版社，1999.

第6章 建筑防烟、排烟设计

火灾发生时，会产生含有大量有毒气体的烟气，如果不对烟气进行有效地控制，任其产生和四处传播，将给建筑物内的人员带来巨大的生命威胁。防烟、排烟的目的是将火灾产生的大量烟气及时排除，以及防止烟气向火灾区域以外扩散，以确保建筑物内人员的顺利疏散，安全避难和为消防人员工作创造有利的扑救条件。

建筑防烟、排烟设计是暖通工程设计中非常重要的组成部分，应主要依据我国颁布的《建筑设计防火规范》[1] GB 50016—2006（以下称《建规》）及《高层民用建筑防火规范》[2] GB 50045—95（2005 年版）（以下简称《高规》）。现在新颁布了《建筑设计防火规范》GB 50016—2014[3]（以下简称《新建规》）和《建筑防排烟系统技术规范》（征求意见稿）[4]（简称《建烟规》），需按《新建规》、结合《建规》和《高规》执行，此外还应符合国家现行的其他规范与有关标准的规定。

6.1 建筑火灾烟气的特征及其危害

6.1.1 火灾烟气的组成

建筑烟气是指发生火灾时物质在燃烧和热分解作用下生成的产物和剩余空气的混合物。可燃物与氧化剂作用产生的放热反应称为燃烧，燃烧通常伴随有火焰、发光和发烟现象。在发生燃烧的同时，还伴随着热分解反应。热分解反应是物质由于温度升高而发生无氧化作用的不可逆化学分解。在一定的温度下，燃烧反应的速度并不快，但热分解反应的速度却很快。热分解没有火焰和发光现象，却存在发烟现象。火灾发生时，燃烧产物与热分解的产物混合在一起，形成了火灾烟气。

现代建筑中可燃装修、陈设较多，还有相当多的建筑使用了大量的塑料装修、化纤地毯和用泡沫塑料填充的家具。由于火灾时参与燃烧的物质种类繁多，发生火灾时的条件各不相同，因此火灾烟气中各种物质的组成也相当复杂。可以认为火灾烟气中含有气（汽）体和悬浮颗粒物，在温度较低的初燃阶段还有液态粒子。烟气的化学成分主要有 CO_2、CO、HCN、NH_3、HCl、H_2O、SO_2、CH_4、C_nH_m 等。

6.1.2 烟气的危害

火灾中烟气是导致火灾中人员死亡的主要原因之一。它的危害性可以体现在以下几方面：

（1）烟气中毒

烟气中含有大量的有毒性气体。多次火灾事例证明，CO 是烟气中对人员最具威胁的成分，当其在空气中的浓度达到 0.5% 时，会引起剧烈的头痛；浓度大于 1% 时，在 1～2min 内就会致人死亡。燃烧时产生的大量的 CO_2 气体及燃烧消耗了大量的氧气，将引起人体缺氧而窒息。作为人员疏散允许空气中含氧量不低于 14%。当空气中的含氧量小于6%，或 CO_2 浓度大于 20% 时都会在短时间内就能致人死亡。有些气体有剧毒，少量即可致死，如光气（$COCl_2$），空气中浓度大于 0.005% 时，在短时间内就能致人死亡。

（2）高温危害

火灾初期（5～20min）的烟气温度可达到 250℃；当燃烧剧烈时，室内温度高达 800℃左右。火焰本身或由火焰产生的高温，能把人烧伤、烧死，因为人体在火焰和高温燎烤下，使心脏跳动加速，大量出汗，这样人很快就会出现疲劳和脱水现象，当热强度超过人体能承受的限度时就会死亡。

另外，由于吸入大量的热气到肺部，使血压急剧下降，毛细管被破坏，从而导致血液循环系统被破坏。人体处在环境温度约为 45℃时皮肤即有痛感，吸入 150℃或者更高温度的热烟气将引起人体内部的灼伤，一般以人吸入的热空气最高温度为 150℃作为人生存的极限值。

（3）烟气的遮光作用

因为烟有遮光作用，使人的能见度降低，这对疏散和扑救活动造成很大障碍。当发生火灾时，人们看不到疏散方向，不能根据引导标识来辨认疏散楼梯和门，就会呆立不动或惊慌失措、乱跑，给安全疏散带来很大困难。

为了使火灾中人们能够看清疏散楼梯间的门和疏散标识，保障疏散安全，要确定疏散时人们的能见距离不得小于某一最小值。这个最小的允许能见距离就叫做疏散极限视距。对某些建筑，例如住宅楼、教学楼、生产车间等，其内部人员对疏散路线、安全出口较熟悉，其疏散极限视距为 5m；对于旅馆、教学楼、百货大楼等的绝大多数人员是非固定的，其疏散极限视距为 30m。为了保障疏散安全，烟气在走廊里的浓度只允许为起火房间内烟气浓度的 1/300～1/100。

6.2　烟气的流动特性

火灾烟气存在水平和垂直两个扩散方向。由于火灾产生烟气的温度高，其密度比周围空气密度小，故产生上升的浮力。烟气上浮过程中遇到水平楼板或顶棚后，改为沿水平方向继续流动。当烟气进入管道井及楼梯间时，在"烟囱效应"的作用下迅速沿垂直通道扩散。烟气水平流动的速度很小，火灾初期为 0.1～0.3m/s，火灾中期为 0.5～0.8m/s。在垂直通道上，烟气的流动速度很大，可达 6～8m/s，甚至更高。

当建筑发生火灾时，着火房间的烟气自然流动与扩散的途径一般有 3 条，第 1 条：着火房间→走廊→前室或楼梯间→上部各楼层→室外；第 2 条：着火房间→室外；第 3 条：着火房间→相邻房间→室外。

引起烟气流动的因素有扩散、烟囱效应、浮力、热膨胀、风力、通风空调等。

6.2.1　热压作用与烟气的扩散

当建筑物内外的气体温度不同时，由于密度差会产生一定的热压，从而使烟气在垂直通道内扩散。

图 6-1 所示为垂直通道内充满烟气时的压力分布情况。烟气温度为 T_s，周围空气温度为 T_a，且 $T_s > T_a$，则有一中和面，中和面上部

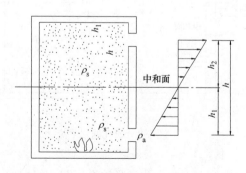

图 6-1　竖井内的压力分布

室内压力高于室外，中和面下部室内压力低于室外，空气将从下部孔口进入，与烟气一起从上部孔口流出，并有：

$$\Delta p_1 = -h_1 g(\rho_a - \rho_s) \tag{6-1}$$

$$\Delta p_2 = h_2 g(\rho_a - \rho_s) \tag{6-2}$$

式中　Δp_1、Δp_2——下部、上部开口处室内与室外的压差，Pa；

　　　h_1、h_2——下部、上部开口至中和面的距离，m；

　　　ρ_s、ρ_a——对应 T_s、T_a 的气体密度，kg/m^3；

　　　g——重力加速度，m/s^2。

流经上部与下部孔口的质量流量为：

$$G_1 = C_{d1} F_1 \sqrt{2\rho_a \mid \Delta p_1 \mid} \tag{6-3}$$

$$G_2 = C_{d2} F_2 \sqrt{2\rho_s \Delta p_2} \tag{6-4}$$

式中　C_{d1}、C_{d2}——下部、上部开口流量系数；

　　　F_1、F_2——下部、上部开口面积，m^2。

下部孔口进入的空气部分参与火灾燃烧，可近似认为 $G_1 \approx G_2$，通常孔口的流量系数也可认为 $C_{d1} \approx C_{d2}$，则有：

$$\Delta p_2 / |\Delta p_1| = (F_1/F_2)^2 \cdot (\rho_a/\rho_s) = (F_1/F_2)^2 \cdot (T_s/T_a) \tag{6-5}$$

由式（6-1）和式（6-2）得，$\Delta p_2 / |\Delta p_1| = h_2/h_1$，所以有：

$$h_2/h_1 = (F_1/F_2)^2 \cdot (T_s/T_a) \tag{6-6}$$

如果两孔的总高度（垂直通道的高度）h 已知，则 h_1、h_2 可分别求出。其中 h_1 为：

$$h_1 = \frac{F_2^2 T_a}{F_1^2 T_s + F_2^2 T_a} h \tag{6-7}$$

由式（6-6）可以看出，当下部孔口面积增大时，中和面下移；反之，中和面上移。中和面总是偏向孔口面积大的一侧。另外，当烟气温度提高时，中和面将下移；反之，中和面上移。

6.2.2　烟气在房间的扩散

房间着火后，室内温度急剧上升，室内空气迅速膨胀，常导致门窗破裂，烟气通过门窗孔洞夺路而出，向室外和走廊蔓延。由于着火房间空气与烟气的混合物的温度升高，其密度减小，着火房间与室外、走廊或相邻房间的空气形成密度差，引起烟气流动，即着火房间与室外、走廊及相邻房间形成热压差导致烟气与空气的相互流动，如图 6-2 所示。

中和面上部的烟气在房间上部向室外或走廊扩散，而室外或走廊的空气从中和面下部进入着火房间，相当于图

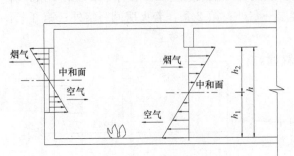

图 6-2　烟气的水平流动

6-1 中的上下两个孔口紧挨在一起。根据式（6-6）可得：

$$\frac{h_1^3}{h_2^3}=\frac{T_a}{T_s} \tag{6-8}$$

$$h_2=\frac{h}{1+(T_a/T_s)^{1/3}} \tag{6-9}$$

取中和面上微小区间 dh 的积分，并将式（6-9）代入得：

$$G=\int_0^{h_2}\mu B\sqrt{2\rho_s\Delta p}\cdot\mathrm{d}h=2/3C_dB\sqrt{2g\rho_s(\rho_a-\rho_s)}\cdot h_2^{3/2}$$

$$=2/3C_dB\sqrt{2g\rho_s(\rho_a-\rho_s)}\cdot\left[\frac{h}{1+(T_a/T_s)^{1/3}}\right]^{3/2} \tag{6-10}$$

式中　G——烟气的质量流量，kg/s；

　　　B——门、窗宽度，m；

　　　C_d——门、窗流量系数；

　　　h——门、窗高度，m；

h_1、h_2——图 6-2 中的门或窗口中和面下部或上部的高度，m。

烟气的体积流量为：

$$L=2/3C_dB\sqrt{2g\frac{T_s-T_a}{T_a}}\cdot\left[\frac{h}{1+(T_a/T_s)^{1/3}}\right]^{3/2} \tag{6-11}$$

由此可以看出，烟气流量与窗、门的特性及烟气、环境温度有关。当烟气的温度改变时，中和面位置也随之移动。

6.2.3　烟囱效应引起的烟气垂直流动

当建筑物内外存在温度差时，在热压作用下引起空气与烟气在楼梯间、竖井等垂直通道向上或向下流动。当室外空气温度小于室内垂直通道内空气温度时（$T_a<T_s$），如果火灾发生在中和面以下，烟气将随空气流入楼梯及竖井，且随着进入垂直通道空气温度的提高，烟囱效应和烟气的传播将增强。如果楼层之间没有缝隙渗漏烟气，中和面以下除着火层外的其他楼层，是无烟的。当上升到中和面以上时，部分烟气流出垂直通道进入建筑物各楼层，见图 6-3（a），再排出室外。如果火灾发生在中和面以上房间，见图 6-3（b），着火层的烟气将随着建筑物中的气流通过外窗开口排出室外。

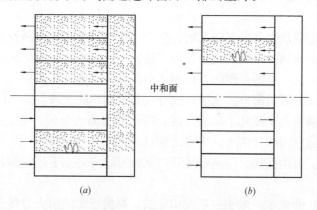

(a) (b)

图 6-3　烟囱效应引起的烟气流动（$t_a<t_s$）

(a) 火灾发生在中和面以下；(b) 火灾发生在中和面以上

当室外空气温度大于室内垂直通道的空气温度时（$T_a > T_s$），在建筑物的垂直通道中，存在着一种下降的气流。一般情况下发生在夏季，特别是设有空调系统的建筑中。如果火灾发生在中和面以下，着火层的烟气将随空气排至室外，见图 6-4（a）。如果火灾发生在中和面以上，且烟气温度较低时，烟气将随着建筑物中的空气流入垂直通道，烟气流入的通道虽然温度有所升高，但仍然低于外界空气温度，使垂直通道内气流方向朝下，将烟气带到中和面以下，流入各楼层中，见图 6-4（b）。

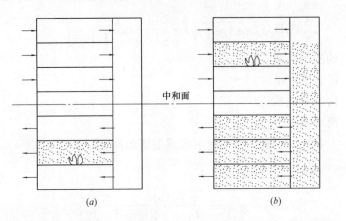

图 6-4 烟囱效应引起的烟气流动（$t_a > t_s$）

（a）火灾发生在中和面以下；（b）火灾发生在中和面以上

建筑物的烟气还可能通过空调、通风系统的管道传播，通过回风口进入管道送入其他房间。

6.3 烟气的控制要求

烟气控制的实质是控制烟气的合理流动，使烟气不流向人们疏散通道、安全区和非着火区，而向室外流动，主要方法有隔烟、排烟和正压防烟。

6.3.1 防火分区与防烟分区

6.3.1.1 防火分区

防火分区是指在建筑内部采用防火墙、耐火楼板及其他防火分隔设施分隔而成，能在一定时间内防止火灾向同一建筑的其余部分蔓延的局部空间。防火分区的主要目的是火灾发生时，将火灾控制在一定的范围内，以利于消防扑救，减少火灾损失。防火分区分水平防火分区和垂直防火分区两部分。水平防火分区是指利用防火墙、防火门和防火卷帘将各楼层在水平方向分隔为两个或几个防火分区；所谓垂直防火分区，就是将具有 1.0h 以上的耐火极限的楼板或窗间墙（两上、下窗之间的距离不小于 1.2m）将上下层隔开。当上下层之间设有走廊、自动扶梯、传送带等开口部位时，应将上下连通的各层作为一个防火分区考虑。

根据《新建规》的要求，对于一般民用建筑，根据建筑的耐火等级及性质，其防火分区最大允许面积由 500～2500m² 不等；对于高层民用建筑，其防火分区最大允许面积为 1500m²；对于地下室，其最大防火分区面积为 500m²。当房间内设有自动灭火系统时，防火分区最大允许建筑面积可按上述要求面积增大一倍。一、二级耐火等级建筑内的营业厅、展览厅，当设置自动喷淋灭火系统和火灾自动报警系统，并采用不燃和难燃装修材料时，其每个防火分区最大允许面积应符合如下规定：设置于高层建筑内时，不应大于 $4000m^2$；设置于单层或仅设于多层建筑的首层时，不应大于 $10000m^2$；设置于地下或半地下建筑时，不应大于 $2000m^2$。

6.3.1.2　防烟分区

防烟分区是指在建筑内部屋顶和顶板、吊顶下采用具有挡烟功能的构配件进行分隔而形成的，具有一定蓄烟能力。能在一定时间内防止火灾烟气向同一建筑其他部位蔓延的局部空间。

根据《高规》、《建规》，每个防烟分区面积不宜超过 $500m^2$；根据《建烟规》及《汽车库、修车库、停车场设计防火规范》[5] GB 50067—2014（简称《汽规》），每个防烟分区面积不宜超过 $2000m^2$，采用隔墙等形成的封闭分隔空间时，该空间应作为一个防烟分区；防烟分区不能跨越防火分区，如果以顶棚下突出不小于 0.5m 的梁划分防烟分区，当同时有不同高度的梁时，不能以低梁跨越高梁作为挡烟垂壁。

6.3.2　需要防烟、排烟的场合

建筑中的防、排烟可采用排烟方式和防烟方式，其中排烟方式可采用自然排烟方式与机械排烟方式；防烟方式可采用机械加压送风方式与可开启外窗的自然通风方式。在选用防排烟方式时，应优先选用自然排烟和自然防烟方式。

（1）建筑中应设置防烟设施的部位有：

1）防烟楼梯间及其前室；

2）消防电梯间前室或合用前室；

3）消防电梯前室；

4）避难走道的前室、避难层（间）。

建筑高度不大于 50m 的公共建筑、厂房、仓库和建筑高度不大于 100m 的住宅建筑，当其防烟楼梯间的前室或合用前室符合下列条件之一时，楼梯间可不设置防烟系统：前室或合用前室采用敞开的阳台、凹廊；前室或合用前室有不同朝向的可开启外窗，且可开启外窗面积满足自然排烟口的面积要求。

（2）厂房或仓库的下列场所或部位应设置排烟设施：

1）丙类厂房内建筑面积大于 $300m^2$ 且经常有人停留或有可燃物的地上房间，人员或可燃物较多的丙类生产场所；

2）建筑面积大于 $5000m^2$ 的丁类生产车间；

3）占地面积大于 $1000m^2$ 的丙类仓库；

4）高度大于 32m 的高层厂房（仓库）内长度超过 20m 的疏散走道，其他厂房（仓库）内长度超过 40m 的疏散走道。

（3）民用建筑的下列场所或部位应设置排烟设施：

1）设置在一、二、三层且建筑面积大于 $100m^2$ 的歌舞娱乐、放映、游乐场所，设置在四层及以上楼层、地下或半地下的歌舞娱乐、放映、游乐场所；

2）中庭；

3）公共建筑内建筑面积大于 $100m^2$ 且经常有人停留的地上房间；

4）公共建筑内建筑面积大于 300m² 且可燃物较多的地上房间；

5）建筑长度超过 20m 的疏散走道。

地下或半地下建筑（室）、地上建筑的无窗房间，当总建筑面积大于 200m² 或一个房间建筑面积大于 50m²，且经常有人停留或可燃物较多时，应设置排烟设施。

6.4　自然防烟排烟

自然防烟是指采用自然通风方式，防止烟气进入楼梯间、前室、避难层（间）等空间的系统，自然排烟是利用热烟气产生的浮力、热压或其他自然作用力使烟气排出室外。这种排烟方式设施简单，投资少，但排烟效果受室内外环境因素影响较大。自然排烟有两种，一种是利用可开启外窗排烟，大多数建筑房间都是利用外窗来排烟；另一种是利用竖井排烟，由于自然排烟要求的排烟面积较大，有时难以实施。

自然防排烟的要求如下：

（1）除建筑高度超过 50m 的一类公共建筑和建筑高度超过 100m 的居住建筑外，靠外墙的防烟楼梯间及其前室、消防电梯间前室和合用前室，宜采用自然排烟方式。

（2）采用自然排烟的开窗面积应符合下列规定：防烟楼梯间前室、消防电梯间前室可开启外窗面积不应小于 2.00m²，合用前室面积不应小于 3.00m²；靠外墙的防烟楼梯间每五层内可开启外窗总面积之和不应小于 2.00m²；长度不超过 60m 的内走道可开启外窗面积不应小于走道面积的 2%；需要排烟的房间可开启外窗面积不应小于该房间面积的 2%；净空高度小于 12m 的中庭可开启的天窗或高侧窗的面积不应小于该中庭地面面积的 5%。

（3）防烟楼梯间前室或合用前室，利用敞开的阳台、凹廊或前室内有不同朝向的可开启外窗自然排烟时，该楼梯间可不设防烟设施。

《建烟规》对上述第（1）条作了修改：（1）建筑高度小于或等于 50m 的公共建筑、工业建筑和建筑高度小于或等于 100m 的住宅建筑，其防烟楼梯间及其前室、消防电梯间前室和合用前室，宜采用自然通风方式的防烟系统，当前室或合用前室采用机械加压送风系统时，且其加压送风口设于前室顶部或正对前室入口时，楼梯间可采用自然通风方式，否则楼梯间应设加压送风；对第（2）条作了补充：采用自然通风方式的避难层（间）应设有不同朝向的可开启外窗，其有效面积不应小于该避难层（间）地面面积的 2%，且每个朝向的有效面积不应小于 2.0m²；采用自动排烟窗时，厂房的排烟面积不应小于排烟区域建筑面积的 2%，仓库的排烟建筑面积增加 1.0 倍；采用手动排烟窗时，厂房的排烟面积不应小于排烟区域建筑面积的 3%，仓库的排烟建筑面积增加 1.0 倍；另外补充了新规定：设有中庭的建筑，应根据建筑的构造，烟羽流的质量流量等条件，选择自然排烟或机械排烟；排烟窗的有效面积应考虑烟羽流的质量流量、进气口情况、火灾热释放率、环境温度等进行计算[4]；多层建筑宜采用自然排烟系统。

6.5　机械防排烟

当不具备自然防排烟条件时，应设置机械加压送风和机械排烟设施。

6.5.1 机械加压送风

机械加压送风防烟是指利用送风机供给疏散通道中的防烟楼梯间及其前室、消防电梯前室或合用前室以及封闭的避难层这些空间新鲜的空气，以有效阻止烟气的入侵，保证人员安全疏散与避难。从安全性的角度出发，建筑内可分为 4 类安全区：第一类安全区为防烟楼梯间、避难层；第二类安全区为防烟楼梯间前室、消防电梯前室或合用前室；第三类安全区为走廊；第四类安全区为房间。加压送风时应保证防烟楼梯间的压力＞前室压力＞走廊或房间压力。

对于机械加压送风，有如下条件要求：不具备自然排烟条件的防烟楼梯间、消防电梯间前室或合用前室；采用自然排烟措施的防烟楼梯间，其不具备自然排烟条件的前室；封闭避难层（间）。《建烟规》增加了一些内容，其中有两方面重要的补充：当楼梯间设置加压送风井道确有困难时，可采用直灌式加压送风系统，并增加具体的要求；送风井（管）道应采用不燃材料制作，且宜优先采用光滑井（管）道，不宜采用土建井道，当采用金属管道时，设计风速不应大于 20m/s，当采用非金属材料管道时，设计风速不应大于 15m/s，当采用土建井道时，设计风速不应大于 10m/s。

6.5.2 机械排烟

机械排烟系统的设计要求：

（1）无直接自然通风，且长度超过 20m 的内走道或虽有直接自然通风，但长度超过 60m 的内走道。

（2）面积超过 100m²，且经常有人停留或可燃物较多的地上无窗房间或设固定窗的房间。

（3）不具备自然排烟条件或净空高度超过 12m 的中庭。

（4）除利用窗井等开窗进行自然排烟的房间外，各房间总面积超过 200m² 或一个房间面积超过 50m²，且经常有人停留或可燃物较多的地下室。

《建烟规》有一些重大的变化：

（1）防烟分区面积不宜超过 2000m²。

（2）建筑高度超过 100m 的高层建筑，排烟系统应竖向独立设置，且每段高度不应超过 100m。

（3）一台排烟风机最多可以担负竖向高度不大于 50m 内的防烟分区，当确需担负超过 50m 的防烟分区时，应设备用风机。

（4）排烟风机应设置在专用机房内，该房间应采用耐火极限不低于 2.0h 的隔墙和 1.5h 的楼板及甲级防火门。

（5）排烟口应设在防烟分区所形成的储烟仓内，走道内排烟口应设置在其净空高度的 1/2 以上，当设置在侧墙时，其最近的边缘与吊顶的距离不应大于 0.5m。

（6）风道材料与管道风速要求与加压送风管道相同。

6.6 排烟系统的风量计算

6.6.1 一般规定

（1）设置机械排烟设施的部位，其排烟风机的风量应符合下列规定：

1）担负一个防烟分区排烟或净空高度大于 6.00m 的不划分防烟分区的房间时，应按每平方米不小于 60m³/h 计算（单台风机最小排烟量不应小于 7200m³/h）。

2）担负两个或两个以上防烟分区排烟时，应按最大防烟分区面积每平方米不小于 120m³/h 计算。

3）中庭体积小于或等于 17000m³ 时，其排烟量按其体积的 6 次/h 换气计算；中庭体积大于 17000m³ 时，其排烟量按其体积的 4 次/h 换气计算，但最小排烟量不应小于 102000m³/h。

4）面积超过 2000m² 的地下汽车库应设置机械排烟系统，排烟风机的排烟量应按换气次数不小于 6 次/h 计算。

（2）带裙房的高层建筑防烟楼梯间及其前室，消防电梯间前室或合用前室，当裙房以上部分利用可开启外窗进行自然排烟，裙房部分不具备自然排烟条件时，其前室或合用前室应设置局部正压送风系统。

（3）排烟口应设在顶棚上或靠近顶棚的墙面上，且与附近安全出口沿走道方向相邻边缘之间的最小水平距离不应小于 1.50m。设在顶棚上的排烟口，距可燃构件或可燃物的距离不应小于 1.00m。排烟口平时关闭，并应设置有手动和自动开启装置。

（4）防烟分区内的排烟口距最远点的水平距离不应超过 30m。在排烟支管上应设有当烟气温度超过 280℃ 时能自行关闭的排烟防火阀。

（5）走道的机械排烟系统宜竖向设置；房间的机械排烟系统宜按防烟分区设置。

（6）排烟风机可采用离心风机或采用排烟轴流风机，并应在其机房入口处设有当烟气温度超过 280℃ 时能自动关闭的排烟防火阀。排烟风机应保证在 280℃ 时能连续工作 30min。

（7）机械排烟系统中，当任一排烟口或排烟阀开启时，排烟风机应能自行启动。

（8）排烟管道必须采用不燃材料制作。安装在吊顶内的排烟管道，其隔热层应采用不燃烧材料制作，并应与可燃物保持不小于 150mm 的距离。

（9）机械排烟系统与通风、空气调节系统宜分开设置。若合用时，必须采取可靠的防火安全措施，并应符合排烟系统要求。

（10）设置机械排烟的地下室，应同时设置送风系统，且送风量不宜小于排烟量的 50%。

（11）排烟风机的全压应按排烟系统最不利管路进行计算，其排烟量应增加漏风系数。

6.6.2 机械排烟系统应用举例

6.6.2.1 房间排烟

某地下建筑面积为 1000m²，建筑层高 $h=3.6m$，防火分区面积为 1000m²（设有自动喷淋灭火系统）。排烟分区为 4 个，防烟分区 1、2 的面积 $f_1=f_2=300m²$；防烟分区 3、4 的面积 $f_3=f_4=200m²$，如图 6-5 所示。房间平时通风，通风换气次数为 n，火灾时排烟，采用通风与排烟共用系统。

（1）排烟量计算：因为排烟风机负担多个防烟分区的排烟，最多有两个防烟分区有烟，所以排烟量按最大防烟分区面积不小于 120m³/(h·m²) 计算，即 $L_烟=300×120=36000m³/h$。补风量不小于排烟量的 50%，$L_补=300×120×50\%=18000m³/h$。

（2）通风量计算：通风量需根据房间使用性质确定，如果换气次数取 $n=6$ 次/h，且取排风量与送风量相同，则有：

$$L_{排}＝L_{送}＝(f_1＋f_2＋f_3＋f_4)\times h\times n＝(300＋300＋200＋200)\times 3.6\times 6＝21600\quad m^3/h。$$

如果换气次数取 $n＝3$ 次/h，则有：

$$L_{排}＝L_{送}＝(f_1＋f_2＋f_3＋f_4)\times h\times n＝(300＋300＋200＋200)\times 3.6\times 3＝10800\quad m^3/h。$$

1) 图 6-5（a）所示为排烟与排风共用一个系统，补风与送风共用一个系统。因为排烟量与排风量不同、送风量与补风量不同，所以排烟风机与补风机可分别采用双速风机，或者分别采用变频调速风机，管道系统共用。火灾排烟时，排烟风机及补风机高速运行；排风时，排风机与送风机低速运行。每个排烟分区的排烟支管设常闭排烟口和280℃动作的防火阀，排烟总管设280℃动作的防火阀，送风或补风总管设70℃动作的防火阀。每个排烟支管的排烟量按该防烟分区面积不小于 $60m^3/(h \cdot m^2)$ 计算。每个排风口设电动控制阀，送风或补风口为常开风口。当火灾发生时，打开有烟的防烟分区排烟口，自动关闭所有排风口。

如果排风口为常开风口，当火灾发生时，排烟系统还会通过排风口排除其他不需排烟房间的空气，使得总排烟量 $36000m^3/h$ 不能满足要求。

如果排烟口与排风口共用一个风口且为常开风口，每个防烟分区应按每平方米不小于 $60m^3/h$ 计算，则总风量需满足 $L_{烟}＝(f_1＋f_2＋f_3＋f_4)\times 60＝60000m^3/h$，此时 4 个房间相当于 1 个防烟分区，不满足"防烟分区面积不超过 $500m^2$"的规定。

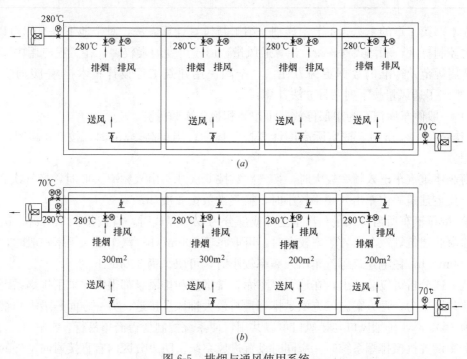

图 6-5　排烟与通风使用系统

—常开风阀；Ⓜ—电动风阀；Ⓜ—防火阀

2) 图 6-5（b）所示为排烟管道与排风管道分别设置，而排烟与排风共用同一台风机，风机为双速风机或变频调速风机；补风与送风共用一个系统。该系统由于排风管道独立设置，所以，当排烟时，自动关闭排风总管的阀门，打开有烟区域的排烟口。

6.6.2.2　地下停车库排烟

（1）防火分区与防烟分区

根据《汽规》的规定，地下汽车库防火分区的最大允许建筑面积为 2000m²，当汽车库内设有自动灭火系统时可增加一倍，即为 4000m²。并且规定，停车数超过 10 辆的地下车库应设置自动灭火系统。也就是说，一般地下车库均需设置自动灭火系统，防火分区最大允许建筑面积可达 4000m²。《汽规》中规定每个防烟分区面积不宜超过 2000m²，且防烟分区不应跨越防火分区。

（2）排烟量、通风量的确定

《汽规》规定：除敞开式汽车库、建筑面积小于 1000m² 的地下一层汽车库和修车库外，汽车库、修车库应设排烟系统，每个防烟分区的排烟量不小于 30000m³/h，且不小于表 6-1 的规定：

车库的排烟量　　　　　　　　　　　　　　　　表 6-1

车库的净高(m)	车库的排烟量(m³/h)	车库的净高(m)	车库的排烟量(m³/h)
3 及以下	30000	3.1~4.0	31500
4.1~5.0	33000	5.1~6.0	34500
6.1~7.0	36000	7.1~8.0	37500
8.1~9.0	39000	9.1 及以上	40500

在本书第 1 章的 1.2.3.1 节中详细介绍了新风量计算方法，对于地下停车库可以 CO 浓度为控制标准，利用式（1-29）计算通风量，由于可变因素较多，在工程应用中，设计人员选用规范及标准的数据更为方便。《全国民用建筑工程设计技术措施-暖通空调动力》[6] 规定了通风量按下列两种方法计算：

1）一般停车库汽车为单层停放，可按体积换气次数计算。

当层高小于 3m 时，按实际高度计算换气体积；当层高≥3m 时，按 3m 高度计算换气体积。

商业建筑汽车出入频率较大时，换气次数按 6 次/h；出入频率一般时，换气次数按 5 次/h；住宅建筑等汽车出入频率较小时，换气次数按 4 次/h。

2）按每辆车所需排风量：汽车全部或部分为双层停放时，宜按每辆车所需排风量计算。如商业建筑等汽车出入频率较大时，可取每辆 500m³/h；汽车出入频率一般时，可取每辆 400m³/h；住宅建筑等汽车出入频率较小时，可取每辆 300m³/h。

从上述分析可以总结出，在地下停车库，排烟量和排风量都很大，采用排烟系统与排风系统共用成为合理方案。一方面是排烟量与最大排风量接近；另一方面是最大防烟分区面积为 2000m²，排烟风口与排风口可以共用，使系统控制变得简单易行。

车库设置机械排烟系统时，应同时设置进风系统。防火分区内有直接通向室外的汽车疏散出口，且出口不设置防火卷帘（前提是汽车库和汽车坡道上均设有自动灭火系统）时，可以将该出口作为进风口，否则就需设置机械进风系统或设置足够面积的进风百叶，满足进风量不小于排风量 50% 的要求。

（3）排烟、通风系统设计要点

1）每个防烟分区应设独立的排烟系统。车库的排烟量很大，以 2000m² 防烟分区为例，若层高为 4.2m，排烟量为 33000m³/h。如果一个排烟系统负担两个或两个以上的防烟分区，排烟量会很大，管道尺寸与长度增大，且使控制复杂。补（送）风系统可根据实际情况跨越防烟分区。

2）不需设常闭的自动控制排烟口。排烟口与排风口共用，采用常开风口，管道、风口按均匀排风计算。管道、风口风速既需要满足平时通风要求，又满足排烟时不超速。

3）排烟风机与补风机采用调速风机，火灾时高速运行，平时可根据车库内的 CO 浓度自动启、停风机或对风机进行变频调速控制。

4）对于地下汽车库平时排风系统的补风可利用汽车坡道等进行自然补风。对于火灾排烟时的补风，当汽车库坡道与停车区采用防火卷帘或防火门时，由于火灾时关闭，不能靠坡道自然补风，需设机械补风；当采用水幕作为坡道与停车区的分隔或汽车坡道上设自动灭火系统时，可利用汽车坡道进行补风。

5）排烟总管穿机房处设 280℃动作的防火阀，送风总管穿机房处设 70℃动作的防火阀。

6）对排烟风机、送风机进行调速控制，当改变风机转速时，风量随之改变，管网的流量与阻力变化与风机相匹配。风机的转速与流量、余压及功率的关系参见第 4 章表 4-3，其功率改变为 $N/N' = (n/n')^3$，节能较为明显。由于管网的特性没有改变，其阻抗可近似看为不变，总流量改变时，管道的各分支流量按等比例变化，见第 3 章的 3.7.2 节内容。

6.6.2.3　商场营业厅排烟

商场的特点是建筑面积大、货物多、人员密集。商场一旦发生火灾，货物燃烧将产生温度很高的有毒和可燃气体，四处流窜，由于顾客对环境不熟悉，疏散较困难。

现代建筑的商场营业厅，大多无外窗，有时即使设有外窗，也都是密闭窗或窗前堆放货物等，无法打开，所以商场营业厅通常采用机械排烟方式。

商场防火分区的划分区域较大。对于多层建筑的商场，设有自动喷淋灭火设施时，其最大防火分区面积为 5000m²；当商场位于一层时，其最大防火分区面积为 10000m²。对于高层建筑内的商业营业厅、展览厅等，当设有火灾自动报警系统和自动灭火系统，且采用不燃烧或难燃烧材料装修时，地上部分防火分区的允许最大建筑面积为 4000m²；地下部分防火分区的允许最大建筑面积为 2000m²。

商场的最大防烟分区面积为 500m²。当排烟系统承担一个防烟分区时，其最大排烟量为 30000m³/h，排烟系统承担多个防烟分区时，其最大排烟量为 60000m³/h。一般排烟系统很难独立设置，所以排烟量及排烟管道尺寸较大，且一般商场营业厅面积大，排烟分区较多，排烟管道布置难度增大。而大型商场一般设置全空气空调系统，空调管道尺寸也很大。因此，在风道布置时必须避免空调管道与排烟管道交叉，防止影响建筑高度。排烟设计时防烟分区不允许跨越防火分区。

下面以一个面积为 2000m² 的商场营业厅为例进行排烟设计，如图 6-6 所示。图中设有两个全空气空调系统，防烟分区划分为 4 个，每个防烟分区面积为 480m²（也为最大防烟分区面积）。每个防烟分区的排烟量为 480×60＝28800m²。该图中设有 3 个排烟方案。

方案一，每个排烟分区内设有排烟竖井，每层的四个防烟分区与各层的防烟分区可共用该竖井。竖井排烟量及排烟风机风量按两个分区同时考虑排烟计算，即 480×120＝57600m³/h，并考虑排烟风口及管道的漏风量。每个排烟分区设一个排烟风口，排烟口设于竖井处，排烟口平时关闭，火灾时通过烟感设施自动打开。排烟风口风速不大于 7m/s，排烟口距最远点距离满足不大于 30m 的要求。考虑火灾排烟时，楼梯间、前室等疏散通道附近不应有烟，所以排烟竖井及排烟口位置不宜设于楼梯间、前室等附近，使人员疏散方向与排烟方向为逆向。

方案二，当排烟竖井设置有困难时，或者对于商用建筑，排烟竖井无法通至屋顶，可采用分区设斜流排烟风机，排烟风机设置靠近外墙，排烟量按一个分区排烟量计算。排烟风机前设排烟口，排烟时打开排烟口并启动风机。该方案也可将就近的两个分区用一个排烟风机，但排烟风机排烟量按两个分区计算。排烟口距每个分区最远点不超过 30m。

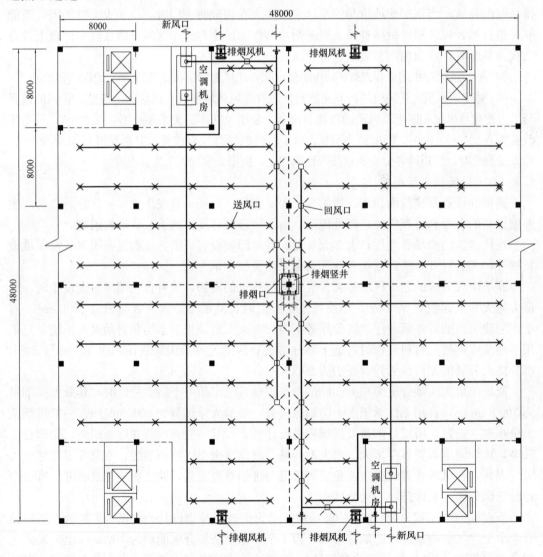

图 6-6　商场排烟系统设计

方案三，利用全空气系统的回风管道排烟。图中的空调管道跨越两个防烟分区，则空调回风管道承担各分区的排烟。该空调系统应为带排风机的空调系统，当排烟量与排风量不一致时，排风机按双速设计。回风管道同时设电动回风口与排烟口，火灾发生时，关闭

158

送风机及送风管道总管阀门，关闭回风管道的回风口，打开排烟口。回风管道设计需兼顾回风与排烟两种情况的风量、风速要求，并考虑平时使用时回风的均匀性。

该方案不需独立设排烟系统及竖井，但系统控制复杂，对回风管道设计需同时考虑排烟与回风都能正常使用。

6.6.2.4 中庭排烟

中庭在建筑中往往贯通数层，火灾时能使火势和烟气迅速蔓延，易在较短时间内充填或弥散到整个中庭，并通过中庭扩散到相邻空间。

（1）自然排烟

净空高度小于 12m 的中庭可采用自然排烟形式，其可开启的天窗或高侧窗的面积不应小于该中庭占地面积的 5%，如图 6-7 所示。

将自然排烟设置条件限制在 12m 高度的原因是室内中庭高度超过 12m 时，就不能采取可开启的高侧窗进行自然排烟，其原因是烟气上升有"层化"现象。所谓"层化"现象是当建筑较高而火灾温度较低时（一般火灾初期的烟气温度为 50～60℃），或在热烟气上升流动中过冷（如空调影响），部分烟气不再竖向上升，而是按照倒塔形的发展而半途改变方向并停留在水平方向，也就是烟

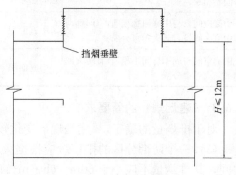

图 6-7　自然排烟

气过冷后其密度加大，当它流到空气密度与其相等的高度时，便折转成水平方向扩展而不再上升。上升到一定高度的烟气随着温度的降低又会下降，使得烟气无法从高窗排出室外。

（2）机械排烟

对于不具备自然排烟条件或净空高度超过 12m 的中庭，应采用机械排烟。

中庭的机械排烟形式分集中式排烟和分散式排烟，如图 6-8 和图 6-9 所示。

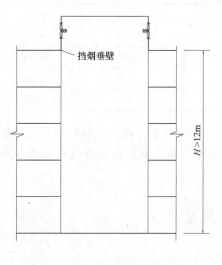

图 6-8　集中式机械排烟

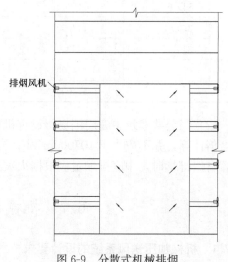

图 6-9　分散式机械排烟

（3）中庭的防火分区面积及排烟体积的确定（见表 6-2）

中庭的防火分区面积及排烟体积的确定 表 6-2

中庭与周围房间的分隔情况	中庭防火分区面积	中庭的排烟体积
中庭空间与周围房间相通，无防火卷帘分隔	应按上、下层连通的面积叠加计算（即包括中庭在内以及与中庭相通的内部各楼层的全部空间面积）	中庭以及与中庭相通的内部各楼层的全部空间的体积
中庭空间与周围房间相通，但有防火卷帘分隔	中庭面积	中庭空间本身体积
中庭空间只与中庭回廊相通而与周围房间不相通	包括中庭以及与中庭相通的各楼层回廊的面积	中庭以及与中庭相通的各楼层回廊的全部空间的体积
中庭空间只与中庭回廊相通，但回廊与与中庭之间设有防火卷帘分隔	中庭面积	中庭空间本身体积
中庭空间与周围房间不相通，有防火隔墙或防火卷帘分隔	中庭面积	中庭空间本身体积

6.6.3 《建烟规》的新要求

对于排烟量的确定，《建烟规》变化较大，主要有：

（1）一个防烟分区的排烟量应根据火灾热释放速率计算；对于小于或等于 500m² 的房间，其排烟量不应小于 60m³/(h·m²)；对于建筑面积大于 500m² 小于或等于 2000m² 的办公室，其排烟量不应小于 60000m³/h；对于建筑面积大于 500m² 小于或等于 1000m² 商场及其他公共建筑，其排烟量不应小于 60000m³/h，当建筑面积大于 1000m² 时，其排烟量不小于表 6-3 的要求；当公共建筑仅在走道或回廊设置排烟时，其排烟量不小于 13000m³/h；当公共建筑室内与走道或回廊均设置排烟时，其排烟量可按 60m³/(h·m²) 计算。

商场和其他公共建筑室内场所的排烟量 表 6-3

清晰高度（m）	商场（m³/h）		其他公共建筑（m³/h）	
	无喷淋	设有喷淋	无喷淋	设有喷淋
2.5 以下	140000	60000	115000	60000
3.0	147000	60000	121000	60000
3.5	155000	60000	129000	60000
4.0	164000	60000	137000	60000
4.5	174000	73000	147000	65000

（2）当公共建筑中庭周围场所设有机械排烟时，中庭排烟量按周围场所中最大排烟量的 2 倍计算，并不应小于 107000m³/h；当其中庭周围仅需在回廊设置排烟或周围场所均设置自然排烟时，中庭排烟量应根据火灾热释放速率计算。

6.7 机械加压送风量计算

6.7.1 机械加压送风系统的设计要求

（1）当防烟楼梯间及其前室、消防电梯前室及其合用前室不具备自然排烟条件时，或这些场合有自然排烟条件，但高度超过 50m 的一类公共建筑和建筑高度超过 100m 的居住建筑，应保证关门条件下具有一定的正压值，防烟楼梯间为 40～50Pa，前室、合用前室、消防电梯间前室、封闭避难层（间）为 25～30Pa。

（2）机械加压送风防烟系统的加压送风量应经计算确定，当计算结果与《建规》中表 9.3.2 和《高规》中表 8.3.2-1～表 8.3.2-4 不一致时，应按二者中较大值确定。《建烟规》规定：加压送风量按计算值确定，当系统负担高度大于 24m 时，加压送风量按计算值与规范中规定的较大值确定。加压送风量的计算方法与原规范不同，采用门开启时的风速法计算送风量，并附加非开启门的渗风量。

（3）层数超过 32 层的高层建筑，其送风系统及送风量应分段设计。

（4）剪刀楼梯间可合用一个风道，其风量应按两个楼梯间风量计算，送风口应分别设置。

（5）封闭避难层（间）的机械加压送风量应按避难层净面积每平方米不小于 30m³/h 计算。

（6）机械加压送风的防烟楼梯间和合用前室，宜分别独立设置送风系统，当必须共用一个系统时，应在通向合用前室的支风管上设置压差自动调节装置。

（7）楼梯间宜每隔 2～3 层设一个加压送风口；前室的加压送风口应每层设一个。

（8）机械加压送风机可采用斜流风机或中、低压离心风机，风机位置应根据供电条件、风量分配均衡、新风入口不受火、烟威胁等因素确定。

6.7.2 机械加压送风量

6.7.2.1 正压间有效面积的确定方法

1. 并联式气流通路

如图 6-10 所示，空气在正压间从若干门、窗等缝隙与孔洞流入其他空间房间，如果正压间的正压为 ΔP，流量系数为 μ_i 则通过每个气流通路的风量为：

$$L_i = \mu_i F_i \sqrt{2\Delta P / \rho} \tag{6-12}$$

各气流通路的流量系数可近似看为相等，各气流通路的压差值也可看作相等，总风量等于各气流通路风量之和，即：

$$\mu F \sqrt{\frac{2\Delta P}{\rho}} = \mu(F_1 + F_2 + \cdots + F_n)\sqrt{\frac{2\Delta P}{\rho}} \tag{6-13}$$

即有：

$$F = F_1 + F_2 + \cdots + F_n \tag{6-14}$$

$$L_1 : L_2 : \cdots : L_n = F_1 : F_2 : \cdots : F_n \tag{6-15}$$

以上两式说明，并联通路的总流通面积等于各个分通路流通面积之和，各通路的流量分配与其流通面积成正比。

2. 串联式气流通路

如图 6-11 所示，对于串联通路，各条气流通路的流量相等，并有：

$$\Delta P = \Delta P_1 + \Delta P_2 + \cdots + \Delta P_n$$

$$\mu F_1 \sqrt{\frac{2\Delta P_1}{\rho}} = \mu F_2 \sqrt{\frac{2\Delta P_2}{\rho}} = \cdots = \mu F_n \sqrt{\frac{2\Delta P_n}{\rho}}$$

$$\frac{\rho}{2}\left(\frac{L}{\mu F}\right)^2 = \frac{\rho}{2}\left(\frac{L_1}{\mu F_1}\right)^2 + \frac{\rho}{2}\left(\frac{L_2}{\mu F_2}\right)^2 + \cdots + \frac{\rho}{2}\left(\frac{L_n}{\mu F_n}\right)^2$$

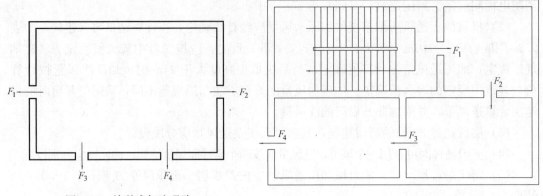

图 6-10　并联式气流通路　　　　　图 6-11　串联式气流通路

化简得：

$$\Delta P_1 : \Delta P_2 : \cdots \Delta P_n = \frac{1}{F_1^2} : \frac{1}{F_2^2} : \cdots : \frac{1}{F_n^2} \tag{6-16}$$

$$\frac{1}{F^2} = \frac{1}{F_1^2} + \frac{1}{F_2^2} + \cdots + \frac{1}{F_n^2} \tag{6-17}$$

式（6-17）说明，总的流通面积的大小主要取决于流通面积较小的那部分。当只有两个气流通路串联时，$F = F_1 F_2 / \sqrt{F_1^2 + F_2^2}$；当 $F_2 \gg F_1$ 时，$F \approx F_1$。

3. 四种类型标准门的漏风面积（见表 6-4）

四种类型标准门的漏风面积　　　　　　　　　　　表 6-4

门的类型		高×宽(m)	缝隙长(m)	漏风面积(m²)	缝隙宽(mm)
开向正压间的单扇门		2×0.8	5.6	0.01	1.79
从正压间向外开启的	单扇门	2×0.8	5.6	0.02	3.57
	双扇门	2×1.6	9.2	0.04	4.35
	电梯门	2×2.0	10	0.06	6.00
	电梯门	2×1.8	9.6	0.06	6.25

6.7.2.2　防烟楼梯间及前室风量分配分析

风量的分配受到楼梯间及前室结构形式、加压送风方式和门开启状况的影响。这些因素组合在一起是非常复杂的。

1. 防烟楼梯间直接送风、前室不送风

设专用送风竖井向楼梯间送风，送风量为 L，假设楼梯间的正压值是均匀的，为 P_1，楼梯间通向前室的门为一道门，前室通向走廊的门为二道门。空气通过一道门进入前室，在前室建立起正压值 P_2。当一、二道门全关时，可以认为楼梯间流至各个前室的风量是相等的，各前室内的正压值 P_2 也是相等的。当一道门关、二道门开时，进入开门前室内的风量有所增加，但进入的风量相对于开门面积而言，不足以建立正压，所以二道门一旦打开，则空气从门口流出，正压降至零。当一、二道门全开时，各层门缝泄漏面积与开门面积比较很小，可以认为送入的空气全部从开门处流出，开门处正压为零。

（1）一道门关、二道门开的情况

设共有 n 个楼层、有 m 个前室开门，一道门的门缝面积为 F_{m1}，二道门的门缝面积为 F_{m2}。二道门未开的支路对应的流量为 L_I，对应的通路面积为 $F_I = \dfrac{(n-m)F_{m1}F_{m2}}{(F_{m1}^2+F_{m2}^2)^{1/2}}$；前室开门时的通道面积取决于一道门的门缝面积为 $F_{II} = mF_{m1}$，其流量 L_{II} 为：

$$L_{II} = \frac{F_{II}}{F_I+F_{II}}L = \frac{mF_{m1}}{(n-m)F_{m1}F_{m2}(F_{m1}^2+F_{m2}^2)^{-1/2}+mF_{m1}}L$$

分配到每个二道门处的风量 L_m 为：

$$L_m = L_{II}/m = \frac{F_{m1}L}{(n-m)F_{m1}F_{m2}(F_{m1}^2+F_{m2}^2)^{-1/2}+mF_{m1}} \tag{6-18}$$

（2）一、二道门全开

如果 m 个楼层的一、二道门同时开启时，则楼梯间与前室的正压值为零，则有 $L=L_{II}$，每个二道门的风量为：

$$L_m = L/m \tag{6-19}$$

（3）一、二道门全关时的正压值

$$P_1 = \frac{\rho}{2}\left(\frac{L}{\mu}\right)^2 \frac{F_{m1}^2+F_{m2}^2}{n^2 F_{m1}^2 F_{m2}^2} \tag{6-20}$$

$$P_2 = \frac{\rho}{2}\left(\frac{L}{\mu n F_{m2}}\right)^2 \tag{6-21}$$

2. 防烟楼梯间及其独立前室均直接送风

楼梯间设常开送风口，每个前室设一送风口，前室的送风口有两种：常开风口与常闭风口。用常开型风口的系统，当系统运行时，风量将按通路的阻力大小进行分配。当所有前室门都关闭时，则每层得到大致相同的风量；当某层的前室门开启时，该层流通的阻力减小，则会有大量空气从这层涌出，保证门洞处有一定的风速。这种方法的弊端是：当部分无烟楼层的前室门打开时，难以保证需排烟前室的风量。当采用常闭风口时，火灾时打开需送风的楼层风口。

在一、二道门全关时，前室的正压 P_2 由楼梯间流入的风量和前室直接加压送风共同建立。楼梯间、前室的正压值由式（6-20）和式（6-21）计算。

当一道门关，二道门开时，前室内正压值 P_2 趋于零，每个开门前室的风量 L_m 为：

$$L_m = \frac{F_{m1}L}{(n-m)F_{m1}F_{m2}(F_{m1}^2+F_{m2}^2)^{-1/2}+mF_{m1}} + \frac{L'}{m} \tag{6-22}$$

式中　L'——前室直接加压送风量，m^3/s。

当一、二道门同时开启时，前室内压力 P_2 仍趋于零，每个前室的风量为：

$$L_m = \frac{L+L'}{m} \tag{6-23}$$

6.7.2.3 加压防烟送风量计算

(1) 压差法

采用机械加压送风的防烟楼梯间及其前室、消防电梯前室及合用前室、其加压送风量按当防火门关闭时，保持一定正压计算，送风量为：

$$L_y = \mu F (2\Delta P / \rho)^m \tag{6-24}$$

式中 L_y——按压差法计算的加压送风量，m^3/h；

μ——流量系数，对于门窗取 $0.6\sim0.7$；

ΔP——门、窗两侧的压差值，根据加压方式和部位取 $25\sim50Pa$；

m——指数，对于门缝及较大漏风面积取 0.5，对于窗缝取 0.625；

F——门、窗缝隙的计算漏风总有效面积，m^2。

在大气压力取 $101.3kPa$，空气温度取 $20℃$，空气密度取 $1.204kg/m^3$ 的条件下，取不严密处的漏风附加系数为 1.25，则有：

$$L_y = 0.838 F \Delta P^m \tag{6-25}$$

(2) 风速法

采用机械加压送风的防烟楼梯间及其前室、消防电梯前室或合用前室，当门开启时，保持门洞处一定风速所需的风量 $L_v(m^3/s)$：

$$L_v = \frac{nAv(1+b)}{a} \tag{6-26}$$

式中 A——每个门的开启面积，m^2；

v——开启门洞处的平均风速，取 $0.7\sim1.2m/s$；

a——背压系数，根据加压间密封程度取 $0.6\sim1.0$；

b——漏风附加率，取 $0.1\sim0.2$；

n——同时开启门的计算数量。当建筑物为 20 层以下时取 2，当建筑物为 $20\sim32$ 层时取 3。

以上按压差法和风速法分别算出的风量，并根据《建规》中的表 9.3.2、《高规》中的表 8.3.2-1～表 8.3.2-4，用计算的风量与表中数据进行对比，取其大值作为系统计算加压送风量。

(3) 泄压阀开启面积的计算

单独的消防电梯前室加压送风系统，如按保持开启门洞处一定风速所需风量远大于保持正压所需风量时，可能造成前室或合用前室等加压空间超压，宜考虑设置泄压阀，若取阀板的流速为 $6.41m/s$，其阀板开启面积 $F(m^2)$ 可按下式确定：

$$F = \frac{L_v - L_y}{6.41} = 0.156 \times (L_v - L_y) \tag{6-27}$$

前室或合用前室 $P_{max}(Pa)$，可按下式计算（一般取 $P_{max} = 60Pa$）：

$$P_{max} = \frac{2f(B-b) - 2M}{HB^2} \tag{6-28}$$

式中 f——人的最小臂力，按 100N 计算；

B——门宽，m；

b——门把手距门边距离，m，一般取 $0.06m$；

H——门高，m；

M——自动关门器的回转力矩，一般取 45N。

6.7.2.4 关闭的风口、风阀漏风量

按制作标准的要求制作的风口、阀门，规定当两侧压差为 250Pa 时，允许单位面积（指规格尺寸的断面面积）阀门或风口关闭时的漏风量 $\leqslant 1000\mathrm{m}^3/(\mathrm{m}^2 \cdot \mathrm{h})$ 为合格。根据式（6-12）可得风口、阀门的单位面积漏风率为 $\psi = 0.0213\mathrm{m}^3/\mathrm{m}^2$，依此可计算关闭的风口、阀门等加压（包括排烟）设备的漏风量 L_e（m^3/h）：

$$L_e = 0.838 \times 3600 \times \psi \times F \times \Delta P^{1/2} \tag{6-29}$$

式中 F——阀门、风口的规格尺寸面积，m^2；

ΔP——阀门、风口的内外压差，Pa。

6.7.2.5 计算举例

在防排烟工程设计中，楼梯间、楼梯前室及合用前室的正压送风，以及走廊的排烟，经常采用土建的砖砌或混凝土竖井。如采用钢板风道，则占用的安装空间较大。在建筑平面布置时，土建竖井的尺寸并不规则，下面以一个层数为 30 层的建筑为例，计算楼梯间、电梯前室的正压送风量及进行土建竖井的水力计算。

防烟楼梯间采用常开风口，每 3 层设 1 个送风口，共设 10 个送风口；前室采用常闭风口，火灾排烟时打开着火层及其上下各一层共 3 层风口。防烟楼梯间、合用前室均无外窗。防烟楼梯间的门及前室与走廊之间的门均为 $2\mathrm{m} \times 1.6\mathrm{m}$，漏风面积为 $0.03\mathrm{m}^{2[7]}$，取防烟楼梯间的正压值为 50Pa，合用前室正压值为 25Pa。则防烟楼梯间与合用前室之间的门两侧的压差为 25Pa；合用前室与走廊之间的门两侧压差也为 25Pa。

1. 正压送风量计算

按式（6-25）计算的送风量，对于防烟楼梯间与合用前室均相同：

$L_y = 0.838 F \Delta P^m = 0.838 \times 0.03 \times 30 \times 25^{0.5} = 3.771\mathrm{m}^3/\mathrm{s} = 17010\mathrm{m}^3/\mathrm{h}$；若按风速法可按式（6-26）计算，取 $n=3$、$v=1\mathrm{m/s}$、$a=1$、$b=0.1$，对于防烟楼梯间与合用前室的送风量均相同：

$$L_v = \frac{nAv(1+b)}{a} = \frac{3 \times 2 \times 1.6 \times 1(1+0.1)}{1} = 10.56\mathrm{m}^3/\mathrm{s} = 38016\mathrm{m}^3/\mathrm{h}。$$

由压差法和风速法计算的送风量差别较大，计算所得的风量与《高规》推荐值进行对比，取其大者（$38016\mathrm{m}^3/\mathrm{h}$）作为楼梯间、合用前室的正压送风量。

楼梯间每个风口的送风量为 $38016/10 = 3802\mathrm{m}^3/\mathrm{h}$；合用前室每个风口的送风量为 $38016/3 = 12672\mathrm{m}^3/\mathrm{h}$。

2. 送风管道水力计算

（1）摩擦阻力计算

矩形风管摩擦阻力计算，需先把矩形风管断面尺寸折算成相当的圆形风管直径，即折算成当量直径。当量直径分流速当量直径和流量当量直径，矩形风管断面为 $a \times b$，其流速当量直径 D_v 与流量当量直径 D_L 分别为：

$$D_v = \frac{2ab}{a+b} \tag{6-30}$$

$$D_L = 1.3 \frac{(ab)^{0.625}}{(a+b)^{0.25}} \tag{6-31}$$

可根据图 6-12 查得沿程比摩阻 R_{m0}。需注意的是：采用流速当量直径计算时，需利

用流速值来查取；采用流量当量直径时，需利用流量值来查取。

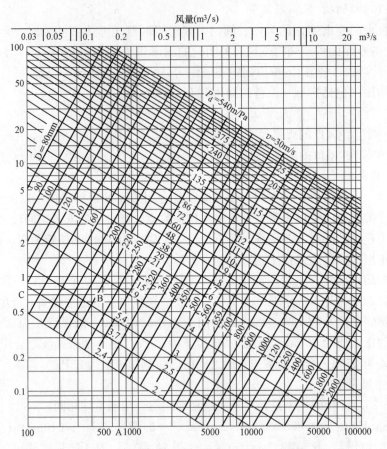

图 6-12　通风管道单位长度摩擦阻力线算图

图 6-12 是在压力 $P_0 = 101.3 \text{kPa}$、温度 $t_0 = 20℃$、空气密度 $\rho_0 = 1.204 \text{kg/m}^3$、运动黏度 $v_0 = 15.06 \times 10^{-6} \text{m}^2/\text{s}$、管壁粗糙度 $K_0 = 0.15 \text{mm}$、气流与管壁无热交换等条件下得出的。当实际条件与上述条件不符时，应进行修正。工程上条件相差不大时可近似计算，不作修正，但对管壁粗糙度应进行修正，当采用光滑的土建竖井时，管壁粗糙度 $K = 0.3 \text{mm}$，其摩擦阻力修正为：

$$R_m = (Kv)^{0.25} R_{m0} \tag{6-32}$$

式中　v——管道内的流速，m/s。

也可按下式计算沿程阻力损失[7]：

$$R_m = 1.63 \times 10^{-2} D_v^{-1.282} v^{1.99} \tag{6-33}$$

（2）局部阻力计算

对于土建竖井，局部阻力计算较为复杂。土建竖井的壁厚一般为 100～200mm，而对于常闭的送风口的厚度一般为 320mm，安装时，风口常插进竖井一部分，增大了管道的阻力损失，如图 6-13 所示，防烟楼梯间及合用前室送风如图 6-14 所示。

在直管段上，送风口插进竖井内可被近似作为两个局部阻力（突缩、突扩）之和。在分支管道上，其局部阻力也可看为管道与无穷空间之间的突缩、突扩之和加上送风口自身的局部阻力，如图 6-15 所示，对于突然缩小的局部阻力系数为[8]：

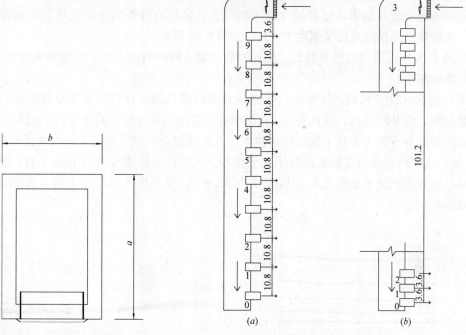

图 6-13　送风口安装位置

图 6-14　防烟楼梯间及合用前室加压送风

(a) 防烟楼梯间送风；(b) 合用前室送风

$$\zeta_1 = 0.5 \left(1 - \frac{A_2}{A_1} \right) \tag{6-34}$$

式中　A_1、A_2——分别为进口断面 1—1、出口断面 2—2 的面积，m^2。对于分支管进口，$\frac{A_2}{A_1} \approx 0$，$\zeta_1 = 0.5$。

对于突然扩大的局部阻力系数为：

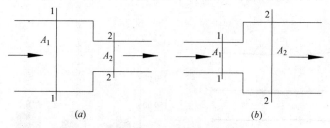

图 6-15　突然缩小、扩大管件

(a) 突缩管件；(b) 突扩管件

$$\zeta_2 = \left(1 - \frac{A_1}{A_2} \right)^2 \tag{6-35}$$

式中　A_1、A_2——分别为进口断面 1—1、出口断面 2—2 的面积，m^2。对于分支管出口，$\frac{A_1}{A_2} \approx 0$，$\zeta_2 = 1$。

（3）计算结果

建筑层高按 3.6m 计算，总送风量为 38016m³/h，送风口安装在竖井的窄向上。根据不同的流速确定竖井面积，竖井尺寸取不同的长、宽比，计算出单位长度竖井的阻力损失——比压降（局部阻力加摩擦阻力）R，如图 6-16 所示。

从图 6-16 中可看出，竖井的长、宽比对管道阻力的影响不大，主管道流速越小，长、宽比的影响越小。

图 6-17 所示为楼梯间送风竖井内各送风口处的静压值，计算的条件是各送风口处的送风量相同，竖井断面长、宽比为 1。从图中可以看出，位于竖井高度中间的送风口静压最小，两端的静压较大，且主管道流速越大，各送风口处的静压差越大，当主管道流速为 7m/s 时，竖井内各送风支管处的静压几乎相等。当竖井主管道流速为 15m/s 时，竖井内最大风口处静压比最小处静压高 52Pa，高出 32.8%。竖井内各点静压不同，造成各送风口送风不均匀。

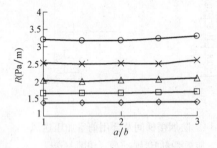

图 6-16　楼梯间管道阻力与竖井流速的关系
$v=7\text{m/s}$；$v=9\text{m/s}$；$v=11\text{m/s}$；
$v=13\text{m/s}$；$v=15\text{m/s}$；

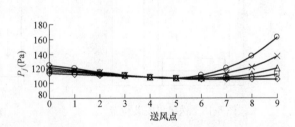

图 6-17　楼梯间各送风口处的静压
$v=7\text{m/s}$；$v=9\text{m/s}$；$v=11\text{m/s}$；
$v=13\text{m/s}$；$v=15\text{m/s}$；

图 6-18 为合用前室管道竖井阻力与流速之间的关系。由于送风口接在竖井断面的窄向上，竖井断面的长、宽比对阻力损失影响不大，流速对管道的阻力影响较大。

当火灾发生时，对于前室，需同时打开 3 层正压送风口，图 6-19 所示为合用前室底部 3 个送风口在竖井内的静压值。从图中可以看出，竖井内 3 个送风口处的静压不同，有

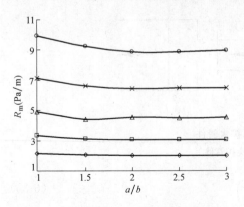

图 6-18　合用前室管道阻力与竖井流速的关系
$v=7\text{m/s}$；$v=9\text{m/s}$；$v=11\text{m/s}$；
$v=13\text{m/s}$；$v=15\text{m/s}$

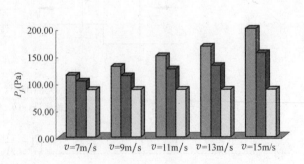

图 6-19　合用前室竖井 3 个送风口处静压值
0 点；1 点；2 点

的差别较大，竖井流速越大，其差别越大，当竖井内风速为 15m/s 时，竖井内最大风口处静压值比最小风口处的静压高出一倍，由此造成各送风口风量差别较大。

3. 防排烟竖井设计需注意的几个问题

（1）利用土建竖井作为防排烟管道时，其竖井断面的长、宽比（a/b）在一定范围内对竖井阻力影响不大。

（2）当防烟楼梯间采用常开风口时，在主管道风速相同的条件下，防烟楼梯间的竖井的管道阻力远小于前室竖井的阻力。

（3）《高规》规定，土建风道的流速不宜超过 15m/s，但为了使各送风口能够均匀送风，土建竖井的主风速宜控制在 10m/s 以内。当此条件不满足时，应适当增加各送风口的阻力，减少送风支管道的不平衡率。

（4）由于土建竖井水力计算复杂，各送风口的风量不均匀，容易造成前室压力过大，使得疏散门无法打开，宜在前室与走廊之间设余压阀。

6.8 防排烟系统设计的几个问题分析

6.8.1 地上、地下共用楼梯间的防烟设计

楼梯间的防烟设施是针对防烟楼梯间设置的，高层建筑的楼梯间皆为防烟楼梯间，而对于低层建筑的楼梯间，只有部分是防烟楼梯间。《建规》第 7.4.2 条规定：当封闭楼梯间不能天然采光和自然通风时，应按防烟楼梯间的要求设置。《建规》的第 7.4.4 条与《高规》第 6.2.8 条规定：地下室或半地下室与地上层不应共用楼梯间，当必须共用楼梯间时，应在首层与地下或半地下层的出入口处，设置耐火极限不低于 2.00h 的隔墙和乙级防火门隔开，并应有明显标志。该规定使原来不需考虑防烟的封闭楼梯间变成了需考虑防烟的防烟楼梯间，但却带来了以下问题：

（1）如地上楼梯部分原来没有设置正压送风竖井，而为地下体积很小的一个楼梯间单独设置正压送风装置，所需消耗的代价较高，尤其是设计取风竖井的难度较大。

（2）如果楼梯间的疏散门取单扇门（2m×1m）；开启门洞处的平均风速 v 取 0.8m/s，漏风附加率 b 取 0.15，背压系数 a 取 0.8，同时开启门的数量为 n 取 1，根据式（6-26），可计算送风量为 8280m³/h。

对于防烟楼梯间，无论《建规》还是《高规》，规定的送风量都是 25000m³/h，且规定了送风量取计算值与规范规定的大值作为送风量，规范规定值并没有考虑地下一个楼梯间的这种特例，如此大的送风量也增加了送风难度。所以对于只对一个地下防烟楼梯间的正压送风量，应按实际计算值确定。

6.8.2 关于防火阀的设置

《高规》第 8.4.11 条规定：设置机械排烟的地下室，应同时设置送风系统，且送风量不宜小于排烟量的 50%。对于机械排烟系统，需在排烟管道穿机房处设 280℃熔断的防火阀；对于通风与空调管道穿机房等处需设 70℃熔断的防火阀。对于补风系统或送风兼作补风的系统，管道出机房处是否设防火阀或防火阀的熔断温度，《建规》与《高规》中均无明确规定，使设计者无所适从。可以有 3 种做法：第 1 种做法是根据通风管道防火阀的设置原则，设置 70℃熔断的防火阀；第 2 种做法是依据排烟管道防火阀的设置原则，设

置 280℃熔断的防火阀；第 3 种方法是不设防火阀。第 1 种方法为平时使用，而当火灾发生时，若 70℃动作，使排烟系统没有补风，则补风系统形同虚设。第 2 种方法可以保证火灾时正常运行，但由于风道内所输送的是室外的新鲜空气，防火阀可能一直处于开启状态而不起作用。3 种方法比较来看，第 3 种方法应该是合理的。

6.8.3　地下建筑排烟系统设置原则

《建规》中的第 9.1.3 条及《高规》中均规定：各房间总面积超过 200m² 或一个房间面积超过 50m²，且经常有人停留或可燃物较多的地下室，应设置机械排烟装置。"经常有人停留或可燃物较多"难以界定，如地下室的暖通空调设备用房是否为经常有人停留或可燃物较多？在工程设计中，是否设防排烟，存在着争议，做法不尽相同。但由于地下设备用房人员不多，且人员熟悉地下房间环境，火灾时疏散相对容易，可按正常排风系统进行设计。

6.8.4　排烟量计算问题

《高规》中的第 8.4.2 条规定，担负一个防烟分区排烟或净空高度大于 6.00m 的不划防烟分区的房间时，应按每平方米不小于 60m³/h 计算（单台风机最小排烟量不应小于 7200m³/h）。担负两个或两个以上防烟分区排烟时，应按最大防烟分区面积每平方米不小于 120m³/h 计算。此排烟量变化是因为考虑可能同时有两个防烟分区有烟存在，但若按两个最大防烟分区面积之和每平方米不小于 60m³/h 计算就能满足要求，这样能够减少总排烟量。如某防烟分区划分为 4 个防烟分区，最大防烟分区面积为 500m²，其他 3 个分区面积为 200m²，采用一个排烟系统，按《高规》规定计算的排烟量为 60000m³/h，按两个最大防烟分区面积之和每平方米不小于 60m³/h 计算的排烟量为 42000m³/h，虽然比原来小了 18000m³/h 的排烟量，但能够满足同时有两个分区的排烟要求。

本章参考文献

[1]　GB 50016—2006. 建筑设计防火规范 GB 50016—2006. 北京：中国计划出版社，2007.

[2]　GB 50045—45. 高层民用建筑设计防火规范（2005 年版）. 北京：中国计划出版社，2005.

[3]　GB 50016—2014. 建筑设计防火规范. 北京：中国计划出版社，2015.

[4]　《建筑防排烟系统技术规范》（征求意见稿）.

[5]　GB 50067—2014. 汽车库、修车库、停车库设计防火规范. 北京：中国计划出版社，2014.

[6]　中国建筑标准设计研究所. 全国民用建筑工程设计技术措施-暖通动力. 北京：中国计划出版社，2009.

[7]　陆耀庆，实用供热空调设计手册（第二版）. 北京：中国建筑工业出版社，2008.

[8]　龙天渝，蔡增基. 流体力学. 北京：中国建筑工业出版社，2004.

第7章 暖通空调系统设计

为了满足室内热湿环境与室内空气品质，需通过供暖、通风及空调技术来实现。暖通空调系统设计是完成任务的重要方法，它综合了暖通基础理论与技术的应用。暖通空调设计采用工况设计方法，就是选定较为不利的情况作为"设计工况"，如冬季设计工况、夏季设计工况，还有供暖工况、通风工况及空调工况，设计工况采用的设计参数都看成固定不变的。然而暖通空调系统在全年的运行过程中，负荷不断在变化，很多时间都不是在设计工况下运行的。暖通空调设计应综合考虑设计工况与运行工况，选择可行的方案，需满足科学、舒适、节能、环保与经济性的要求。

7.1 暖通空调系统设计方法与步骤

暖通空调系统设计一般分为方案设计、初步设计和施工图设计三个阶段，对于规模小、技术要求简单的民用建筑工程，或经有关主管部门同意，并且在合同中有不做初步设计的约定，可在方案设计审批后直接进行施工图设计。施工图设计的成果应包括设计图纸与设计计算书。对于供暖、通风与空调系统的设计步骤，根据具体情况不同可能有些差异，其具体的设计步骤如下：

（1）熟悉设计委托任务书、建筑图纸、原始设计资料与文件。

（2）收集相关的设计资料，如设计规范、设计手册及工程所在地的气象条件等。

（3）确定室内外设计参数，根据室内外气候条件，计算建筑负荷，包括热负荷、冷负荷、湿负荷。热负荷可包括供暖热负荷、空调热负荷与通风热负荷。

（4）选择与确定系统方案，包括冷热源方案、末端装置方案、管道形式与布置方案及系统控制方案等。

（5）管网布置及水力计算。

（6）设备选择，包括冷热源设备、末端装置、定压设备、泵与风机及附属设备等。

（7）通风与防排烟设计。

（8）施工图绘制。包括设计说明、材料表、平面图、剖面图、轴测图、流程图及节点大样图（详图）等。

（9）整理计算说明书。

7.2 室内外设计参数

7.2.1 室内设计参数

室内空气设计参数的确定，除了要考虑室内参数综合作用下的舒适条件外，还应考虑经济条件、节能要求及生产工艺的特殊要求。民用建筑的室内设计温度主要基于人体舒适性并考虑生活习惯和经济性，根据《民用建筑供暖通风与空气调节设计规范》[1]（以下简称《民规》），对供暖系统和空调系统的室内设计参数取值有所不同，参见本书第1章1.1.3节；关于新风量的确定参见1.2.2.2节中表1-9、表1-10。

工艺性空气调节室内温湿度参数及其允许波动范围应根据工艺需要和卫生要求确定。活动区的风速，冬季不宜大于0.3m/s，夏季应采用0.2～0.5m/s，当室内温度大于30℃时，可大于0.5m/s。

标准中给出的数据是概括性的，对于具体的民用建筑，由于建筑房间的使用功能各不相同，其室内计算参数也会有较大的差异。在《全国民用建筑工程设计技术措施－暖通空调．动力》[2]中对室内供暖、空调计算参数有具体的规定，见表7-1。

空气调节房间的室内计算参数[2]   表7-1

建筑类型	房间类型	冬季		夏季	
		温度（℃）	相对湿度（%）	温度（℃）	相对湿度（%）
住 宅	卧室和起居室	26～28	60～65	18～20	—
旅 馆	客房	25～27	50～65	18～20	≥30
	宴会厅、餐厅	25～27	55～65	18～20	≥30
	文体娱乐房间	25～27	50～65	18～20	≥30
	大厅、休息厅、服务部门	26～28	50～65	16～18	≥30
医 院	病房	25～27	≤60	18～22	40～55
	手术室、产房	22～25	35～60	22～26	35～60
	检查室、诊断室	25～27	≤60	18～20	40～60
办公楼	一般办公室	26～28	<65	18～20	—
	高级办公室	24～27	40～60	20～22	40～55
	会议室	25～27	<65	16～18	—
	计算机房	25～27	45～65	16～18	—
	电话机房	24～28	45～65	18～20	—
影剧院	观众厅	24～28	50～70	16～18	≥30
	舞台	24～28	≤65	16～18	≥30
	化妆间	24～28	≤60	20～22	≥30
	休息厅	26～28	<65	16～18	—
学校	教室	26～28	≤65	16～18	—
	礼堂	26～28	≤65	16～18	—
	实验室	25～27	≤65	16～20	—
图书馆 博物馆 美术馆	阅览室	26～28	40～65	18～20	40～60
	展览厅	24～26	45～65	16～18	40～50
	善本、舆图、珍藏、档案库和书库	22～24	45～60	12～16	45～60
档案馆	缩微母片库	≤15	35～45	≥13	35～45
	缩微拷贝片库	≤24	40～60	≥14	40～60
	档案库	≤24	45～60	≥14	45～60
	保护技术实验室	≤28	40～60	≥18	40～60
	阅览室	≤28	≤65	≥18	40～60
	展览厅	≤28	45～60	≥14	45～60
	裱糊室	≤28	50～70	≥18	50～70

建筑类型	房间类型	冬季		夏季	
		温度 （℃）	相对湿度（%）	温度 （℃）	相对湿度（%）
体育馆	观众席	26～28	≤65	16～18	≥30
	比赛厅	26～28	55～65	16～18	≥30
	练习厅	23～25	≤65	16	—
	游泳池大厅	26～29	60～70	26～28	60～70
	休息厅	26～28	≤65	16	—
百货商店	营业厅	26～28	50～65	16～18	30～50
电视、 广播中心	播音室、演播室	25～27	40～60	18～20	40～50
	控制室	24～26	40～60	20～22	40～55
	机房	25～27	40～60	16～18	40～55
广播中心	节目制作室 录音室	25～27	40～60	18～20	40～50

7.2.2 室外空气计算参数

室外空气设计参数的取值，直接影响室内空气状态和设备投资。我国现行的《民规》[1]中规定的设计参数是按照全年大多数时间里能满足室内参数要求而确定的。

（1）冬季供暖室外空气计算温度

冬季供暖室外空气计算参数取历年不保证 5 天的日平均温度，该值用于计算建筑物利用供暖系统供热时的围护结构热负荷，以及计算冷风渗透形成的热负荷、建筑物采用局部排风时的通风热负荷。

（2）冬季通风室外空气计算温度

冬季通风室外空气计算温度取累年最冷月平均温度，该值用于计算全面通风时的热负荷。

（3）冬季空调室外空气计算温度、相对湿度

冬季空调室外空气计算温度取历年平均不保证 1 天的日平均温度，当利用空调系统供热时，该值用于计算建筑围护结构的热负荷。冬季空调室外空气计算相对湿度采用历年 1 月份平均相对湿度的平均值，该值与冬季空调室外空气计算温度一起确定设计工况下的冬季空调室外空气状态点，并计算新风热负荷。

（4）夏季空调室外空气计算干、湿球温度

夏季空调室外空气计算干球温度取室外空气历年平均不保证 50h 的干球温度；夏季空调室外空气计算湿球温度取室外空气历年平均不保证 50h 的湿球温度。这两个参数可用来确定设计工况下夏季空调室外空气状态点，并可用来计算建筑围护结构的冷负荷、湿负荷、计算夏季新风冷负荷。

（5）夏季通风室外空气计算温度和夏季通风室外空气计算相对湿度

夏季通风室外空气计算温度取历年最热月 14 时的月平均温度的平均值；夏季通风室外空气计算相对湿度取历年最热月 14 时的月平均相对湿度的平均值。这两个参数用于计算排除余热、余湿的通风量。

7.2.3 负荷计算

7.2.3.1 热负荷计算

热负荷是指维持一定室内热湿环境所需要的在单位时间内向室内加入的热量，包括显热负荷与潜热负荷。热负荷可分供暖热负荷、空调热负荷与通风热负荷。供暖热负荷和通风热负荷指的是显热负荷，而空调热负荷包括显热负荷和潜热负荷。

1. 供暖热负荷、空调热负荷计算的共同点

供暖热负荷、空调热负荷计算方法上的共同点是均采用稳定方法计算，其内容包括基本耗热量与附加耗热量，基本耗热量均是按显热负荷计算的。

（1）基本耗热量

建筑围护结构的基本耗热量主要包括墙、门、窗、屋面和地面传热。计算公式如下：

$$Q_j = KF(t_i - t_o)a \tag{7-1}$$

式中　Q_j——建筑围护结构的基本耗热量，W；

　　F——围护结构的面积，m²；

　　K——围护结构的传热系数，W/(m²·℃)；

　　t_i——冬季室内空气计算温度，℃；

　　t_o——冬季室外空气设计计算温度，℃；

　　a——围护结构的温差修正系数。

（2）附加耗热量

1）朝向附加

围护结构的朝向不同，则传热量不同，它考虑到不同朝向太阳辐射热等因素的影响，因此在计算建筑热负荷时，应对不同朝向建筑的垂直围护结构的传热量进行修正，即在围护结构基本耗热量的基础上乘以朝向修正系数，计算朝向的附加耗热量。朝向修正率：北、东北、西北向取 0～10%；东南、西南向取 −10%～−15%；南向取 −15%～−30%。当建筑物受到遮挡时，还应根据遮挡情况选取朝向修正率。

2）风力附加

在不避风的高地、河边、海岸及旷野上的建筑物以及城镇、厂区内特别高的建筑物，垂直的外围护结构热负荷附加 5%～10%。

3）高度附加

由于室内温度梯度的影响，使房间上部的传热量加大。民用建筑和工业企业的辅助建筑（楼梯间除外）的高度附加率，房间高度大于 4m 时，每增加 1m，附加率为该围护结构的基本耗热量的 2%，但最大附加率不超过 15%。

4）外门附加

外门附加适用于短时间开启且无热风幕的外门，不适用于阳台门，是加热开启外门时侵入的冷空气。用外门的基本耗热量乘以相应的系数作为附加耗热量，其附加率为：

当建筑物的楼层为 n 时：

一道门　　　　　　　　　　　　65%×n；

两道门（有门斗）　　　　　　　80%×n；

三道门（有两个门斗）　　　　　60%×n；

公共建筑与工业建筑的主要出入口　　500%。

一道门的传热系数远大于二道门的传热系数，所以二道门的外门负荷附加量应大于一道门的。另外，此处所指的外门是指建筑物底层的外门，而不是各层每户的门。

5）间歇供暖附加

上述计算方法计算出的热负荷是针对连续供热条件下进行的，房间温度全日保证规定的温度。但对间歇供暖的建筑，热负荷将增加，一方面室内温度在全天内不均匀，部分供暖时间内室内空气温度高于设计值；另一方面房间需尽快达到正常使用温度。间歇供暖的负荷附加量与供暖时间及围护结构的蓄热特性有关。

（3）通过门、窗缝隙的冷风渗透耗热量

冷风渗透耗热量为：

$$Q_i = 0.278 \rho_a L c_p (t_i - t_o) \tag{7-2}$$

式中　Q_i——冷风渗透耗热量，W；

　　　ρ_a——室外计算温度下空气的密度，kg/m^3；

　　　L——冷风渗透空气流量，m^3/h；

　　　c_p——干空气的定压比热，$kJ/(kg \cdot ℃)$。

冷风渗透量有 3 种计算方法：缝隙法、换气次数法、百分率法。《民规》[1]规定冷风渗透量宜采用缝隙法计算，缝隙法原理是利用热压与风压共同作用计算冷风渗透量，对于民用建筑推荐采用缝隙法计算。当无相关数据时，多层建筑的冷风渗透量可按换气次数法计算，根据门、窗所处房间位置，确定换气次数的大小，其范围为 0.5～2.0 次/h。对于工业建筑，冷风渗透耗热量根据建筑高度按围护结构总耗热量的百分数估算。

对于居住建筑，《民规》[1]规定换气次数选择范围宜为 0.45～0.7 次/h；《严寒和寒冷地区居住建筑节能设计标准》[3]JGJ 26—2010 规定：冬季室内换气次数为 0.5 次/h；《夏热冬冷地区居住建筑节能设计标准》[4]JGJ 134—2010 规定：冬季室内换气次数取 1 次/h。新风量既影响耗热量又影响空气品质，由于现代建筑外窗密封作得好，冷风渗透量难以超过 0.5 次/h 的换气次数，或者说需要主动开启一定的开窗面积，才能保证通风换气量的要求，所以当计算冷风渗透量时，可以 0.5 次/h 的换气次数为依据计算冷风渗透耗热量。

2. 供暖热负荷与空调热负荷计算的不同点

向室内供热时，当利用供暖系统来完成时，需计算供暖热负荷；当利用空调系统来完成时，需计算空调热负荷。

（1）冬季室内空气设计温度取值不同，通常室内空调设计温度比供暖室内设计温度要高一些。

（2）冬季室外空气设计计算温度取值不同。

（3）当利用空调系统供热时，如采用新风机组送新风，室内为正压，不需要计算冷风渗透耗热量。此时新风热负荷按湿空气计算，包括显热与潜热，其计算过程见8.3.4.2节。

3. 通风热负荷

当房间采用全面通风系统时，需计算通风热损失，其值为：

$$Q_v = 0.278\rho_a L_v c_p (t_{iv} - t_{ov})$$ (7-3)

式中 Q_v——通风热负荷，W；

L_v——通风量，m^3/h；

t_{iv}——室内通风空气计算温度，℃；

t_{ov}——室外通风空气计算温度，℃，取累年最冷月平均温度，对于局部排风系统，该值取供暖室外计算温度。

通风热损失可以通过两种方法补充，一种是通过集中供暖系统；另一种是利用送风时的空气换热器或新风机组。但通风热负荷与前面介绍的冬季空调系统的新风热负荷有较大的区别。通风热负荷按干空气计算，空调的新风热负荷按湿空气计算。

7.2.3.2 冷负荷与湿负荷计算

冷负荷是指维持一定室内热湿环境所需要的在单位时间内从室内除去的热量，包括显热负荷与潜热负荷两部分。如果把潜热量表示为单位时间内排除的水分，则可称为湿负荷。

（1）冷负荷计算采用非稳态方法计算，常采用的方法是冷负荷系数法。空调房间的冷负荷形成应包括下列各项内容：

1）通过建筑围护结构传入的热量；

2）通过外窗进入的太阳辐射热；

3）人体散热量；

4）照明散热量；

5）设备散热量；

6）物料的散热量；

7）新风带入的热量。

（2）湿负荷计算包括以下各项内容

1）人体散湿量；

2）新风带入的湿量；

3）液面或湿表面的散湿量；

4）通过围护结构湿传递。通过围护结构的湿传递是在室内外水蒸气分压力差的作用下形成的，一般情况下可忽略不计。但对湿度有严格要求的恒温恒湿室或低温环境室，需要考虑通过围护结构渗透的水蒸气量。

7.3 暖通空调方案与设备

暖通空调方案主要考虑冷热源方案、管网形式、末端装置方案及运行控制方案。

7.3.1 冷热源方案

空气调节与供暖系统的冷、热源宜采用集中设置的冷（热）水机组或供热、换热设备。机组或设备的选择应根据建筑规模、使用特征，结合当地能源结构及其价格政策、环保规定等按下列原则经综合论证后确定。

（1）具有城市、区域供热或工厂余热时，宜作为供暖或空调的热源；

（2）具有热电厂的地区，宜推广利用电厂余热的供热、供冷技术；

（3）具有充足的天然气供应的地区，宜推广应用分布式热电冷联供和燃气空气调节技术，实现电力和天然气的削峰填谷，提高能源的综合利用率；

（4）具有多种能源（热、电、燃气等）的地区，宜采用复合式能源供冷、供热技术；

（5）具有天然水资源或地热源可供利用时，宜采用水（地）源热泵供冷、供热技术。

7.3.1.1 热源设备的选择

热源选择应考虑节能、环保、经济与技术因素，在第5章中已有论述，本小节分析具体选择应用。

（1）热源应首先选择余热、废热与地热等资源，且应满足技术经济合理要求。

（2）应优先选择热效率高的区域锅炉房、热电厂集中供热热源。当城市无集中供热热源时，需考虑设置局部锅炉房，可根据地区的燃料供应情况、环保要求确定燃料种类。一般有集中供热管网的城市，或对环境要求严格的地区不允许设局部燃煤锅炉房。通常设于建筑内的锅炉房宜选用燃油、燃气锅炉，根据《建筑设计防火规范》[5]GB 50016—2014的规定，燃油和燃气锅炉房应布置在建筑物的首层或地下一层靠外墙部位，但常（负）压燃油、燃气锅炉可设置在地下二层；当常（负）压燃气锅炉房与安全出口的距离大于6.00m时，可设置在屋顶上。

（3）由于蒸汽供暖系统存在"跑、冒、滴、漏"现象，运行管理复杂，能量损失大，以供暖为主要负荷的用户，应选择热水锅炉为热源。若用户有用于生产用汽的蒸汽锅炉房时，可设汽—水换热器，将蒸汽换热成热水作为供暖热源。或者可同时设置蒸汽锅炉与热水锅炉分别作为生产用汽热源和供暖用热的热源。

（4）锅炉房的设计总容量需根据供暖热负荷和管道热损失确定，一般不考虑备用（工艺特殊要求的除外），锅炉台数不宜少于2台。

（5）当有多种性质的供热用户时，热源容量宜根据热负荷曲线确定。

（6）热媒参数。为了减少设备的传热面积及输送能耗，热媒参数不宜过低。当系统的规模较大时，宜采用间接连接的一、二次水系统，从而提高热源的运行效率，减少输配电耗。一次水设计供水温度应取115～130℃，回水温度应取70～80℃[6]。对于二次水系统，采用低温水供热，空调水系统采用风机盘管末端装置的热媒参数为供水60～65℃，回水50～55℃，供水温度一般不超过80℃；供暖水系统供水温度宜采用95℃，供回水温差宜大于或等于25℃；地板辐射供暖系统的供水温度宜为60℃，供回水温差宜为10℃；热风供暖系统、大门空气幕、全面通风系统的空气加热器及新风机组等末端装置宜选择高温热媒（如高温水或蒸汽）。当采用热泵机组作为热源时，如地源热泵、水源热泵等，为了提高机组的COP，宜降低热媒温度，供水温度可取45～55℃，末端装置可采用对流供暖和辐射供暖设施。

（7）电锅炉由于其高质能低用，且其一次能源利用率低，不推荐使用。除了符合下列情况之一外，不应采用电热锅炉、电热水器作为直接供暖和空气调节系统的热源：1）电力充足、供电政策支持和电价优惠地区的建筑；2）以供冷为主，供暖负荷较小且无法利用热泵提供热源的建筑；3）无集中供热与燃气源，用煤、油等燃料受到环保或消防严格限制的建筑；4）夜间可利用低谷电进行蓄热且蓄热式电锅炉不在日间用电高峰时间启用的建筑；5）利用可再生能源发电地区的建筑；6）内、外区合一的变风量系统中需要对外区进行加热的建筑。

7.3.1.2 冷源设备的选择

（1）空气调节系统的冷源应首先考虑采用天然冷源，无条件采用天然冷源时，可采用人工冷源。

（2）制冷机容量应根据建筑冷负荷与新风冷负荷来计算，应考虑不同朝向、不同用途房间和不同建筑的空调峰值负荷同时出现的可能性。对于规模不大、采用定流量的系统，冷水机组的总流量应按各末端冷量的最大值之和来计算而不能按各末端冷量逐时之和的最大值来确定，否则会因为水流量不够而造成部分末端冷量不足。

（3）选择制冷机时，台数不宜过多，一般为2~4台，不考虑备用。多机头的制冷机可以选用单台。

（4）应根据负荷大小选择不同负荷的高 COP 值作为选择制冷机的依据，制冷机的性能系数不能低于第 5 章表 5-2 的规定。

（5）风冷机组适合于缺水的地区，并适于安装在建筑屋顶上。对于室外干球温度低的地区，对安装风冷机较为有利，室外湿球温度低的地区，对安装水冷机组较为有利。

7.3.1.3 冷热源组合

暖通空调冷热源的选择是每个设计师都要面对的问题。如上所述，在暖通空调系统中普遍采用电力驱动或热力驱动的冷水机组作为空调系统的冷源，这两类冷水机组又包括很多具体形式。暖通空调系统的热源主要有自备锅炉房、城市热力网供热、热泵等。上述各种不同的冷源和热源形式经过组合，形成了多种暖通空调冷热源方案。各方案的选择设计的因素多种多样，由于暖通空调设备投资大，运行费用高，在决策之前要详细考察各个方面的情况，做到科学分析、详细预算，提出最佳的方案。要从国家能源政策、环境保护、发展趋势来整体分析方案的优劣。现阶段暖通空调工程中常用的冷热源组合形式有以下几种：

（1）电动冷水机组供冷、设换热站供热

对于有集中供热的北方地区，宜选择此方案。其特点是：电制冷机组能效比高；相对于小型燃煤锅炉房，集中供热系统的锅炉热效率高、烟气的除尘效率高；冷热源集中设置、运行管理方便、供热质量高，热媒参数稳定。

（2）电动冷水机组供冷、设局部锅炉房供热

当无集中供热的地区，冷热源宜选择此方案。这种组合方式冷水机组能效比高，热源排出大量有害气体与粉尘，污染环境。有条件时应设燃油或燃气锅炉，减少污染物排放。

（3）电动冷水机组供冷和电热锅炉供热

适用于不允许或没有条件设置燃油（气）锅炉和无区域供热的地区。初投资省，供热时耗电量大，设备质量可靠，使用寿命长。电热锅炉由于具有使用便利、占地少、无噪声、对负荷跟踪性能好、对使用地点无污染等优点，因而目前被许多公共建筑选为冬季供热方式。

电锅炉虽具有98％以上的高效率，但从能源利用角度看是不合理的，因为它是以高品位的电能获取低品位能，一次能源利用效率低、运行费用高，用于空调热源是不合适的，这在《民规》[1] 中以及较多的设计技术措施中早有规定。

近几年来，随着我国电力建设的快速发展、经济结构的调整和人民生活质量的提高，

各地用电结构发生了很大的变化，高峰需求增加，低谷电大辐减少，电网峰谷差加大，负荷逐年下降，电网运行日趋困难，资源利用不合理，为此相关部门推广蓄热式电热锅炉的应用。

由于供电政策及环保等因素，电热锅炉的采用日趋增多，全国已有数百台电锅炉在设计、安装或运行中。我国南方一些没有集中热源的大城市采用冰蓄冷和全蓄热方式，利用低谷电蓄冷（热），并得到相关部门较多的优惠政策，既起到移峰填谷的作用，又没有污染。

但应该指出的是电锅炉的使用费是很高的，电锅炉在日间使用是不经济、不合理的。

（4）溴化锂吸收式冷水机组供冷、局部锅炉房供热

冬季采用锅炉供热、夏季锅炉供蒸汽或热水作为溴化锂吸收式制冷机的动力。相对于电制冷机来说，节约了电能，并提高了锅炉的利用率。但吸收式制冷机的一次能源利用率低。以溴化锂水溶液为工质，无味、无毒，有利于保护臭氧层，但对温室效应影响较大。吸收式制冷机运转安静，在真空下运行，无高压爆炸危险，安全可靠，但该机组运行、维护、管理复杂。如需单独设计锅炉供应吸收式制冷机的夏季运行的热源，不应采用该冷热源组合。

（5）溴化锂吸收式冷水机组供冷、热电厂供热

当用户距热电厂较近，且有常年连续供应高温水或蒸汽的条件时，可选择该组合。该组合具有溴化锂吸收式冷水机组及集中供热的优点。

（6）直燃型溴化锂吸收式冷热水机组

直燃机可用于夏季供冷、冬季供热，一机两用。省掉锅炉供热或换热站，直燃机燃料为燃油或燃气，对环境污染小。因为直燃机负压运行，可设于高层建筑地下一层或地下二层的设备用房中。直燃机的供冷量约为供热量的84%左右，当冬季热负荷大于机组供热量时，需增大高压发生器，使设备容量与投资加大，与电制冷比较，溴化锂吸收式制冷机的一次能源利用率低。该冷热源的应用适合于轻质燃料供应充足、经济合理，冷热负荷匹配合理的地区。

（7）空气源热泵机组

空气源热泵具有节能效益和环保效益，是可持续发展的可行性技术之一。空气是一个庞大的低位热源，蕴藏着丰富的能量，是热泵的优良低位热源。空气源热泵机组可置于屋顶，省去机房占地面积，设备安装和使用方便。适用于不允许或无条件设置燃油（气）锅炉或无区域供热的地区。目前空气源热泵在夏热冬冷地区得到较好的应用。但机组在供热时受室外气候影响大，当室外空气相对湿度大于70%，温度在3~5℃时，设备结霜严重。随着室外空气温度的降低，室内热负荷增大，机组的供热量降低，所以对于空气源热泵，需增加辅助热源，按最佳平衡点温度（热泵供热量等于建筑耗热量时的室外计算温度）来选择热泵机组和辅助热源。空气源热泵冷热水机组冬季的制热量，应考虑机组随室外气温变化的效率和化霜综合效率。空气源热泵机组的制冷性能系数较小，一般在2.5~3左右，适用于中小型建筑，尤其适用于夏热冬冷地区的中小型规模的建筑。

（8）水环热泵供冷、供热

水环热泵系统在制冷工况时，利用制冷剂蒸发将空调房间的热量取出，放热给封闭环流中的水。制热工况时利用制冷剂蒸发吸收封闭环流中水的热量，在冷凝器中放热给空调

系统。配套设备有闭式（开式）冷却塔、冷却水泵、水源热泵机组、辅助热源（电加热器、燃油或燃气锅炉）等。系统优化运行在一部分房间需供冷，另一部分房间需供热时，冷负荷与热负荷越接近，能效越高。在供暖期，如果众多房间不需供冷，仍主要靠辅助热源提供热负荷时，系统优越性不明显。另外，水环热泵机组的噪声对房间环境的影响应十分注意并设法改善。对公寓中分户计算供冷、供热耗电费用时，应有一定程度的合理性。

水环热泵优点是：机组分散布置，减少风道占据的空间，设计施工简便灵活、便于独立调节；能进行制冷工况和制热工况机组之间的热回收，节能效益明显；比空气源热泵机组效率高，受室外环境温度的影响小；推荐有余热利用、全年空调且同时需要供热和供冷的地区及建筑使用。

（9）地下水源热泵供冷、供热

地源热泵空调系统的应用在我国已开始增多，但还处于起步阶段。虽然已有一些工程在使用，据调查，存在不少问题，原因在于做好地源热泵空调系统设计不完全取决于设备的质量和系统的设计，更关键的是要掌握水文地质资料的正确性，以及机组运行时水源的可靠性与稳定性。

在工程方案设计时。通常可假设所使用的地源温度计算出机组所需的总水量，然后进行技术经济比较。

用地下水为水源时，应首先在工程所在地完成试验并测出水量、水温及水质资料，然后按工程冷、热负荷及所选的机组性能、换热器的设计温差确定需要水源的总水流量，最后确定地下井的数量和位置。该系统需掌握地下水水位的动态变化，必须采取可靠的回灌措施。

采用地表水时，还应注意冬夏水温及水位涨落的变化。充足稳定的水量、合适的水温、合格的水质是水源热泵系统正常运行的重要因素。机组冬夏季运行时对水源温度的要求不同，一般冬季不宜低于10℃，夏季不宜高于30℃，采用地表水时应特别注意。有些机组在冬季可采用低于10℃的水源，但使用时应进行技术经济比较。

采用土壤源热泵系统，需作热响应实验，需要有足够的合适场地。系统长期运行费用低，但初投资大，长期运行需满足取热量与取冷量接近，避免冷热堆积。

（10）热、电、冷三联供方式

以天然气为燃料，先燃气发电，再由发电后的余热向建筑供热或作为空调制冷的动力，这种方式称为热、电、冷三联供（BCHP）。这种方式一次能源利用率高，经济性好、有利于环境保护，并解决了大部分用电负荷，提高了用电的可靠性，同时还降低了输配电网的输配电负荷，并减少了长途输电的损失。这种方式适用于气源充足的地区，并有相对稳定的热负荷或冷负荷建筑。

7.3.2 管网形式及分区

7.3.2.1 管网形式

（1）开式系统与闭式系统

供暖水系统与空调冷热水系统大多采用闭式系统，系统内循环管路的水不与空气接触，系统氧腐蚀小，循环水泵的功耗少。当采用蓄能水池、高层建筑的高区直连形式、喷水室处理空气等场合时，采用开式系统。

（2）单管系统与双管系统

供暖水系统既可以采用单管系统，也可采用双管系统；空调冷热水系统不适合采用单管系统。当采用热计量装置时，系统宜采用双管系统或水平单双管系统。双管系统与单管系统相比，易产生垂直失调。

（3）同程式系统与异程式系统

针对干管与末端装置的距离，水流动路程相同的，为同程式，否则为异程式。当水平干管较长时，为了避免出现水平失调，常采用水平同程式系统。

对于高层建筑的立管是否采用同程式系统，应通过水力计算，并计入重力循环作用压力后来确定。对于空调水系统，由于冷热水采用同一管网，供冷时的供回水温差小，各楼层的重力循环作用压力差别小，计算管网阻力平衡时可不考虑重力循环压力的影响。供热时，供回水温差大，各楼层的重力循环作用压力差别大，对各并联管路进行阻力平衡计算时，应计算重力循环压力的影响，此时立管采用异程可抵消部分重力循环压力，因此异程式优于同程式。对于冬、夏季共用的空调水系统，水力计算通常按夏季工况设计，各并联环路的阻力是平衡的，但在冬季运行工况下，管网流量减小、温差增大，管网阻力减小，重力作用压头增大，易使管网系统出现垂直失调。

从水力平衡的角度来分析，立管的同程式系统要优于异程式系统，但当系统的末端设备阻力较大时，尤其是对于空调水系统，设备阻力大小对系统平衡起很大的作用。另外，当系统末端设温控阀、二通阀等控制调节装置时，末端阻力增大，系统易于平衡，可不用同程式系统。

对于重力循环压力的方向，冷源和热源是不同的，当冷热源的空间位置不同时，也是不同的，详见本书第3章3.7.4节。

（4）垂直式系统与水平式系统

垂直式系统与水平式系统应根据建筑特征、材料消耗来确定。对于这两种形式，一般供暖系统都可采用，当居住建筑考虑采用分户热计量的供暖系统时，宜选择水平式系统。对于空调水系统，大多采用水平式系统。

（5）定流量系统与变流量系统

按系统的循环水流量的特性划分，可分为定流量系统和变流量系统。定流量系统中的循环水流量保持定值。当负荷变化时，可通过改变风量或调节末端装置的旁通水量进行调节，并通过改变供回水温差来适应房间负荷变化的要求。定流量系统可以采用冷热源及水泵分阶段的定流量运行（见图7-1），而不能无级地对水量进行控制。定流量系统运行的缺点是，当末端负荷减少时，无法控制温湿度等参数，造成区域过冷或过热；冷热源及水泵的安装容量过大、能耗过高，其他有关费用随之增加。定流量系统适合于间歇使用的建筑，如体育馆、影剧院、展览馆等，不适用于高层建筑或大型民用建筑的空调设计中。

变流量系统是指供给用户的水流量随负荷的变化而变化，对于冷源来说，一般通过冷水机组的流量是恒定的。这是因为冷水机组中的水流量变小会影响机组的性能，会有结冰的危险存在。实现变流量的方法有两种，一种是采用一级泵的旁通调节，另一种是采用二级泵系统。

图7-2所示为一级泵变流量系统。一级泵系统的冷源侧设多台冷水机组与水泵，负荷侧设室内温控二通阀进行控制，冷源侧和负荷侧之间的供回水管道设压差旁通控制二通

阀。当用户负荷及水流量减少时，供回水总管之间的压差增大，通过调节器使旁通管上的二通调节阀开大，让一部分水旁通；当负荷侧水流量增加时，供回水总管压差减小，调节器使旁通二通阀关小，使旁通流量减少，从而保证了冷水机组的流量不变。旁通水量的多少也影响了回水温度的高低，由回水温度调节机组卸载，以保持一定的蒸发器温度。与此同时，供回水总管的压差变化控制冷水机组与循环水泵的运行台数，实现节能运行。

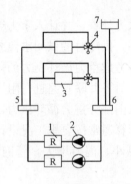

图 7-1　定流量系统

1—冷水机组；2—循环水泵；3—末端装置；4三通阀；
5—分水器；6—集水器；7—膨胀水箱

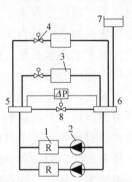

图 7-2　一级泵变流量系统

1—冷水机组；2—循环水泵；3—末端装置；4—三通阀；
5—分水器；6—集水器；7—膨胀水箱；8—旁通调节阀

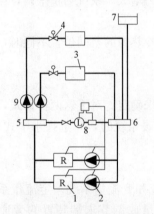

图 7-3　二级泵变流量系统

1—冷水机组；2—循环水泵；3—末端装置；
4—三通阀；5—分水器；6—集水器；
7—膨胀水箱；8—旁通调节阀；
9—二级循环水泵

图 7-3 所示是一种采用流量控制的二级泵变流量系统。冷源侧的一级泵与负荷侧的二级泵为串联关系，一级泵流量不变，负担冷源侧的系统阻力；二级泵的流量变化通过台数或变频控制来实现，二级泵负担负荷侧的管网阻力。在旁通管上设流量计和流量开关（用来检查水流方向和控制冷水机组、水泵的启停）。当用户负荷减少时，一级泵盈余的水量通过分、集水器之间的旁通管返回一级泵的吸水端。当旁通管内的流量为一台水泵流量的 110% 时，流量开关动作，通过程序控制，关掉一台冷水机组和相应水泵。反之，当负荷增加，一级泵的水流量供不应求，旁通管中的冷冻水将由集水器流向分水器，当流量为单台循环水泵流量的 20% 时，旁通管上的流量开关动作，通过程序控制再启动一台水泵和相应的冷水机组。

7.3.2.2　水系统竖向分区

水系统竖向分区主要从三个方面考虑，即压力因素、失调因素和使用功能因素。

（1）压力因素

水系统竖向分区的目的主要解决设备和配件的承压问题。对于高层建筑，主要设备一般设于地下室，其工作压力最高。对于设备承压，不同的生产厂家略有不同。若提高耐压等级，设备价格将有所增加。暖通空调常用设备的允许工作压力如表 7-2 所示。阀门的工作压力：低压阀门为 1.6MPa；中压阀门为 2.5～6.4MPa。

设备工作压力 （MPa）

表 7-2

名　　称	普　压	中　压	高　压
冷水机组	1.0	1.7	2.0
热水锅炉(低温)	0.4～1.0		
常压热水锅炉	0		
板式换热器	1.0	1.6	2.5
组合式空调器表冷器	1.0	1.6	
风机盘管表冷器	1.0	1.6	
铸铁散热器	0.4～0.6	0.7～0.8	1.0
钢制散热器			1.0

对于高层建筑的供暖水系统或以热水锅炉为热源的空调水系统，宜以 1.0MPa 的工作压力为限，考虑循环水泵运行时的动水压力，竖向分区高度不宜高于 80m。对于地板辐射供暖系统，水系统的最大工作压力不超过 0.8MPa。

对于以换热站为热源的高层建筑空调水系统，宜以 1.6MPa 的工作压力为限，考虑循环水泵运行时的动水压力，水系统分区高度不宜超过 120m。

对于建筑高度大于 100m 的超高层建筑，应以设备与管道配件的承压能力来决定是否分区或分几个区，通常做法有：

1）冷热源设备设于地下室，高区与低区分为两个系统，高区采用普通承压设备，低区采用耐高压设备。为了减小低区末端装置的工作压力，循环水泵出口接冷热源设备；为了减小高区冷热源设备的工作压力，循环水泵的吸口接冷热源，如图 7-4 所示。对于热源设备，当采用低温热水锅炉供热时，因其工作压力一般不超过 1.0MPa，高区可采用板式换热器的间接连接。

2）冷热源设于地下室，低区直供，高区与低区管网间接连接，中间设备层设板式换热器和循环水泵，如图 7-5 所示。如果供回水热媒参数为 60/50℃、冷媒参数为 7/12℃，

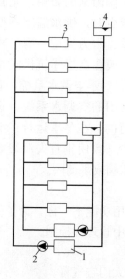

图 7-4　冷热源设于地下室的分区系统

1—冷热源；2—循环水泵；3—末端
装置；4—膨胀水箱

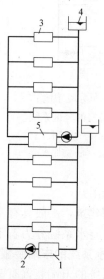

图 7-5　中间设备层设换热站的分区系统

1—冷热源；2—循环水泵；3—末端装置；
4—膨胀水箱；5—板式换热器

高区热媒参数可换热为 58～59/48～49℃、冷媒参数为 8～9/13～14℃。

这一系统的优点是冷热源集中设于地下，便于管理和维护。同时，可根据全楼能耗情况控制冷热源，综合能效高。在设备层中只有少量高区水系统循环泵，可避免过重的设备荷载与运行中的振动、噪声。该系统的缺点是二次管网热媒温度改变，必然增大了末端装置的换热面积，因而增加了末端装置的投资，另外降低了末端装置的除湿能力。

3）高、低区的冷热源设备分别设于地下室和中间设备层中，如图 7-6 所示。高区的冷热源及设备也可设于屋顶设备层内。该系统形式分别采用各自的冷热源，互不影响，冷源装置可以是水冷式，也可以是低区水冷、高区风冷式，一般风冷机组设于屋面上。该形式的缺点是主机设备设于设备层，结构载荷增加较多，由于冷水机组噪声较大，设备的减振、消声处理难度非常大，且对于大型机组的安装就位存在着一些困难。

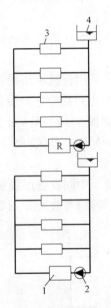

图 7-6　冷热源分段于地下室
与中间设备层的分区系统

1—冷热源；2—循环水泵；

3—末端装置；4—膨胀水箱

循环水系统内各位置工作压力的大小与膨胀水箱接管位置关系较大，膨胀水箱接管位置应考虑尽量降低水压图高度，在第 3 章中已作了详细分析。在循环水系统中，当冷热源及循环水泵设于地下室时，水泵出口处工作压力最高，选择循环水泵时应注意承压能否满足要求，其工作时不仅承受静压，还需承受动压。

（2）失调因素

供暖水系统既可以采用单管系统，又可采用双管系统，而空调水系统不能采用单管系统。对于双管系统，各层的重力循环作用压力不同，楼层越高，差别越大。水系统竖向分区时应考虑垂直失调因素的影响，尤其是采用量调节的变水量系统。水量减少时，供水温度不变，供回水温差增大，增大了系统的垂直水力失调。为了减少垂直失调、便于系统平衡调节，一般在高层建筑供暖系统中，竖向分区高度不宜超过 10 层。对于空调水系统，宜采用同程式系统，对于夏季、冬季共用的空调水系统，管网的水力计算通常是按夏季工况进行的，在冬季运行工况下，由于供回水温差增大，流量减少，致使垂直失调影响增大，所以应在各分支环路上设调节阀或平衡阀。

（3）功能因素

一个大型建筑，一般具有多种功能，其使用时间与使用功能不一样，为了便于运行管理及节能，可将水系统分为若干个系统，在冷、热源处集中管理和控制。

7.3.3　供暖水系统的末端装置

供暖水系统的末端装置有散热器、辐射板、暖风机与大门空气幕。

7.3.3.1　散热器

按照材质分有铸铁散热器、钢制散热器和铝制散热器等。铸铁散热器耐腐蚀性强，价格便宜，但承压能力小，传热系数比较低，外观欠美观。钢制散热器承压能力强，外形美观，传热系数较高，但耐腐蚀性差。铝制散热器，比较美观，耐腐蚀性好，传热系数高，价格较贵。

选择散热器时应考虑下列因素：

（1）热工性能。散热器的传热系数要大，其值越大反映了散热器的传热能力大，可节约金属材料，减小占地空间。

（2）承压与耐腐蚀性能。散热器应有一定的承压能力满足供暖系统工作压力要求；应有一定的耐腐蚀性能满足较长的使用寿命。

（3）经济性。散热器的费用是供暖系统的主要部分，价格应便宜，尽量降低工程造价。

（4）美观性。散热器作为室内陈设的一部分，应尽量满足室内美观要求。

散热器散热面积可按下式计算：

$$F = \frac{Q}{K(t_p - t_i)} \beta_1 \beta_2 \beta_3 \qquad (7\text{-}4)$$

式中　F——散热器的散热面积，m^2；

$\quad\quad$ Q——散热器的散热量，W；

$\quad\quad$ K——散热器的传热系数，$W/(m^2 \cdot ℃)$；

$\quad\quad$ t_p——散热器内热媒的平均温度，℃；

$\quad\quad$ t_i——室内供暖计算温度，℃；

$\quad\quad$ β_1——散热器安装时，组装片数的修正系数，见表7-3（柱形散热器）；

$\quad\quad$ β_2——散热器进、出水管连接形式修正系数，见表7-4；

$\quad\quad$ β_3——散热器安装形式修正系数，见表7-5。

散热器组装片数的修正系数 β_1　　　　　　　　　　表 7-3

每组组合片数	<5	6～10	11～20	>20
β_1	0.95	1.0	1.05	1.10

散热器进、出水管连接形式修正系数 β_2　　　　　　　表 7-4

连接形式	同侧上进下出	异侧上进下出	异侧下进下出	异侧下进上出	同侧下进上出
四柱 813 型	1.0	1.004	1.239	1.422	1.426
M-132 型	1.0	1.009	1.251	1.386	1.396
方翼形（大60）	1.0	1.009	1.225	1.331	1.369

散热器安装形式修正系数 β_3　　　　　　　　　　表 7-5

安 装 形 式	β_3
装在墙上的凹槽内（半暗装），散热器上部距墙100mm	1.06
明装，上部有窗台板遮挡，散热器距台板100mm	1.02
装在罩内，上部敞开，下部开口距地面150mm	1.25
装在罩内，侧面上部和下部都开口，开口高度为130mm	1.2

注：需要注意的是，当明设供热管道散热量超过房间供暖热负荷的5%时，散热器面积计算时，散热器散热量需减去管道在室内的散热量。

7.3.3.2 辐射供暖

主要依靠供热部件与围护结构内表面之间的辐射换热向室内供热的供暖方式。辐射供暖的室内平均辐射温度（近似为内表面与散热装置的平均加权表面温度）高于室内空气温度，即 $\bar{t}_r > t_i$，辐射供暖系统的总传热量中，辐射传热的比例一般占 50% 以上。

（1）辐射供暖系统的分类

按辐射供暖设备的表面温度可分为低温辐射、中温辐射和高温辐射。低温辐射板面温度低于 80℃，中温辐射板面温度一般为 80～200℃，高温辐射板面温度高于 500℃。

按辐射板设置的位置，分为吊顶式、墙面式和地板式。

按热媒种类可分为热水、蒸汽、电热等。

（2）热负荷计算

辐射供暖系统的热负荷可按两种方法计算，一种是按供暖热负荷的百分比计算；另一种是按照降低室内设计温度方法计算。对于低温地板辐射供暖系统，取设计供暖热负荷的 90%～95%；或按比室内设计温度低 2℃ 计算。

（3）散热量

辐射板面以辐射和对流两种形式与室内其他表面和空气进行换热，其换热量可表示为辐射传热量和对流传热量之和，具体为[7]：

$$q = q_r + q_c \tag{7-5}$$

$$q_r = 0.15 \left[\left(\frac{t_p + 460}{100} \right)^4 - \left(\frac{t_s + 460}{100} \right)^4 \right] \tag{7-6}$$

对于地板辐射供暖或冷吊顶：

$$q_c = 2.18 (t_p - t_i)^{1.31} \tag{7-7}$$

对于热吊顶：

$$q_c = 0.138 (t_p - t_i)^{1.25} \tag{7-8}$$

对于竖直辐射面：

$$q_c = 1.78 (t_p - t_i)^{1.32} \tag{7-9}$$

式中　　q——总传热量，W/m²；

q_r——辐射传热量，W/m²；

q_c——对流传热量，W/m²；

t_p——辐射板的表面温度，℃；

t_s——辐射板以外的围护结构表面的面积加权平均温度，℃；

t_i——室内设计空气温度，℃。

对于低温地板辐射供暖系统的散热量可根据《地面辐射供暖技术规程》[8] 中的实验散热数据进行确定。

目前，低温地板辐射供暖系统已广泛用于民用建筑中。辐射供暖系统可取得良好的舒适效果，且节省能耗、不占有效空间、便于用户热计量，对于高大空间建筑，可以克服冬季室内温度梯度、上冷下热现象。

7.3.3.3 热风供暖

热风供暖是利用室内空气循环加热向室内供热的一种形式，适用于耗热量大的大空间建筑、间歇供暖的厂房等，具有热惰性小、升温快、设备简单、投资省等优点。

热风供暖设施有两种，一种采用暖风机，分散布置；另一种采用集中式加热机组，集中设置并通过管道送风。热风供暖的送风温度为 30℃～70℃。

暖风机的选择按设计供暖热负荷选取。当室内设置全面通风装置时，通风热负荷可由供暖装置的末端装置供应，例如散热器与暖风机，也可与集中式热风供暖系统组合向室内送风与供热，其供热量为供暖热负荷与通风热负荷之和。

7.3.3.4 大门空气幕

在严寒地区、寒冷地区的公共建筑或工业建筑，对经常开启的外门，且不设门斗和前室时，宜设大门空气幕。热风幕可水平安装、垂直安装。对于公共建筑和工业建筑的外门，送风温度不宜超过 50℃，对于高大空间的外门，不应高于 70℃。热风幕的选择应考虑送风量与送风速度、门的宽度，送风口应靠近外门，并向外应有一定的倾角，阻挡热压形成的大门冷风侵入。

7.3.4 空调水系统的末端装置

空调水系统的末端装置有组合式空调器、新风机组、风机盘管、诱导器、辐射供冷设施与冷风幕等。

选择空调方式时，应根据建筑物的性质、规模、特点、负荷变化、室内参数要求及室外气象条件等，通过技术经济比较确定。从空调系统末端装置来分析，可将集中空调系统方式分为全空气系统和空气—水系统。

全空气系统按同时送风参数的不同分为单风道系统和双风道系统；按送风量变化分定风量系统和变风量系统；按空气来源分直流式系统、封闭式系统和混合式系统。空气—水系统可分为三种形式：风机盘管加新风机组系统、诱导器加新风机组系统、辐射板加新风机组系统。

全空气系统适用于面积较大、空间较高，人员较多的房间以及房间温度、湿度或洁净度要求较严格的场合，对空气的过滤、温湿度控制都比较容易处理，新风调节方便，可根据需要调节新、回风比。过渡季节可实现全新风送风，充分利用天然冷源，节约能源。全空气系统运行管理方便，维护点少。但全空气系统机组占地面积大，管道占用空间大而影响土建投资，不宜于个别房间负荷调节，投资和运行费用高，有时噪声控制难度大。

空气—水系统常用风机盘管加新风系统，适用于房间较多、面积较小、层高较低、温湿度及洁净度要求不严格的场合。风机盘管使用灵活，负荷调节方便，噪声小，在空调系统中被广泛使用。

近年来辐射供冷系统应用发展迅速，主要采用辐射吊顶从房间上部供冷，可降低室内温度垂直梯度，避免"上冷下热"的现象出现，给人提供较高的舒适感。为了防止冷却吊顶表面结露，其表面温度需高于空气的露点温度。因此，冷却吊顶无除湿能力，需通过新风系统承担房间的湿负荷。

7.3.4.1 组合式空调器

1. 组合式空调器的构成

组合式空调器是由各种不同的功能段组合而成的空气处理设备，外壳通常采用双层钢板、中间用聚氨酯发泡材料作保温层，也有钢板加保温层的做法。组合式空调器的基本功能段有：混合段、表冷段、喷淋段、加热段、过滤段、加湿段、送风段、排风段、消声段、二次回风段和中间检修段等，可根据需要进行任意组合，见图7-7。

以水为热媒时，当采用两管制时，可采用表冷段作为夏季、冬季的空气处理装置，不选择加热段。当选择蒸汽作热媒时，需选择蒸汽换热器作为加热段。过滤段是对空气进行净化处理，根据对洁净度的要求，可选择粗效过滤器或粗效加中效过滤器。喷淋段可实现冷却、加热、加湿或减湿等功能，运行管理较复杂，且为开式水系统，水泵功耗大，一般很少采用。

2. 一次回风系统

一次回风系统是应用较广泛的全空气系统之一。

(1) 夏季露点送风工况

参考图7-7所示的功能组合，图7-8为夏季一次回风露点送风空气处理的焓湿图，其夏季处理过程为：

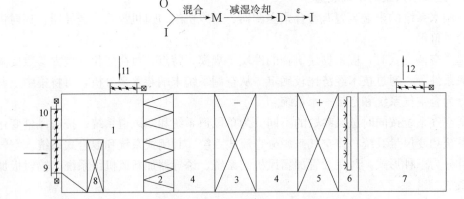

图 7-7　一次回风空气处理功能段组合

1—混合段；2—过滤段；3—表冷段；4—中间段；5—加热段；6—加湿段；7—送风段；
8—新风预热；9—最小新风阀；10—最大新风阀；11—回风；12 送风

根据室内冷负荷及余湿量，求热湿比线 ε，在室内热湿比线与相对湿度 90%～95%线相交的点 D 为送风状态点，称为机器露点。

1) 系统的总风量

$$G = \frac{Q_C}{h_I - h_D} \tag{7-10}$$

式中　G——夏季空调送风量，kg/s；

　　　Q_C——空调冷负荷，kW；

　　h_I、h_D——分别为室内空气和机器露点空气焓值，kJ/kg。

确定了送风量，即可确定组合式空调器的断面尺寸，当全空气系统的空气管道水力计算完成后，便可确定风机的风量与风压。

根据新风量确定原则，可求出最小新风量 G_F（见第 1 章）。由计算或作图可确定混合点状态点 M 及其焓值：

$$h_M = \frac{G_F h_O + (G - G_F) h_I}{G} \tag{7-11}$$

2) 表冷器的选择

表冷器处理空气的冷量为：

$$Q_{BC} = G(h_M - h_D) \qquad (7-12)$$

对于舒适性空调和温湿度要求不严格的工艺性空调，可选择较大的送风温差。《民规》[1]规定，送风口高度≤5m时，Δt 不宜大于10℃，送风口高度＞5m时，Δt 不宜大于15℃。工程上为了节能，避免冷热抵消，经常采用机器露点送风（D点），此时送风温差通常大于10℃。采用露点送风需注意两点，一是校核送风温差是否超出规定要求；二是当热湿比值较小时（余湿量大），表冷器能否处理到送风状态点。

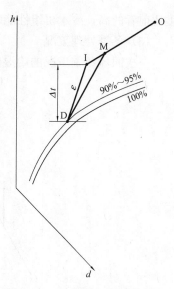

图7-8 一次回风机器露点送风空气处理焓湿图

（2）夏季再加热工况

夏季再热工况处理过程为：

$$\begin{array}{c} O \\ \\ I \end{array} \xrightarrow{\text{混合}} M \xrightarrow{\text{减湿冷却}} D \xrightarrow{\text{等湿加热}} S \xrightarrow{\varepsilon} I$$

其焓湿图如图7-9所示。

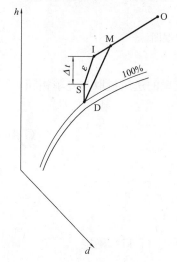

图7-9 一次回风夏季再热空气处理焓湿图

送风状态点在通过室内状态点 I、热湿比线 ε 的线段上，选定送风温差 Δt，便可确定送风状态点 S。这一过程减小了送风温差，增大了送风量，也增大了能耗。能耗增加主要体现在三个方面：一是空气处理过程存在着冷热抵消；二是送风量增大使风机的输送电耗增加；三是由于送风量加大将有可能使新风量增加而使新风冷负荷增加。另外，由于送风量的增大，相应的空气处理设备和管路也增大，系统的经济性变差。但风量增大会导致室内温湿度分布均匀性好，对于温湿度分布要求严格的场合，送风温差应小些。另外对于热湿比小且湿度要求严格的房间，采用夏季再加热空气处理工况，能满足室内温湿度要求。

1）系统的总风量

$$G = \frac{Q_C}{h_I - h_S} \qquad (7-13)$$

式中 h_S——送风状态点焓值，kJ/kg。

2）表冷器与加热器的选择

表冷器处理空气的冷量为：

$$Q_{BC} = G(h_M - h_D) \qquad (7-14)$$

再加热器的加热量为：

$$Q_{BH} = G(h_S - h_D) \qquad (7-15)$$

这里再热工况存在冷热抵消浪费的能量多于再热量，需强调的是，图7-8中采用露点送风的机器露点与图7-9中的再加热系统的机器露点不是同一个点，后者的焓值和露点温

189

度比前者的高，冷水机组性能略有提高。

（3）冬季处理工况

一次回风冬季工况的焓湿图见图 7-10，图 7-10（a）处理过程的流程为：

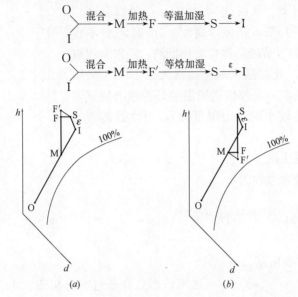

图 7-10　一次回风冬季空气处理系统焓湿图
（a）先加热后加温；（b）先加湿后加热

组合空调器的送风量是按夏季工况计算的，冬季处理工况的送风量取与夏季相同，则送风状态点的含湿量或焓值为：

$$d_S = d_I - \frac{W}{G} \tag{7-16}$$

$$h_S = h_I - \frac{Q_H}{G} \tag{7-17}$$

式中　W——湿负荷，kg/s，可取与夏季相同；

　　　Q_H——热负荷，W。

新风比为已知，新回风混合点便可确定，其焓值可根据式（7-11）确定。

1）加热量计算

由混合点 M 等湿加热便可确定 F 点（当采用喷蒸汽加湿时）或 F′点（当采用水喷雾加热时），等温加湿的加热器加热量为：

$$Q'_{BH} = G(h_F - h_M) \tag{7-18}$$

2）加湿量计算

当采用喷蒸汽加湿时，为等温加湿过程，加湿量为：

$$W = G(d_S - d_F) \tag{7-19}$$

如果采用新回风混合后先加湿，后加热，其焓湿图见图 7-10（b），此时加热量、加湿量不变。

在一次回风冬季处理过程中，当新风比较大时，或者按最小新风比而室外设计参数较低时，新、回风混合点可能出现在饱和线以下的某点处，如图 7-11 中 M′点，此种情况需对新风预热。

3）新风预热器的加热量计算

$$Q_{BF}=G_F(h_{O'}-h_O) \tag{7-20}$$

新风加热后的状态点 O' 需满足混合点 M 的焓值 $h_M \geqslant h_D$，D 点为送风状态点 S 引等含湿量线与相对湿度线 90%～95% 相交的点。MF 线为等焓加湿线，当 F 点与 D 点重合时，为 M 点的允许最低位置。新风加热点 O' 可通过混合过程确定。

已知 $\dfrac{G_F}{G}=\dfrac{IM}{IO'}=\dfrac{h_I-h_M}{h_I-h_{O'}}$，且 $h_M=h_D$，化简得：

$$h_{O'}=h_I-\frac{G}{G_F}(h_I-h_D) \tag{7-21}$$

当室外空气焓值 $h_O<h_{O'}$ 时，新风需预热。空调机组此时应有两级加热盘管，见图 7-7。

3. 二次回风系统

一次回风系统在夏季工况下，为了降低湿度，将空气冷却到机器露点，然后再加热到所需送风温差下的送风状态点。这样由于冷、热量抵消，既浪费了冷量又浪费了热量。造成一种无效的能耗，不符合节能原则。二次回风系统采用在表冷器后的空气与回风再一次混合来代替再加热器以节约热量及冷量，二次回风空调器的组合图如图 7-12 所示，空气处理焓湿图如图 7-13 所示，其空气处理过程为：

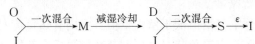

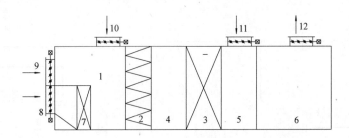

图 7-12　二次回风空气处理功能段组合

1—混合段；2—过滤段；3—表冷段；4—中间段；5—二次回风段；6—送风段；7—新风预热；
8—最小新风阀；9—最大新风阀；10—回风；11—二次回风；12—送风

由图 7-13 可以看出，S 点为室内 I 点与机器露点 D 的混合点，三点在一条直线上。设一次回风量为 G_1，二次回风量为 G_2，则：

$$G_2=G\frac{h_S-h_D}{h_I-h_D} \tag{7-22}$$

通过表冷器的风量为：$G_D=G-G_2$，一次回风量 $G_1=G_D-G_F$，则混合点 M 的焓值为：

$$h_M=\frac{G_1h_I+G_Fh_O}{G_1+G_F}$$

图 7-11　冬季新风预热的空气处理系统焓湿图

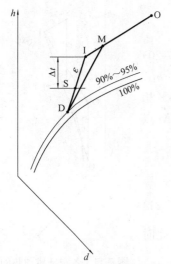

图 7-13 二次回风空气处理焓湿图

表冷器处理冷量为：

$$Q_{BC} = G_D(h_M - h_D) \qquad (7-23)$$

二次回风系统表冷器的冷量，与相同条件下无再热的一次回风表冷器冷量相同，但送风温差、送风量不同；其送风量与一次回风带再热系统的送风量相同。

二次回风系统的使用是有条件的：一方面，热湿比线不能太小，否则热湿比线与90%～95%相对湿度线无交点，另一方面，D点温度不能太低，保证常用的冷媒温度使表冷器能够实现处理的工况点。

对于二次回风系统的冬季工况，其处理能耗与一次回风系统相同，这里不再详述。

4. 变新风比系统

由于室外空气参数总是处在不断变化中，系统设计应考虑全年运行工况进行分析。根据不同的室外空气参数及其变化调整新风比，降低能耗。

（1）在夏季及过渡季，当室外空气焓值大于室内空气焓值时，系统采用最小新风比运行。当室外空气焓值小于室内空气焓值时，系统采用全新风运行模式，并根据室内冷负荷大小确定冷盘管是否运行，当冷负荷大于全新风冷量时，冷盘管工作；小于新风冷量时，冷盘管停止工作，调整新风量。

（2）在冬季，当室外空气焓值低于室内焓值且室内有热负荷时，热盘管工作，系统采用最小新风比运行。当冬季有冷负荷时，可调节新风量或全新风运行。

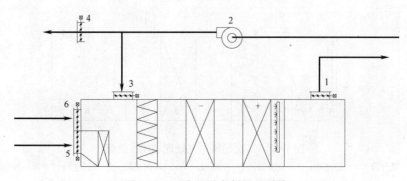

图 7-14 一次回风变新风比系统
1—送风阀；2—回风机；3—回风阀；4—排风阀；5—最小新风阀；6—最大新风阀

变新风比系统需要考虑设置排风系统，如图 7-14 所示，此系统除了原空调机组有送风机外，还设置了回风机。通过调整新风阀、排风阀和回风阀的开度以控制新风比，图中新风阀分最小新风阀和最大新风阀是为了易于控制新风量，最大新风阀作为过渡季采用大量新风时使用。在调节过程中，最大新风阀全关时，仍可保证最小新风量。回风机承担回风管道的阻力而使送风机的全压减小。回风机的风量应小于送风机，一般应保证系统最小新风比时所需的回风量，但有时新风比较大，考虑全新风运行工况，排（回）风机风量不应小于总送风量的70%。

在风管设计中，各种不同用途的风管都有不同的风量要求，应注意新风管道因可能的全新风运行而按总送风量设计。

对变新风比系统，回风机设于空调机房内，也可以不采用回风机，单独设置排风机与排风管道，其设置位置可灵活设计。

7.3.4.2 风机盘管与新风机组

风机盘管加新风系统是目前应用广泛的一种空调方式，新风机组可每楼层设置，也可若干楼层合用一个新风机组，但新风系统不宜过大，一般按使用功能与使用时间进行划分。新风与风机盘管送风大多采用并联送出，可以混合后送出，也可以各自单独送入室内，房间的显热冷负荷与湿负荷（包括新风负荷）由风机盘管与新风机组共同承担。

1. 风机盘管承担冷负荷、湿负荷

若房间的设计全热冷负荷为 Q_c 和显热冷负荷为 Q_{cs}，则风机盘管的全热制冷量和显热制冷量分别为：

$$Q_t \geq (1 + \beta_1 + \beta_2)Q_c \tag{7-24}$$

$$Q_s \geq (1 + \beta_1 + \beta_2)Q_{cs} \tag{7-25}$$

式中　β_1——考虑积灰对风机盘管传热影响的附加率，仅夏季使用时，取 $\beta_1 = 10\%$；仅冬季使用时，取 $\beta_1 = 15\%$；冬夏两季使用时，取 $\beta_1 = 20\%$；

　　　β_2——考虑风机盘管间歇使用的附加率，取 $\beta_2 = 20\%$。

选择风机盘管时，宜对全热制冷量和显热制冷量进行校核是否同时满足要求。尤其是显热冷负荷比例大的房间，风机盘管的显热制冷量必须满足显热冷负荷的要求，因为风机盘管运行时是按室内空气温度进行控制的。

新风处理到室内空气焓值，风机盘管承担显热冷负荷与潜热冷负荷，空气处理过程的焓湿图如图 7-15 所示。室外新风被处理到室内焓值与机器露点（相对湿度 90%～95%）的交点，该点可由室内状态点来确定。在一定的水温、水量、进风参数及风量下，风机盘管的处理过程 ε_{FC} 及状态点 F 是一定的。点 F 与点 D 的连线与室内热湿比线 ε_R 的交点 M 应为送风状态点。因新风与风机盘管处理的状态及风量均为已知，所以混合点 M 不一定在室内热湿比线上，若在 ε_R 线左侧，相对湿度比设计值低，若在 ε_R 线右侧，相对湿度比设计值高。设计时需对此进行校核计算，若相对湿度超出要求的舒适度标准，需重新选择风机盘管。

当风机盘管设计工况与生产厂家名义工况不符时，需进行修正。

新风机组负担的冷量为：

$$Q_F = G_F(h_O - h_I) \tag{7-26}$$

该冷量作为选择计算新风机组的表冷器的依据。新风机组选择需确定表冷器的规格、风量与风压，风压需经过新风管道的水力计算后确定。

2. 风机盘管只负担显热冷负荷

风机盘管只承担室内的部分显热冷负荷，在干工况下运行，房间的湿负荷与部分显热冷负荷由新风机组承担。为了使盘管在干工况下运行，需提高冷冻水的供水温度，使盘管表面温度高于被处理空气的露点温度，其空气处理的焓湿图如图 7-16 所示。

新风机组处理的状态点为机器露点，新风承担室内全部湿负荷，机器露点的含湿量为：

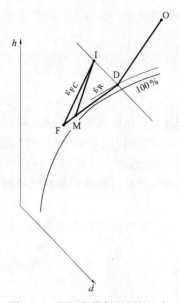
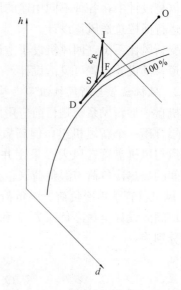

图 7-15　风机盘管加新风的空气　　　　图 7-16　风机盘管"干工况"运行
　　　处理系统焓湿图　　　　　　　　　　的空气处理系统焓湿图

$$d_D = d_I - \frac{W}{G_F} \tag{7-27}$$

新风机组负担的冷量为 Q_F：

$$Q_F = G_F(h_O - h_D) \tag{7-28}$$

新风机组负担室内冷量为 Q_{FI}：

$$Q_{FI} = G_F(h_I - h_D) \tag{7-29}$$

则新风机组承担室内的显热冷负荷为 Q_{FS}：

$$Q_{FS} = Q_{FI} - Q_{CQ} \tag{7-30}$$

式中　Q_{CQ}——室内潜热冷负荷，kW。

风机盘管负担的显热冷负荷为 Q_{FCS}：

$$Q_{FCS} = Q_{CS} - Q_{FS} \tag{7-31}$$

式中　Q_{CS}——室内显热冷负荷，kW。

风机盘管在干工况下处理的空气状态点 F 是由盘管的热工性能决定的，风机盘管的送风量为 G_{FC}：

$$G_{FC} = \frac{Q_{FCS}}{h_I - h_F} \tag{7-32}$$

连接新风机组处理后的状态点 D 与风机盘管处理后的状态点 F，其连线与热湿比线 ε_R 的交点 S 即为送风状态点。

3. 冬季工况

风机盘管与新风机组的选择按夏季运行工况确定，其送风量在冬季运行时不变。对于风机盘管，其加热能力比夏季的制冷能力要大得多，能够满足要求。对于新风机组，需校核表冷器的换热量能否满足要求。

图 7-17 所示为风机盘管加新风系统的冬季空气处理的焓湿图。新风经等湿加热至室

194

内温度点 E，经喷蒸汽加湿至点 E'，风机盘管等湿加热室内空气至点 F，E' 点与 F 点连线与室内热湿比 ε 的连线交点 S 为送风状态点。因 $d_O = d_E$、$t_E = t_I$，可确定 E 点的焓值 h_E，可得新风加热量为：

$$Q_{FH} = G_F(h_E - h_O) \tag{7-33}$$

E' 点的含湿量为：

$$d_{E'} = d_E + \frac{W}{G_F} \tag{7-34}$$

式中　W——室内余湿量，kg/s。

E' 点的焓值为：

$$h_{E'} = h_E + (d_{E'} - d_E)(2501 + 1.836t_v) \tag{7-35}$$

式中　1.836——水蒸气的平均定压比热容，kJ/(kg·K)；

　　　2501——0℃时水的汽化潜热，kJ/kg；

　　　t_v——水蒸气温度，℃。

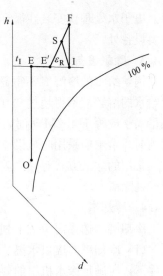

图 7-17　风机盘管加新风的冬季空气处理系统焓湿图

风机盘管的加热量等于室内热负荷加上部分新风负荷，即：

$$G_{FC}(h_F - h_I) = Q_H + G_F(h_I - h_{E'}) \tag{7-36}$$

式中　Q_H——室内空调热负荷，kW。

由上式可求得 h_F，又因为 $d_I = d_F$，所以可确定风机盘管加热后的状态点 F，连接点 F 与 E'，可确定送风状态点 S。

7.4　其他设备的选择应用

关于定压装置及泵与风机的应用，已经在第 3、4 章中进行了详细分析，本节不再介绍。

7.4.1　软化水设备

民用锅炉房锅炉给水、回水、补给水、循环水的水质，应符合现行国家标准《工业锅炉水质》GB 1576—2001 的规定。蒸汽锅炉水质总硬度不得超过 0.03mmol/L，承压热水锅炉的给水总硬度不得超过 0.6mmol/L。超过此要求时需设软化水装置，即钠离子交换器。钠离子交换器的出水量应考虑系统单位时间给水、补水量，补给水箱容积及还原树脂再生时间等因素综合考虑，保证能够连续补充软化水。钠离子交换器连接在补水箱前的补给水管路上，属于化学处理方法。

7.4.2　电子水处理仪

电子水处理仪具有除垢、除藻、过滤等多项功能，或具有其中的部分功能，为纯物理方式处理，无需化学药剂，阻力低、流量大，而且运行费用极低，操作简单、维护方便。

对于以换热站为热源的供热系统、带有供暖的空调冷热水系统，可以设置电子水处理装置来代替软化水装置。对于空调冷却水系统，宜于设计电子水处理装置。

电子水处理仪安装在循环管路上，其设备规格与管道规格配套，其安装位置尽量靠近主要设备处。

7.4.3 除氧设备

锅炉给水的溶解氧不得超过 0.1mg/L，对于蒸汽压力大于 1.6MPa 的蒸汽锅炉，锅炉给水的溶解氧不得超过 0.05mg/L。当锅炉额定蒸发量大于或等于 6t/h、热水锅炉额定热量大于或等于 4.2MW 时，锅炉给水应除氧，额定蒸发量小于 6t/h 的锅炉如发现局部腐蚀时，给水应采用除氧设施。

常用的除氧方式有热力除氧、真空除氧、解析除氧、还原铁（海绵铁）过滤除氧及化学药剂除氧。

7.4.4 冷却塔

冷却塔的选择需考虑下列主要因素：

（1）冷却塔的出口水温、进出水温差和循环水量，在夏季空气调节室外计算湿球温度条件下，应满足冷水机组的要求；当工程实际参数与冷却塔名义工况不同时，应对其名义工况下的冷却水量进行修正。

（2）当多台开式冷却塔采用共用集管并联运行时，其接管应符合下列要求：不设集水箱时，为避免在运行过程中各冷却塔出现超量补水或溢水现象，应采取下列措施：应使各台冷却塔和水泵之间管段的压力损失大致相同，共用集管不宜变径；各冷却塔集水盘之间应设置连通管，或在各冷却塔底部设置公用集水盘（槽）。当无集水箱或公用集水盘（槽）时，冷却塔的出水管上应设置与对应冷却水泵连锁开闭的电动阀。

（3）开式冷却水系统补水量占系统循环水量的百分数，在冷却水温降为 5℃时，其补水量可近似取系统循环水量的 1.5%。

（4）冷却水管道为开式管网，水力计算按开式管网进行（$K=0.5mm$）。

（5）冷却塔的安装应考虑噪声对环境的影响，并应避免飘水对周围环境的影响，且冷却塔应远离厨房排风等高温或有害气体。

7.4.5 水箱

在 3 种定压方式中（膨胀水箱定压、气体罐定压、补给水泵定压），膨胀水箱为开式水箱，设于建筑最高处；气压罐为闭式水箱，设于冷热源机房中；另外定压系统需补给水箱，设于冷热源机房内。

1. 膨胀水箱

水系统的膨胀水量按下式计算：

$$V_p = \frac{\rho_1 - \rho_2}{\rho_2} V_c \tag{7-37}$$

式中　ρ_1、ρ_2——水受热膨胀前后的密度，kg/m³；

　　　　V_c——系统水容量，m³。

膨胀水箱容积按下式计算：

$$V_0 \geqslant V_a + V_p \tag{7-38}$$

　　　　V_0——膨胀水箱实际水容量，m³；

　　　　V_a——水箱调节容积，m³；不应小于 3min 平时运行的补水泵流量，且应保证水箱调节水位高差不小于 200mm。

2. 气压罐

气体定压通常采用隔膜式气压罐，可容纳膨胀水量，可用下式计算：

$$V \geqslant V_0 \frac{P_{2max} + 100}{P_{2max} - P_0} \tag{7-39}$$

式中　V——气压罐的实际总容积，m^3；

　　　P_0——无水时气压罐的起始充气压力，为定压点最低压力，kPa（表压）；

　P_{2max}——气压罐运行的最高压力，kPa（表压），取 $P_{2max} = 0.9P_3$，P_3 为安全阀的开启压力，系统内管网和设备承受压力不得超过其允许工作压力。

为了使系统不会因大量泄压补水带进大量空气，补水泵应根据水温计算和设定其启停泵压力。补给水泵的扬程应大于停泵压力。

3. 补给水箱

补给水箱的容积的大小与水处理设备出水情况有关，应能保证水源或软水能够连续补水，一般可取 30～60min 的补水泵流量。

7.4.6　过滤器

空调冷热水、冷却水、热水锅炉及换热站系统的循环水泵吸入口需设过滤器，换热设备和热计量设备的入口均应设过滤器。过滤器的阻力由生产厂家提供，其接管直径可与设计管道配套。过滤器的安装位置宜位于地面附近，便于检修。过滤器的类型分立式和卧式，其前后需安装压力表和旁通管。

7.4.7　分集水器

分集水器的功能主要有 2 个：便于对多个并联环路进行阻力平衡；便于对多个并联环路进行统一管理和控制。分集水器的筒体直径可按断面流速为 0.5～1.5m/s 确定，也可按其最大接管直径的 1.5～3 倍确定；分集水器的长度按接管数量和大小确定。分、集水器上需设压力表和排污。

7.5　气流组织设计

在通风、空调系统的性能中，室内气流组织对热舒适度、空气品质影响较大。影响空调区内空气分布的因素有送风口的形式和位置、送风参数（例如送风量、送风速度、送风温度等）、回风口的位置、房间的几何形状及热源或污染源在室内的位置等，其中送风口的位置、形式与送风参数是主要影响因素。

7.5.1　气流组织评价与要求

7.5.1.1　不均匀系数

在室内各点，温度、风速等均有不同程度的差异，这种差异可以用不均匀系数指标来评价。在工作区内选择 m 个测点，分别测得各点的温度和风速，求其算术平均值为：

$$\bar{t} = \frac{\sum t_i}{m} \tag{7-40}$$

$$\bar{u} = \frac{\sum u_i}{m} \tag{7-41}$$

均方根偏差为：

$$\sigma_t = \sqrt{\frac{\sum(t_i - \bar{t})^2}{m}} \tag{7-42}$$

$$\sigma_u = \sqrt{\frac{\sum(u_i - \bar{u})^2}{m}} \tag{7-43}$$

则不均匀系数的定义为：

$$k_t = \frac{\sigma_t}{\bar{t}} \tag{7-44}$$

$$k_u = \frac{\sigma_u}{\bar{u}} \tag{7-45}$$

这里，速度不均匀系数 k_u、温度不均匀系数 k_t 的量纲数为 1，k_u、k_t 的值越小，表示气流分布的均匀性越好。

（1）温度梯度

美国 ASHRAE55-92 标准[9] 建议工作区 1.8m 和 0.1m 之间的温差不大于 3℃。我国《民规》[1] 对空调送风温差与换气量作了规定，如表 7-6 所示。

温度梯度与送风温差、送风量   表 7-6

类　　　型	室内温度范围(℃)	送风温差(℃)	送风量换气次数(h^{-1})
舒适性空调	冬季 18～24 夏季 22～28	房间高度≤5m， 宜≤10℃； 房间高度>5m， 宜<15℃。	宜>5 高大空间按冷负荷计算
工艺性空调	>±1.0 ±1.0 ±0.5 ±0.1～0.2	≤15 6～9 3～6 2～3	 ≥5 ≥8 ≥12

（2）工作区风速

舒适性空调冬季室内风速不应大于 0.2m/s，夏季不应大于 0.3m/s；工艺性空调冬季室内风速不应大于 0.3m/s，夏季宜采用 0.2～0.5m/s。

（3）吹风感与气流分布性能指标

空气分布特性指标（ADPI）是满足规定风速和温度要求的测点数与总测点数之比。主要是指空气温度与风速对人体的综合作用影响。有效温度差与室内风速的关系为：

$$\Delta ET = (t_x - t_m) - 7.8(v_x - 0.15) \tag{7-46}$$

式中　ΔET——有效温度差；

t_x, t_m——工作区某点的空气温度和室内平均温度，℃；

v_x——工作区某点的空气流速，m/s。

当 ΔET 在 -1.7～$+1.1$ 范围内，大多数人感到舒适。因此空气分布特性指标（ADPI）为：

$$ADPI = \frac{-1.7 < \Delta ET < +1.1 的测点数}{总测点数} \times 100\% \tag{7-47}$$

一般情况下，应使 $ADPI \geq 80\%$。

7.5.1.2 空气龄

空气龄是指空气质点进入房间至到达某点经历的时间。在房间内某点的空气龄越小，说明该点的空气越新鲜，空气品质就越好。它还反映了房间排除污染物的能力，平均空气龄小的房间，去除污染物的能力就强。由于空气龄的物理意义明显，因此作为衡量空调房间空气新鲜程度与换气能力的重要指标而得到广泛的应用。

空气龄的测量采用测量示踪气体的浓度变化来确定。测量方法不同，浓度表达式也不同。在房间内放入某种示踪气体，在某点 A 起始时浓度为 $C(0)$，然后对房间进行送风，每一段时间，测量 A 点的示踪气体浓度，由此获得 A 点的示踪气体浓度的变化规律 $C(\tau)$，A 点的平均空气龄单位为 s：

$$\tau_A = \frac{\int_0^\infty C(\tau)\mathrm{d}\tau}{C(0)} \tag{7-48}$$

全室平均空气龄定义为全室各点局部平均空气龄的平均值：

$$\bar{\tau} = \frac{1}{V}\int_V \tau \mathrm{d}V \tag{7-49}$$

如用示踪气体衰减法测量，根据排风口示踪气体浓度的变化规律确定全室平均空气龄，即：

$$\bar{\tau} = \frac{\int_0^\infty \tau C_e(\tau)\mathrm{d}\tau}{\int_0^\infty C_e(\tau)\mathrm{d}\tau} \tag{7-50}$$

式中 $C_e(\tau)$——排风的示踪气体浓度随时间的变化规律。

置换室内全部现存的空气的时间 τ_r 是室内平均空气龄的 2 倍，即 $\tau_r = 2\bar{\tau}$

理论上空气在室内的最短滞留时间 $\tau_n = \frac{V}{G} = \frac{1}{n}$，$\tau_n$ 又称为名义时间常数，n 为换气次数。空气从通风口进入室内，不断掺混污染物，清洁程度和新鲜程度下降。因此，空气龄越短，表示到达某处的空气可能掺混的污染物越小，排除污染物的能力越强。空气龄评估了空气流动状态的合理性。

7.5.1.3 换气效率

换气效率是指空气在室内最短的滞留时间 τ_n 与置换室内全部空气的时间 τ_r 之比，用 η_a 表示：

$$\eta_a = \frac{\tau_n}{\tau_r} = \frac{\tau_n}{2\bar{\tau}} \tag{7-51}$$

换气效率是用来评价换气效果优劣的一个指标，是气流分布的特性参数，与污染物无关。从式（7-51）看到，换气效率可定义为最短理想的平均空气龄（$\tau_n/2$）与全室平均空气龄 $\bar{\tau}$ 之比。反映了空气流动状态合理性，换气效率的最大值是 100%。

7.5.1.4 通风效率

气流分布性能可以用通风效率和能量利用系数来表示。通风效率反映污染物被排出的迅速程度。

$$E = \frac{C_e - C_0}{C_i - C_0} \tag{7-52}$$

式中 C_e——污染物排出浓度；

C_0——送风气流中污染物浓度；

C_i——工作区污染物平均浓度。

通风效率表示通风排出的污染物的能力，也称为排污效率。当送入房间的空气与污染物混合均匀，排风的污染物浓度等于工作区浓度时，$E=1$。一般情况下，$E<1$，但当清洁空气由下直接送到工作区时，工作区的污染物浓度可能小于排风的浓度时，$E>1$，通风效率不仅与气流分布有密切关系，还与污染物的分布有关。

能量利用系数反映能量利用程度，其计算式为：

$$\eta_t = \frac{t_e - t_0}{t_i - t_0}$$ (7-53)

式中，t_e、t_i、t_0分别代表排风温度、工作区空气的平均温度和送风温度。η_t越大，说明能量利用率越高。

7.5.2 气流组织形式

气流组织形式按机理不同可分为混合通风、置换通风、层流通风与个性化通风。

7.5.2.1 混合通风

混合通风是一种稀释通风，送风气流与室内空气充分混合，气流扰动强烈，室内空气品质接近回风，通风效率 $E \leqslant 1$；能量利用效率 $\eta_t \leqslant 1$；换气效率 $\eta_a \approx 50\%$。

混合通风的形式根据送、回（排）风口的位置可分为上送上回方式、上送下回方式、下送上回方式。其他送风方式（如中送风方式与孔口送风方式）均属于混合通风形式。混合通风大多用于舒适性空调。

7.5.2.2 置换通风

置换通风是下送上回（排）的气流组织形式，与下送上回的混合通风不同的是，需同时满足低风速、低温差送风。送风气流在地面上形成稳定的空气层，空气靠热浮力上升，使人没有吹风感。室内空气品质接近送风，通风效率 $E \geqslant 1$；能量利用效率 $\eta_t \geqslant 1$；换气效率 $\eta_a \approx 50\% \sim 100\%$。置换通风通常用于舒适性空调或大空间通风或空调场合。置换通风的空气龄比混合通风的小。

7.5.2.3 层流通风

层流通风也称为单向流通风，送风气流与室内气流没有扰动，送风在整个空调区域内进行，送风气流像活塞一样将室内空气排出，可采用垂直层流或水平层流形式。室内空气品质相当于送风，通风效率 $E \geqslant 1$；能量利用效率 $\eta_t \geqslant 1$；换气效率 $\eta_a \approx 100\%$，层流通风的空气龄与前两种通风的空气龄比较最小。层流通风适用于洁净空调系统的气流组织。

不论哪种气流组织形式，起主要作用的是送风口，送风口的位置的作用大于回风口，在舒适性空调设计时，通常将处理的空气均匀送至工作区，回风口可集中设置。

7.5.3 气流组织计算

7.5.3.1 侧送风计算

除了高大空间中的侧送风气流可以看作自由射流外，大部分房间的侧送风气流都是受限射流，射流的边界受到房间顶棚、墙等限制的影响。

送风口出口风速的确定需要满足两方面的要求：一是工作区噪声控制要求，一般限制出口风速在 $2\sim5\text{m/s}$，对噪声要求高的场合，风速应选小值；二是保证空调区的最大风速在允许的范围内。

为了保证工作区最大风速在允许范围，房间的工作区都在回流区，回流区中风速最大的断面应是射流扩展到最大断面处，如图 7-18 所示的断面 I—I 处，因为这里的回流断面最小，实验结果表明，此处的回流最大平均风速（即工作区最大平均风速）$v_{\max}$（m/s）与风口出口风速 v_0（m/s）有如下关系[10]：

$$\frac{v_{\max}}{v_0} \cdot \frac{\sqrt{F}}{d_0} = 0.69 \tag{7-54}$$

式中　$\dfrac{\sqrt{F}}{d_0}$——射流自由度，表示射流受限的程度；

　　　F——射流负担区域的断面积，m²；

　　　d_0——送风口的当量直径，m，当为非圆形风口时，$d_0 = 1.128\sqrt{A_0}$；

　　　A_0——风口面积，m²。

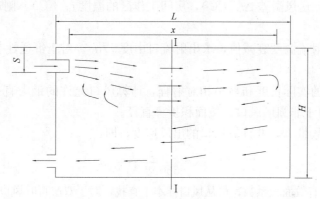

图 7-18　上送下回侧送受限射流断面图

1. 舒适性空调

在空调房间内，送风温度与室内温度有一定的温差，射流在流动过程中，不断掺混室内空气，其温度逐渐接近室内温度。射流的末端温度与室内空气温度之差要求在一定的范围内。射流温度衰减与射流自由度、紊流系数、射程有关，对于室内温度波动允许大于1℃的空调房间，可认为只与射程有关。表 7-7 为受限空间非等温射流温度衰减的变化规律。当送冷风时，射流将较早地脱离顶棚面下落。射流的贴附长度与射流的阿基米德数 Ar 有关。

$$Ar = \frac{g d_0 \Delta t_s}{v_0^2 T_i} \tag{7-55}$$

式中　Δt_s——送风温差，室内工作区温度 t_a 与送风温度 t_s 的差值，℃；

　　　T_i——室内空气开氏温度，K。

Ar 数越小，射流贴附长度越长；Ar 数越大，贴附射程越短，如表 7-8 所示。

受限射流温度衰减规律[10]　　　　　　　　　　　　　　　表 7-7

x/d_0	2	4	6	8	10	15	20	25	30	40
$\Delta t_x/\Delta t_s$	0.54	0.38	0.31	0.27	0.24	0.18	0.14	0.12	0.09	0.04

注：1. Δt_x 为射流在 x 处的温度 t_x 与工作区温度 t_a 之差，Δt_s 为送风温差。

　　2. 试验条件：$\sqrt{F}/d_0 = 21.2 \sim 27.8$。

$Ar(\times 10^{-3})$	0.2	1.0	2.0	3.0	4.0	5.0	6.0	7.0	9.0	11	13
x/d_0	80	51	40	35	32	30	28	26	23	21	19

在布置风口时，风口应尽量靠近顶棚，使射流贴附顶棚，为了不使射流直接到达工作区，侧送风的房间高度不得低于如下值：

$$H = h + 0.07x + s + 0.3 \qquad (7\text{-}56)$$

式中　h——工作区高度，为 1.8～2m；

　　　x、s——如图 7-18 所示，m；

　　　0.3——安全值，m。

气流分布设计时，要求射流贴附长度达到对面墙 0.5m 处。

若已知房间的送风量 L_0（m³/h），射流方向的房间长度 L（m）；房间总宽度 B（m），房间净高 H（m），送风温差 Δt_s（℃），房间工作区的温度 t_a（℃），侧送风气流分布的设计步骤如下：

1）按允许的射流温度衰减值，求出射流自由度 x/d_0。对于舒适性空调，射流末端的 Δt_x 可为 1℃ 左右。

2）根据射流的实际长度和最小相对射程，计算风口允许的最大直径 $d_{0,max}$。选择风口的规格尺寸。对于非圆形风口，按面积折算直径。

3）设定风口数量 N，并计算风口的出风速度，即：

$$v_0 = \frac{L_0}{3600\Psi A_0 N} \qquad (7\text{-}57)$$

式中　Ψ——风口有效面积系数，可从风口样本上查找，对于双层百叶风口约为 0.72～0.82。

4）计算射流服务区断面为：$F = \dfrac{BH}{N}$。由此计算射流自由度 $\sqrt{F}/d_0$，并根据式 (7-54) 计算最大出口风速 $v_{0,max}$，如果大于实际出口风速，则认为合适；如果小于实际风速，表明回流区平均风速超过了规定值，应重新设计风口数和风口尺寸。

5）计算 Ar，由表 7-8 确定射流贴附的射程，如果大于或等于要求的射程长度，则认为设计合理，否则重新设计风口。

6）根据式 (7-56)，校核房间高度 H，若房间高度不能满足要求，应适当调整风口布置和高度，重新计算。

【例 7-1】　某空调房间室温要求 26±1℃，房间长 $L=6$m，宽 $B=18$m，高 $H=3.5$m。室内显热冷负荷为 $Q_x = 7500$W，试进行侧送气流组织计算（参见图 7-18）。

【解】　（1）取送风温差 $\Delta t_s = 8$℃，计算送风量，并校核换气次数：

$$L_0 = \frac{3.6Q_x}{1.2 \times 1.01 \times \Delta t_s} = \frac{3.6 \times 7500}{1.2 \times 1.01 \times 8} = 2784.66\text{m}^3/\text{h};$$

$$n = \frac{L_0}{L \times B \times H} = \frac{2784.66}{6 \times 18 \times 3.5} = 7.37 \text{ 次/h}，根据表 7\text{-}6，换气次数 } n > 5，满足要求。$$

（2）设 $\Delta t_x = 1$℃，因此 $\Delta t_x/\Delta t_s = 1/8 = 0.125$，由表 7-7 查得射流最小相对射程 $x/d_0 = 23.75$。设风口与墙面平，取射流的实际射程为 $x = 6 - 0.5 = 5.5$m。由最小相对射程求得送风口最大直径 $d_{0,max} = 5.5/23.75 = 0.232$，选用双层百叶风口，规格为 200mm

$\times 200$mm，计算风口的面积当量直径为

$$d_0 = 1.128\sqrt{0.2\times 0.2} = 0.226\text{m}$$

（3）设有 6 个平行风口，取风口有效面积系数为 0.8，计算风口风速：

$$v_0 = \frac{L_0}{3600\Psi A_0 N} = \frac{2784.66}{3600\times 0.8\times 0.2\times 0.2\times 6} = 4.02\text{m/s}$$

（4）射流自由度 $\sqrt{F}/d_0 = \sqrt{BH/N}/d_0 = \sqrt{18\times 3.5/6}/0.226 = 14.34$，取工作区的允许最大风速为 0.2m/s，根据式（7-54）求出允许最大出口流速 $v_{max} = 4.16\text{m/s} > v_0 = 4.02\text{m/s}$，所假设风口数量及规格，满足回流区平均风速 $\leqslant 0.2$m/s 的要求。

（5）根据式（7-55）有：

$Ar = \dfrac{9.81\times 0.226\times 8}{(4.02)^2\times (273+26)} = 3.67\times 10^{-3}$，查表 7-8，相对贴附射程为 32.99，贴附射程为 $32.99\times 0.226 = 7.46\text{m} > 5.5$m，满足要求。

（6）校核房间高度。设送风口底边至吊顶高度为 0.4m，根据式（7-56）有：

$H = h+S+0.07x+0.3 = 2+0.4+0.07\times 5.5+0.3 = 3.085$m，该值小于 3.5m，房间高度符合要求。

2. 工艺性空调（室温允许波动范围 $\leqslant \pm 0.5$℃）

射流的末端温度与室内空气温度之差要求在一定的范围内。射流温度衰减与射流自由度、紊流系数、射程有关，其气流分布的设计步骤如下：

1）确定送风口的出风速度 v_0

可按下式计算：

$$v_0 \leqslant 371\frac{BH\Psi}{L_0} \tag{7-58}$$

并按表 7-9 确定满足风速衰减和防止噪声的送风口的出风速度。

推荐的送风口出口风速 （m/s）　　　　　　　　表 7-9

射流自由度 $\sqrt{F}/d_0$	5	6	7	8	9	10	11	12	13	15	20	25	30
最大允许出口风速 $v_0 = 0.36\sqrt{F}/d_0$	1.8	2.16	2.52	2.88	3.24	3.6	3.96	4.32	4.68	5.4	7.2	9.0	10.8
建议的出口风速	2.0				3.5					5.0			

2）计算射流自由度 $\sqrt{F}/d_0$ 和无因次距离 $\overline{x} = \dfrac{ax}{\sqrt{F}}$[11]

$$\frac{\sqrt{F}}{d_0} = 53.2\sqrt{\frac{BHv_0\Psi}{L}} \tag{7-59}$$

$$\frac{ax}{\sqrt{F}} = 0.5433e^{-0.4545\frac{\Delta t_x}{\Delta t_S}\frac{\sqrt{F}}{d_0}} \tag{7-60}$$

式中　a——送风口的紊流系数。

3）确定送风口的个数 N

$$N=\frac{BH}{\left(\dfrac{ax}{\bar{x}}\right)^2} \tag{7-61}$$

4）计算送风口面积，并确定送风口的尺寸。

5）计算 Ar 数，校核射流的贴附长度，按下式计算：

$$\frac{x}{d_0}=53.291e^{-85.53Ar} \tag{7-62}$$

求得贴附长度 x，若 $x>(L-0.5)$，则认为符合要求。

6）根据式（7-56），校核房间高度 H，若房间高度不能满足要求，应适当调整风口布置和高度，重新计算。

【例 7-2】 某空调房间室温要求 26 ± 0.5℃，房间长 $L=6$m，宽 $B=18$m，高 $H=3.5$m。室内显热冷负荷为 $Q_x=7500$W，试进行侧送气流组织计算。

【解】（1）选用可调式双层百叶风口，紊流系数 $a=0.14$，有效面积系数 $\Psi=0.8$，射流射程为 $x=L-0.5=5.5$m（参见图 7-18）。

（2）按表 7-6 选定送风温差 $\Delta t_s=5$℃，计算送风量，并校核换气次数：

$$L_0=\frac{3.6Q_x}{1.2\times1.01\times\Delta t_s}=\frac{3.6\times7500}{1.2\times1.01\times5}=4455.45\text{m}^3/\text{h}$$

$n=\dfrac{L_0}{L\times B\times H}=\dfrac{4455.45}{6\times18\times3.5}=11.79$ 次/h，根据表 7-6，换气次数 $n>8$，满足要求。

（3）按式（7-58）确定送风速度：

$$v_0=371\frac{BH\Psi}{L_0}=\frac{371\times18\times3.5\times0.8}{4455.45}=4.20\text{m/s}$$

（4）按式（7-59）计算射流自由度：

$$\frac{\sqrt{F}}{d_0}=53.2\sqrt{\frac{BHv_0\Psi}{L_0}}=53.2\sqrt{\frac{18\times3.5\times4.20\times0.8}{4455.45}}=11.60$$

（5）计算满足轴心温度衰减要求的送风口个数 N。

根据式（7-60）计算无因次距离 $\bar{x}$：

$\bar{x}=\dfrac{ax}{\sqrt{F}}=0.5433e^{-0.4545\frac{\Delta t_x}{\Delta t_s}\frac{\sqrt{F}}{d_0}}=0.5433e^{-0.4545\times\frac{0.5}{5}\times11.60}=0.321$，代入式（7-61）得：

$$N=\frac{BH}{\left(\dfrac{ax}{\bar{x}}\right)^2}=\frac{18\times3.5}{\left(\dfrac{0.14\times5.5}{0.321}\right)^2}=10.95，\text{取 }N=10\text{ 个风口。}$$

（6）计算送风口面积，确定风口尺寸及当量直径

$A_0=\dfrac{L_0}{3600v_0N\Psi}=\dfrac{4455.45}{3600\times4.2\times10\times0.8}=0.03683$m²，选定送风口尺寸为 200mm×200mm 双层百叶风口，等面积当量直径为：

$d_0=1.125\sqrt{A_0}=1.128\sqrt{0.2\times0.2}=0.226$m²。实际送风速度 $v_0=3.87$m/s。

（7）校核贴附射流长度

$Ar=\dfrac{gd_0\Delta t_s}{v_0^2T_i}=\dfrac{9.81\times5\times0.226}{3.87^2\times(273+26)}=2.476\times10^{-3}$，利用式（7-62）计算得 $x=9.75$m >5.5m，满足贴附长度要求。

(8) 校核房间高度。

设送风口底边至吊顶高度为 0.4m，根据式（7-56）有：

$H=h+S+0.07x+0.3=2+0.4+0.07\times5.5+0.3=3.085$m，该值小于 3.5m，房间高度符合要求。

7.5.3.2 散流器送风计算

散流器平送流型的送风射流沿着顶棚径向流动形成贴附射流。当有吊顶可以利用时，采用散流器送风即可获得稳定而均匀的气流，又比较美观。散流器送风的气流组织设计内容如下：

(1) 布置、选择散流器。布置散流器时充分考虑建筑结构的特点，附近不能有障碍物。一般按对称位置或梅花形布置。圆形或方形散流器负担面积的长宽比不宜大于 1:1.5。确定散流器喉部尺寸，喉部风速取 2~5m/s。

(2) 计算射程。根据 P. J. Jackman 对圆形多层锥面和盘式散流器的实验结果，散流器射流的速度衰减方程[10]为：

$$\frac{v_x}{v_0}=\frac{K\sqrt{A_0}}{x+x_0} \qquad (7-63)$$

式中　x——以散热器中心为起点的射流水平距离，m；

　　　v_x——在 x 处的最大风速，m/s；

　　　v_0——散流器出口风速，m/s；

　　　x_0——平送射流原点与散流器中心的距离，多层锥面散流器取 0.07m；

　　　A_0——散流器的有效流通面积，m^2；

　　　K——系数，多层锥面散流器为 1.4，盘式散流器为 1.1。

(3) 计算室内平均温度。室内平均流速 v_m(m/s) 与房间大小、射流的射程有关，可按下式计算：

$$v_m=\frac{0.381rL}{(L^2/4+H^2)^{1/2}} \qquad (7-64)$$

式中　L——散流器服务边长，m；

　　　H——房间净高，m；

　　　r——射流射程与边长 L 之比，因此 rL 即为射程，射程为散流器中心到风速为 0.5m/s 处的距离，通常把射程控制在房间边缘的 75%。

上式为等温射流的计算公式。当送冷风时，应增加 20%，送热风时减少 20%。

(4) 校核轴心温差。对于散流器平送，其轴心温差衰减可按下式计算：

$$\frac{\Delta t_x}{\Delta t_s}\approx\frac{v_x}{v} \qquad (7-65)$$

式中　v——散流器喉部风速，m/s。

【例 7-3】 已知某舒适性空调区的尺寸为 $L=B=18$m，房间吊顶高 $H=3.5$m；房间显热冷负荷 $Q_x=22000$W，工作区温度 $t_i=26℃$。拟采用散流器平送，试进行气流组织设计。

【解】（1）布置、选择散流器。将空调区进行划分，沿长度 L 方向、宽度 B 方向各 3 等份，空调区域划分成 9 个区域，每个区域尺寸为 6m×6m，每个区域中心设一个散流器，散流器数量 $N=9$。送风温差取 8℃，总送风量计算为：

$$L_0 = \frac{3.6Q_x}{1.2 \times 1.01 \times \Delta t_s} = \frac{3.6 \times 22000}{1.2 \times 1.01 \times 8} = 8168.32\text{m}^3/\text{h}$$

换气次数为：

$n = \dfrac{L_0}{LBH} = \dfrac{8168.32}{18 \times 18 \times 3.5} = 7.2\text{h}^{-1} > 5$，满足表 7-6 的要求。选择 300mm×300mm 的方形散流器，喉部流速为：$v = 2.80\text{m/s}$，散流器的实际出口面积一般为喉部面积的 90%，$v_0 = v/0.9 = 3.11\text{m/s}$。

（2）计算射程

$x = \dfrac{Kv_0\sqrt{A_0}}{v_x} - x_0 = \dfrac{1.4 \times 3.11 \times \sqrt{90\% \times 0.3 \times 0.3}}{0.5} - 0.07 = 2.41\text{m}$，散流器中心到区域边缘距离为 3m，散流器的射程应为散流器中心到房间边缘距离的 75%，2.41m > 3m × 75% = 2.25m，因此射程满足要求。

（3）计算室内平均风速

$v_m = \dfrac{0.381rL}{(L^2/4 + H^2)^{1/2}} = \dfrac{0.381 \times 2.41}{(6^2/4 + 3.5^2)^{1/2}} = 0.2\text{m/s}$。如果送冷风，则室内平均风速为 0.24m/s；送热风时，平均风速为 0.16 m/s，满足舒适性空调室内风速的要求。

（4）校核轴心温差衰减

$\Delta t_x \approx \Delta t_s v_x/v = 8 \times 0.5/3.112 = 1.28℃$，温度梯度变化小于 3℃，满足舒适性要求。

7.6 空调、通风系统的消声

噪声是室内环境品质的影响因素之一，是一种人们不需要的对人们引起某种生理或心理危害或影响人们日常生活的声音。它能够造成人的听力损伤，造成一些生理上的疾病，使人注意力不集中，进而影响工作效率。空调系统是用来创造良好室内空气环境的工具，但若设计不当，使室内噪声提高，便成为室内环境品质的破坏者。对一个空调系统（尤其是全空气空调系统），要实现室内温度、湿度要求，有时并不难以做到，而噪声控制常常是令设计人员棘手的问题。

7.6.1 噪声的计量

声音是一种能量，有强弱之分，描述声音强弱的物理量叫声强（I），单位为 W/m²，引起人耳产生听觉的声强最低限叫"可闻阈"，约为 10^{-12} W/m²，而人耳能够忍受的最大声强约为 1W/m²，两者相差 10^{12} 倍，所以难以用绝对量确定声音大小，通常用对数量的相对标度来表征声音。

1. 声强和声强级

通过单位面积的声能量为声强（I），声强对基准声强（I_0）之比，其常用对数的十倍称声强级（L_1）dB，即：

$$L_1 = 10\lg\left(\frac{I}{I_0}\right) \tag{7-66}$$

式中　I——声强，W/m²；

I_0——基准声级，$10^{-12}\,\text{W/m}^2$。

2. 声压和声压级

单位面积上所承受的声音压力大小称为声压（P）。声压对基准声压（P_0）之比，其常用对数的 20 倍称为声压级（L_p）dB，即：

$$L_p = 20\lg\left(\frac{P}{P_0}\right) \tag{7-67}$$

式中　P——声压（N/ m²）；

　　　P_0——基准声压（$2\times10^{-5}\,\text{N/m}^2$）。

3. 声功率和声功率级

单位时间内声源发出多少声能量为声功率（W）。声功率对基准声功率（W_0）之比，其常用对数的 10 倍称为声功率级（L_W）dB，即：

$$L_W = 10\lg\left(\frac{W}{W_0}\right) \tag{7-68}$$

式中　W——声功率，W；

　　　W_0——基准声功率，（$W_0 = 10^{-12}\,W$）。

7.6.2　空调、通风系统的噪声源

7.6.2.1　设备噪声

设备噪声是指设备运转产生的噪声，主要包括风机、水泵、压缩机等。离心式风机噪声的声功率级可用下式估算[10]：

$$L_W = L_{WC} + 10\lg(L \cdot P^2) + 16 \tag{7-69}$$

式中　L_W——风机的声功率级，dB；

　　　L_{WC}——风机的比声功率级，dB，由生产厂家提供；

　　　L——风机的风量，m^3/s；

　　　P——风机的全压，Pa。

当无确切资料时，离心式风机和轴流式风机的声功率级可用以下公式计算：

$$L_W = 95 + 10\lg(N^2/L) \tag{7-70}$$

式中　N——电机的功率，kW。

7.6.2.2　气流噪声

气流噪声是空气在管道内流动时与管道摩擦产生的噪声，也称为管道再生噪声。对于管道的局部阻力构件（如弯头、三通、变径管、风阀及风口等），产生噪声较为突出。噪声与气流速度关系密切，流速越大、再生噪声越大，如表 7-10 所示。

管道中气流再生噪声功率级与倍频带声功率级[12]　　　　　　　　表 7-10

风机转速 （r/min）	气流速度 （m/s）	L_{wA} （dB）	f(Hz)							
			63	125	250	500	1000	2000	4000	8000
			L_{wA}(dB)							
500	6	42	59	47	59	53	38	35	38	39
700	11	55	59	58	60	63	48	46	42	31
1080	17	64	59	58	60	60	56	53	55	46
1500	25	72	63	67	65	67	64	64	61	60

空调、通风管道的流速主要考虑噪声因素来确定。一般在空调设计中为了控制再生噪

声，常将主风道流速控制在 8m/s 以内，接风口的管道控制在 5m/s 以内。而对管道再生噪声，一部分是通过风口传至室内的，同时气流通过风口容易产生哨声，所以一般常将风口风速控制在 4m/s 以内（对于办公、旅馆建筑），对于演播室常控制在 2.5m/s 以内。当系统阻力不平衡时，个别风口风速超过规定的流速，出现哨声现象。所以，风管道系统阻力不平衡也是噪声产生的一个原因。

7.6.3 噪声的叠加、衰减特性

7.6.3.1 噪声的叠加特性

当有 n 个噪声源叠加时 L_{I1}、L_{I2} ……L_{In}，其声强等于它们的代数和，即：$I = I_1 + I_2 + \cdots\cdots I_n$ 则 $L_1 = 10\lg\dfrac{I}{I_0} = 10\lg\dfrac{I_1 + I_2 + \cdots\cdots I_n}{I_0} = 10\lg\ (10^{0.1L_{I1} + 0.1L_{I2} + \cdots\cdots 0.1L_{In}})$

当 n 个噪声源相同时，即 $L_{I1} = L_{I2} = \cdots\cdots = L_{In}$，则 $L_I = L_{I1} + 10\lg n$。假如有两个相同的噪声源叠加，$L_{I1} = L_{I2} = 100\text{dB}$，则 $L_{I1} = 100 + 3 = 103$（dB）。若有 $L_{I1} = 100$（dB）、$L_{I2} = 80$（dB），则有

$$L_I = 10\lg(10^{0.1\times100} + 10^{0.1\times80}) = 100.043\ (\text{dB})$$

由此可以看出有多个噪声源时的噪声叠加量不明显，噪声大小主要取决于噪声量最大的那个噪声源。

利用噪声叠加的这一特性，在进行空调设计时，若考虑噪声对室内环境的影响时应考虑下列方法：

（1）增加主机台数，降低单台设备声功率可降低总体噪声；

（2）对于组合式空调器，采用送风机和回风机两级风机可比单风机的噪声低。

7.6.3.2 噪声的衰减特性

1. 自然衰减

在一般条件下，可认为声压级与声强级相等，对于自由声场中的点声源存在着自然衰减，声压级与声功率级的关系为：

$$L_P = L_W + 10\lg(1/4\pi r^2) \tag{7-71}$$

式中 L_P——声压级，dB；

　　　　r——距声源的距离，m。

离声源越远，噪声越小，这是在自由空间声音衰减的基本规律。对于房间内噪声的传播，例如噪声由风口传入室内，人耳感觉到的噪声是由风口直达的声压级与房间回响声压级的叠加。房间内人耳感觉到的声压级为：

$$L_P = L_W + 10\lg\left(\frac{Q}{4\pi r^2} + \frac{4(1 - a_m)}{Sa_m}\right) \tag{7-72}$$

式中 L_W——风口进入室内的声功率级，dB；

　　　　L_P——距风口 r 处的声压级，dB；

　　　　r——风口距测量点的距离，m；

　　　　Q——指向性因素，取决于风口尺寸、位置和风口与测量点的连线与水平线的夹角 α 的无因次量，见表 7-11；

　　　　S——房间总面积，m^2；

a_m——室内平均吸声系数，一般建筑取 0.1～0.2。

指向性因素 表 7-11

$f \times d(H_z \times m)$	10	20	30	50	75	100	200	300	500	1000	2000	4000
角度 $\alpha = 0°$	2	2.2	2.5	3.1	3.6	4.1	6	6.5	7	8	8.5	8.5
角度 $\alpha = 45°$	2	2	2	2.1	2.3	2.5	3	3.3	3.5	3.8	4	4

注：f 为倍频程中心频率；d 为圆形风口直径，对于矩形风口，$d = \sqrt{A_0}$，A_0 为风口面积（m²）。

2. 管道的噪声传播衰减

噪声通过管道传播时，消耗掉一部分能量，且阻力越大，噪声消耗越大。

（1）直管道的噪声衰减。对于金属管道，噪声的衰减量按表 7-12 估算[12]。

（2）弯头的噪声衰减。对于一定曲率半径的弯头，噪声衰减量不大，可忽略不计，对于直角弯头，由于声波的反射作用，减少了噪声的传播量，矩形弯头的噪声衰减量见表 7-13。

（3）三通的噪声衰减。由分支管 1 和 2 构成的三通中，经过分支管 1 的噪声衰减量为：

$$\Delta L = 10 \lg \frac{F_1 + F_2}{F_1} \tag{7-73}$$

式中 F_1、F_2——分别为三通的两个分支管的面积，m²。

（4）末端风口反射噪声衰减。风管内传播的噪声在风口处突然扩散到室内空间去，其中比管道尺寸大的波长的噪声被反射回去，并不进入房间。末端反射的噪声衰减量可按图 7-19 进行估算[10]。

当为矩形格栅式风口时，末端尺寸取 $1.13\sqrt{A}$，A 为出风口面积。对于长宽比较大的风口，图 7-19 中的值有较大误差。对于圆形风口，末端尺寸取直径；对于散流器，取 $1.25 \times$ 喉部直径。如果风口紧接着弯头，末端反射的噪声衰减取图 7-19 中数值的 1/2。

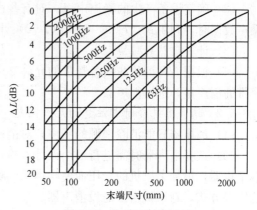

图 7-19 末端反射衰减量

每米风管噪声衰减量 表 7-12

断面形状	风管平均尺寸或圆直径（mm）	各倍频带噪声衰减量（dB/m）			
		63	125	250	＞500
矩形	＜200	0.6	0.6	0.45	0.3
	200～400	0.6	0.6	0.45	0.3
	400～800	0.6	0.6	0.3	0.15
	≥800	0.45	0.3	0.15	0.1
圆形	＜800	0.06	0.1	0.1	0.1
	≥800	0.03	0.03	0.03	0.06

7.6.4 消声设备

空调、通风系统消声设备通常安装在管道上，阻隔噪声通过管道传播到室内。消声设

<table>
<tr><td colspan="7" align="center">矩形弯头的噪声衰减量　　　　　　　　　　　　　　表 7-13</td></tr>
</table>

风管侧面尺寸 (mm)	各频带(Hz)噪声衰减量(dB)					
	125	250	500	1000	2000	≥4000
125	—	—	—	5	8	4
250	—	—	5	8	4	3
400	—	2	8	5	3	3
630	1	7	7	4	3	3
800	2	8	5	3	3	3

备的类型有阻性、抗性、共振型和复合型等。阻性消声器对中、高频噪声有较好的消声效果；抗性消声器对低频、中频有较好的消声效果；共振型消声器属抗性消声器，适于低、中频窄带噪声或峰值噪声，消声频率范围窄；复合型消声器具有各种消声器的优点。

消声器可安装在直管道上，也可做成消声弯头安装在管道弯管处，还可在组合式空调箱内做成一个消声段。

7.6.5　通风、空调系统消声设计

7.6.5.1　消声器的设计程序

（1）根据房间性质确定室内的允许噪声标准，即 NR 评价曲线。

（2）确定设备产生的噪声声级。对有些设备，厂家能够提供产品的噪声级，当无设备噪声数据时，利用式（7-69）和式（7-70）计算通风机的声功率级。

（3）计算自然衰减量。

（4）根据 NR 评价曲线各频带的允许噪声值和房间内某点各频率的声压级，确定各频率带的消声量，选择消声器。

7.6.5.2　消声器选择时需注意的几个问题

（1）消声器只能消除来源的噪声，对消声器后的管道再生噪声，无能为力。

（2）选择消声器时需进行消声设计，检查是否需要设置。消声器的阻力较大，由于设置消声器，增加了风机的全压而使噪声源的噪声增大。一般对于采用风机盘管加新风系统的空调方式，新风机组不需设消声器。

（3）设消声器的管道流速不能过大，一般不超过 10m/s。流速过大时，消声器不仅不起消声作用，反而成了一个噪声源。

（4）噪声通过管道传播受气流方向影响不大，所以不管是送风管道还是回风管道，必要时都应设置消声器。

（5）消声器宜设于管道穿风机房墙处，在组合式空调箱内设消声段的效果不佳，且增大了系统阻力。

本章参考文献

[1]　GB 50736—2012. 民用建筑供暖通风与空气调节设计规范. 北京：中国建筑工业出版社，2012.

[2]　中国建筑标准设计研究所. 全国民用建筑工程设计技术措施—暖通空调·动力. 北京：中国计划出版社，2009.

[3]　JGJ 26—2010. 严寒和寒冷地区居住建筑节能设计标准. 北京：中国建筑工业出版社，2010.

[4]　JGJ 134—2010. 夏热冬冷地区居住建筑节能设计标准. 北京：中国建筑工业出版社，2010.

[5]　GB 50016—2014. 建筑设计防火规范 GB 50016—2014. 北京：中国计划出版社，2015.

［6］ JGJ 26—95. 民用建筑节能设计标准（供暖居住建筑部分）. 北京：中国建筑工业出版社，1996.

［7］ ASHRAE. ASHRAE Handbook (SI) -Application. chapter 52，1999.

［8］ JGJ 142—2004. 地面辐射供暖技术规程. 北京：中国建筑工业出版社，2004.

［9］ ASHRAE Standard 55-92. Thermal Environmental Comfort Conditions for Human Occupancy. ASHRAE，Inc.

［10］ 陆亚俊，马最良，邹平华. 暖通空调. 北京：中国建筑工业出版社，2002.

［11］ 陆耀庆主编. 实用供热空调设计手册（第二版）. 北京：中国建筑工业出版社，2008.

［12］ 智乃刚. 风机噪声控制技术. 北京：机械工业出版社，1985.